湖泊流域水量调控

王宗志　王银堂　著

科　学　出　版　社

北　京

内 容 简 介

  本书以南四湖流域为例，阐述湖泊流域水文模拟模型、水动力学模拟模型的建立过程，揭示调水扰动的水文效应；构建湖泊流域洪水资源适度利用理论，以及洪水资源潜力评价、河网沟通优化、滨湖反向调节、湖泊汛限水位优化等洪水资源利用方法；研发用水总量控制约束下农业需水结构优化模型与控制策略；创建湖泊流域供需水资源调控模型，解析南水北调东线工程与当地地表水、地下水、再生水等多水源调配机制，探讨外调水对区域供水保障的贡献和工程适应性调控方案，以及最严格水资源管理制度背景下流域水资源集约利用策略。

  本书可供从事水文、水资源、水利经济、农业水管理、管理科学与工程、系统工程等专业的科研、教学和管理人员参考使用。

图书在版编目（CIP）数据

湖泊流域水量调控 / 王宗志，王银堂著. —北京：科学出版社，2021.6
ISBN 978-7-03-067936-9

 Ⅰ.①湖…　Ⅱ.①王…②王…　Ⅲ.①湖泊－流域－水资源管理－研究　Ⅳ.①TV213.4

中国版本图书馆 CIP 数据核字（2021）第 017448 号

责任编辑：周　丹　沈　旭　石宏杰 / 责任校对：杨聪敏
责任印制：师艳茹 / 封面设计：许　瑞

科 学 出 版 社 出版
北京东黄城根北街 16 号
邮政编码：100717
http://www.sciencep.com
三河市春园印刷有限公司 印刷
科学出版社发行　各地新华书店经销
*
2021 年 6 月第 一 版　开本：720 × 1000　1/16
2021 年 6 月第一次印刷　印张：14 1/2
字数：300 000

定价：199.00 元
（如有印装质量问题，我社负责调换）

序（一）

　　南水北调东线工程从江苏扬州江都水利枢纽，通过十三级泵站逐级提水，经由高邮湖、洪泽湖、骆马湖、南四湖和东平湖五大天然湖泊，将长江水送至天津和山东半岛。沿线的各个湖泊既是受水区又是输水区，外调水直接参与并影响湖泊流域水文循环。因此，探讨外调水引发的湖泊流域水文效应，研究适应环境变化的应对策略是非常有意义的。

　　以往有关南水北调东线工程的研究，多聚焦于工程建设与运行管理本身，包括水量分配、运行调度等，而从沿线调蓄湖泊着眼，研究其对流域水文、水资源与水环境影响方面的成果较少。《湖泊流域水量调控》一书通过解剖南四湖流域这只"麻雀"，研究外调水对流域水文与水资源的影响及其适应性调控策略，涉及水文模型、防洪排涝、洪水资源利用、农业需水管理和工程群优化调度等多个方面，是一本关于南四湖流域水量多目标协同、多尺度耦合调控、多学科交叉的著作，内容全面、系统。

　　该书系统总结了作者王宗志教授和王银堂教授等多年来围绕南四湖流域水量调控方面的研究工作和成果，既有理论创新，也有方法创新，还有实际应用。作者推导了考虑河床下渗的圣维南方程组、划定了近期南四湖流域内涝防治的重点区域和防洪排涝的重点任务，建立了湖泊流域洪水资源利用的概念模型、推导了其适度利用条件；建立了以"三湖两河"湖泊洪水调算模型为核心的流域水文模型、统筹需水结构和供水方式优化的湖泊流域供需双侧调控模型等。该书不仅系统深入地介绍了有关理论研究和实践探索，而且反映了作者在该研究领域新的见解，部分成果在工程实践中得到应用和检验，取得了很好的经济社会和生态效益。

　　相信本书的出版，将对科学认识调水扰动湖泊流域的水文效应，进一步推动南四湖及其流域水资源科学管理，以及对南水北调东线沿线湖泊治理与区域适应性管理起到良好的示范作用。

张建云

2021 年 1 月 21 日

序（二）

就我的理解，水利就是协调自然界水的时空分布和人类在不同时空对水的需求。可见，协调是水利事业的关键词，而做好协调是任何水利工作的出发点与归宿。

在水利界，通常将协调称为水利调度，或简称调度。由于调度涉及自然界中水时空分布的随机性、人类社会水需求的多样性和用量不断增长，还要兼顾生态与环境，因此十分复杂。即使对于一个中等大小的流域而言，其水资源系统都是一个复杂系统，其水利调度，就是要对该系统进行解析、控制和管理，以期尽可能实现调度的预期目标。

南四湖流域和由该流域内的南阳湖、独山湖、昭阳湖及微山湖构成的水资源系统，是一个复杂的水资源系统。其复杂性在于：流域水系结构的复杂性，位于中国南北气候分界带的旱涝频繁和严重性，由江水、淮水、当地水和地表水与地下水多水源构成的复杂性，由于南水北调东线运行而加剧的流域内外用水的复杂性等。20 世纪 80 年代末和 90 年代初，我和同事参与了南水北调东线运行调度方案的研究，涉及了南四湖的运用与调度，深知其问题之复杂，是一块难啃的"骨头"。不曾料到，时隔 20 余年，近日竟读到王宗志教授送来的、他与王银堂教授合著的、以南四湖流域为研究对象的《湖泊流域水量调控》专著。欣喜之余，仅细看目录，摘章阅读，已深感所下功夫之深、之不易。

两位作者都是我多年的同事和朋友。与王宗志是在 2005 年他做博士论文时相识的，谦虚、勤奋、有追求是当时我对他的印象。十余年来，他潜心致力于南四湖的研究，更让我看到了他对事业的执着。

就我的体会，在水利科技领域，要想做出一些有科学意义和应用价值的成果，不可缺少的品质是执着、勤奋和积累。执着是对事业孜孜不倦的追求，在追求中产生兴趣，兴趣升华为责任与担当。追求要靠勤奋实现，不舍得付出，不可能勤奋。积累是收获，集腋成裘，聚沙成塔，任何重要的科技成果都是长期积累的结果。《湖泊流域水量调控》无疑是作者对水利事业的执着、勤奋与潜心积累的硕果。我为之钦佩，并欣然为之作序。

刘国纬

2021 年 1 月 16 日

前　言

　　水是万物之母、生存之本、文明之源，是人类及其他所有生物存在的生命之源。由于水资源与经济社会、生态环境之间的紧密关系，因此通常我们所说的水资源系统，是以"水"为核心的水资源-经济社会-生态环境复合系统。从这一意义上说，即使是看似简单的水资源系统，也是非常复杂的。例如，一个单一水库系统，它的运行管理不仅要协调好来水丰枯随机性与需求不确定性之间的关系，而且要协调好防洪安全与经济社会发展和生态环境用水之间的竞争关系，还要协调好当前发展和未来需求的关系。事实上，由于水资源时空分布的显著差异性，加之气候变化和高强度人类活动影响，针对水资源系统外部环境的高度不确定性和系统内部结构的复杂性，通过定量模拟，揭示系统要素间的作用和演化机理，准确把控水资源系统的演变特征；通过科学调控，优化分配水资源，使之与经济社会发展和生态环境需求相适应，解决水资源分配与需求不匹配的难题，一直是我国水利科研工作的核心，也是国际学科发展的前沿与热点。

　　2014 年 10 月南水北调东线工程全线贯通，南四湖作为其重要的输水节点和调蓄场所，湖泊的水量、水质和水生态问题，受到了工程沿线居民及我国北方社会各界的高度重视，但是之前针对南水北调东线工程沿线湖泊，特别是南四湖的系统研究很少。从湖泊治理的角度看，由于南水北调东线工程贯通，改变了南四湖水资源系统的边界条件，让原本仅有单一自然入流的水资源系统演化为受人工入流和自然入流交叉支配的自然-人工复合系统，因此，湖泊流域水资源管理不能像过去那样仅仅考虑湖泊流域自身的气象水文条件与各方需求，还要综合考虑上下游湖泊，以及水源区和广大受水区的水资源需求变化，水资源管理的复杂性和难度显著提升，有许多问题亟须回答。例如，南水北调东线调水对区域水资源供水保障程度如何，湖泊及大型水利工程如何适应？山东半岛等受水区极端干旱条件下，汛期调水抬高了湖泊水位，当遭遇极端暴雨洪水，沿湖地区洪涝风险如何？湖泊生态系统将如何演变，在调水扰动下未来走向如何？怀揣着寻求这些问题答案的梦，自 2009 年作者开始了南四湖流域的研究。记得那时，检索有关南四湖流域的研究，水利领域关注还是非常少，偶有几篇关于防洪规划、设计洪水方面的简短报道。也正因为如此，加之考虑无论是从对国家战略的重要意义，还是湖泊自身水问题的复杂性，对南四湖流域的研究都充满了神秘感和责任感，也自那时起，作者对南四湖流域的研究就再也没停下来，先后从兴利、除害等多个方面进行了研究。本书是作者过去十余年南四湖流域科研工作的总结，从服务流域防洪减灾、水资源开发和水资源配置调度等方面开展研究，站在全流域角度寻求综合解决方案，力图摆脱以往"就湖论湖"的治理模式，旨在为科学管理南四湖流域提供借鉴和参考，为南水北调东线沿线的洪泽湖、骆马湖、东平湖等湖泊，以及其他属性类似湖泊提供借鉴和参考。

本书包括六章。第 1 章叙述本书的研究背景和意义，总结国内外调水引起的水文效应、湖泊流域洪涝灾害模拟、流域洪水资源利用、农业种植结构优化、水资源优化配置等方面的研究进展，展望未来的研究方向；阐述本书的研究框架、方法和特点，并概述研究区。第 2 章是湖泊流域水文模型及应用，该章是后续第 3 章、第 4 章、第 5 章和第 6 章的基础，阐述以南四湖"三湖两河"洪水演算数值模型为核心的南四湖流域水文模型的建立过程，讨论流域土地利用、控制工程运行调度的湖泊水文响应。第 3 章探讨南水北调东线工程受水区（山东半岛等）极端干旱条件下，汛期输水湖泊高水位运行，可能引发洪涝灾害风险，包括洪涝灾害水力学模型建立及多种情景模拟。第 4 章探讨洪水资源适度利用问题，包括适度利用理论、潜力评价、滨湖反向调节、湖西平原河网优化、湖泊分期汛限水位等利用方式研究。第 5 章是湖泊流域农业需水结构优化模型及应用，旨在回答在不突破用水总量的前提下，通过优化种植结构和灌溉制度，实现经济效益最大化的科学问题及具体方案。第 6 章是湖泊流域水资源供需双侧调控模型及应用，包括多水源优化配置模型、湖库优化调度模型，以及与第 5 章需水结构优化调控模型耦合，构建供需双侧调控模型的实现过程及在南四湖流域的应用。

参与本书研究和撰写工作的还有刘克琳高级工程师、程亮高级工程师、叶爱玲助理工程师与硕士研究生王坤和谢伟杰，他们在模型计算、文档编写中付出了大量劳动。王坤和谢伟杰分别参与了第 2 章和第 3 章内容的撰写，刘克琳、程亮参与了第 4 章部分内容撰写，叶爱玲撰写了第 5 章与第 6 章部分内容。

在本书写作过程中，得到了中国工程院院士、英国皇家工程院外籍院士张建云先生，水利部科学技术委员会委员刘国纬教授的悉心指导，并亲自为本书作序，在此致以最崇高的敬意！水利部原副部长、水利部科学技术委员会主任胡四一教授、美国伊利诺伊大学厄巴纳-香槟分校蔡喜明教授、合肥工业大学金菊良教授给予了热忱指导、支持和帮助，深表感谢！此外，本书参考和引用了国内外许多学者的有关论著，吸收了同行们的辛勤劳动成果，作者从中得到了很大的教益和启发，在此谨向他们一并表示感谢，也希望得到大家的指正和建议，共同推动河湖水资源管理事业创新发展。

本书有幸得到了国家"十三五"重点研发计划课题"雨洪水开发利用潜力及全过程风险管控"（2017YFC0403504）、国家自然科学基金项目"区域用水行为对水资源管理制度的响应与动态调控"（51479119）、江苏省"333 工程"第二层次培养项目"大规模调水扰动的梯级湖泊水文效应与安全调控研究"（BRA2020088）和南京水利科学研究院出版基金的大力支持。在此，作者表示衷心感谢。

　　湖泊是一类典型的地貌类型，加强流域水量调控是破解防洪排涝安全、水资源安全和水环境安全问题重要手段，尽管作者久久为功，为之努力十余年，但因其涉及面广，影响因素众多且相互矛盾、彼此制约，加之作者水平有限、成稿仓促，书中某些观点和方法可能会留有争议，殷切希望同行专家和读者朋友们给予批评指正，以期共同推动湖泊流域水资源管理事业。

作　者

2020 年 10 月于南京清凉山麓

目　　录

第1章 绪 论

1.1 研 究 背 景

兴水利、除水害历来是治国安邦的大事,也是水利学科的根本目的(Anderson,1992)。水资源调控是指通过调节地面水利工程、地下蓄水空间和人类用水行为,使水资源时空分配与人类和生态环境需求尽可能相适应的过程,是实现"兴水利、除水害"国家目标的重要手段。然而,水资源时空分布受气候、降水和地形影响,呈现高度随机性;人类和生态环境对水的需求受人口增长、经济社会发展及人们追求高品质生活的驱动,居高不下,并具有高度不确定性(刘国纬,1995;张建云和陈洁云,1995)。因此,水资源调控是一个需要供需双侧联动、多层次多目标协调的复杂性科学问题。尽管自 20 世纪 40 年代 Masse 提出水库优化调度、开启水资源调控定量化研究,至今已有近 80 年的历史,但是由于人们尚未完全确知降水、径流,以及人类开发利用过程中的全部信息和运动规律,加之气候和下垫面动态变化中蕴含诸多不确定性,水资源调控仍然是当前水利学科的重要前沿(夏军和石卫,2016)。

我国湖泊数量众多,湖泊水面总面积约占国土总面积的 1%,主要集中于青藏高原、东北平原和东部平原。排名前 10 的湖泊中,东部平原有 5 个,包括洞庭湖、鄱阳湖、太湖、洪泽湖、南四湖。它们均处于长江和淮河下游。与一般河流流域相比,这些湖泊流域,均以湖泊为集中的流域受纳水体,其水安全状态面临如下挑战:①经济社会发展迅猛,河道外用水需求大,水资源短缺问题突出;②湖泊入流众多,源短流急,滨湖地区洪涝灾害严峻;③湖泊平浅,较小的水量扰动就可能引起较大的水面变化,生态系统脆弱性与水量的响应关系敏感;④人水关系密切复杂,水环境负荷大,水质恶化威胁严重。因此,湖泊流域作为一类特殊的地貌单元和流域类型,其水问题治理的复杂性和难度,早已引起了科学家和工程师的密切关注和高度重视。例如,有关洞庭湖、鄱阳湖的研究,历来是研究长江江湖关系的重点,受到广泛关注(王凤等,2008;Li et al.,2014;Wagner et al.,2016);自 20 世纪 80 年代,就有学者针对太湖复杂的河网地形特点,着手建立"太湖流域模型",近年来随着蓝藻暴发等水环境事件的发生,社会各界给予了更多的关注,也形成了一大批研究成果(王腊春等,2000;程文辉等,2006;Zhai et al.,2010)。相比较而言,隶属淮河流域的洪泽湖、南四湖被关注程度则少了很多,但随着 2014 年我国南水北调东线工程的全线贯通,洪泽湖、骆马湖、南四湖、东平湖这四颗"珍珠"被串了起来,因此这些湖泊的水安全问题也由区域问题跃升到国家战略,逐步受到社会各界的重视(刘昌明和杜伟,1986;赵世新等,2012)。

南水北调东线工程跨越长江、淮河、黄河和海河四大流域,旨在从长江下游取水,向黄淮海平原东部和山东半岛补充水源,与引黄工程和南水北调中线工程一起,共同解决我国华北地区水资源短缺问题。它通过13级泵站逐级提水,连通洪泽湖、骆马湖、南四湖和东平湖等天然湖泊,并作为重要调蓄场所,将长江水送至黄河以北和山东半岛(刘恒和耿雷华,2011)(图1-1)。作为跨流域调水的调蓄节点,沿线的各个湖泊既是受水区又是输水区。工程调水期间调入水成为受水区水体的一部分,直接参与湖泊流域水循环过程。显然,外调水增加改变湖体水量的同时,势必影响湖内水位、流向、流速及流域蒸发、下渗等水文学参数。根据南水北调总体规划,南四湖作为南水北调东线工程的调蓄场所,一期工程计划年调水量88亿 m^3,工程运行期间南四湖下级湖水位将达到32.8 m,相较于同期多年平均水位提升1 m左右,上级湖水位保持在34 m运行,相较于同期多年平均水位提升了0.48 m左右(刘昌明和杜伟,1986;Wang et al.,2019a)。调水期间,若遭遇强暴雨天气,可能会增加防洪风险。

南水北调东线一期工程自2013年试验通水,截至2020年底已完成了7个年度的调水计划,累计调入山东省水量达46.16亿 m^3,在缓解山东半岛近年来的极端连续干旱事件中发挥了至关重要的作用。为此,近期正在规划实施南水北调东线二期工程,以进一步扩大调水规模。仅山东省多年平均调水规模将从南水北调东线一期工程的13.53亿 m^3 增大到37.75亿 m^3,新增引江水量24.22亿 m^3,调入、调出南四湖水量分别为97.60亿 m^3、80.40亿 m^3,这意味着在南四湖流域将消耗水量17.20亿 m^3,相当于该流域水资源总量的1/3(http://www.nsbddx.com/single_detail/3214.html)。南水北调东线工程不是一个利用渠道、涵洞封闭输水的调水工程,而是一个利用沿途自然湖泊调蓄、水量逐级分配耗散的大型工程,大规模外调水直接参与受水流域水文循环,通过人-水系统的相互作用,对生态环境和区域用水行为产生重要影响。因此,南水北调东线工程沿线湖泊流域面临水安全的新挑战。

自2009年以来,作者以南四湖流域为对象,力图站在全流域角度以寻求调水扰动条件下湖泊流域水安全有效途径为出发点,以"面向水安全的湖泊流域水系统优化调控"为主线,从服务防洪除涝能力与供水能力提升两方面,重点开展湖泊流域水文模拟、湖泊流域洪涝模拟、湖泊流域洪水资源利用、农业需水结构优化与供需协调水资源调控等方面的研究,旨在一方面服务南四湖流域科学管理,另一方面为南水北调东线的洪泽湖、骆马湖、东平湖等沿线湖泊及其他类似湖泊流域水安全管理提供借鉴和参考。诚然对南四湖而言水环境、水生态也是非常重要的方面,但限于时间和篇幅,本书尚未涉及有关内容,这也正是本书取名为《湖泊流域水量调控》的原因。

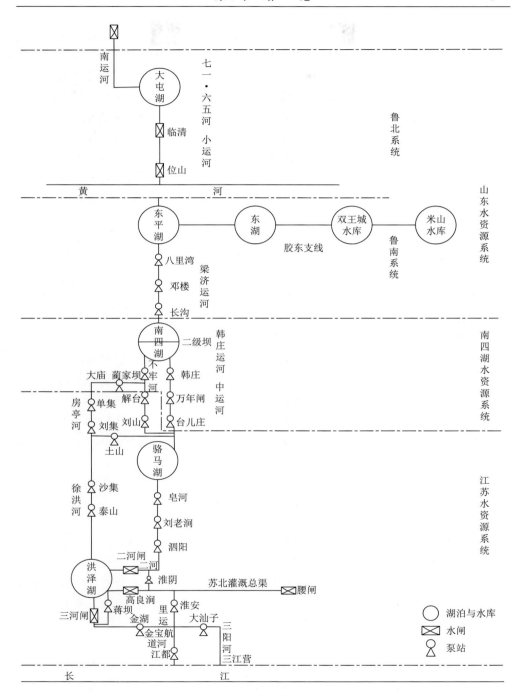

图 1-1　南水北调东线工程概化图

受季风气候的影响,南四湖流域降水年内分布很不均匀,高度集中于汛期(6~9月),其降水量占年降水量的72%。滨湖区排涝标准较低(3~5年一遇),洪涝灾害严重频繁,平均每3~5年就发生一次大的涝灾。2003年,滨湖洼地内受灾面积达192.63万亩[①],成灾面积159.49万亩,绝产面积77.08万亩。南四湖入流众多,地形复杂,洪水易涨难消,与滨湖区涝水交换频繁。由于滨湖区地势低洼,河道坡降小,滨湖区高程在36.79 m以下地区基本失去自排能力,涝水全部依靠泵站提排入河再入湖。平原湖区排涝除了受降雨量、排涝工程标准影响,湖泊水位对入湖河道水位的顶托,也会显著影响滨湖区排涝过程。根据地形、地势和洪水特性,研发适合湖泊自身特点、兼顾精度和效率的洪水演算数值模型,是湖泊流域建设规划与洪水实时管理的基础性工作,也是全面掌握南四湖洪水演进情形、提出洪涝治理科学方案的关键(王友贞,2015)。

另外,按照规划,南水北调东线工程在非汛期调水,但若受水区汛期旱情严重,也会启动调水活动,如山东半岛2014~2018年遭遇超过50年一遇的严重干旱,汛期多日调水东送至山东半岛,以缓解水资源短缺形势(李素,2015)。随着经济社会的发展,山东省尤其是半岛地区水资源紧张态势将进一步加剧,南水北调东线工程只按规划在非汛期进行调水,已远不能满足山东省用水需求,汛期调水有望成为常态。为此,应急调水在为山东半岛提供水量的同时,将提高南四湖水位,此时若发生类似2003年的旱涝急转现象,滨湖区洪涝情景将会怎样?这是目前南水北调工程运行及南四湖流域水资源、水生态与防洪排涝管理中亟待回答的科学问题。

此外,作为全国重要的粮棉生产基地,农业是南四湖流域最大的用水户(魏宁宁等,2014),其用水量占总用水量的80%以上。随着城市化进程加快,第二产业和第三产业用水呈刚性增长,这为农业用水结构适应性调整提出了迫切需求。湖库工程作为连接天然来水与用水户之间的枢纽,是水资源调控的重要载体,科学调度水库(湖泊)等蓄水工程是实现水资源合理分配的重要手段,在水资源调控与防洪减灾中发挥着越来越重要的作用(中华人民共和国水利部,2013)。水库优化调度是水资源利用领域历久弥新的研究问题,它能在不改变水库工程规模的前提下,显著增加防洪与兴利效益,在工程界受到高度关注和广泛应用。如何通过水资源优化配置与工程调度联合缓解水资源紧缺、水环境恶化等复杂水问题,实现社会、经济、生态等多方面效益的可持续发展,成为当前水库调度研究中的热点问题。以往水库调度多是根据长系列来水和供水资料,结合地区人口、经济发展情况给定河道外用水,采用以需定供的原则给出水库调度策略,供水侧与需水侧之间的交互是单向的,其结合是相对松散的。全面落实最严格水资源管理制度等新时期治水理念,为水库调度提出了新要求,强化供水侧与需水侧协同调控,

---

① 1亩≈666.67 m²。

提出双侧适应、紧密结合的调度模式已成为必然。

本书以受调水严重扰动的典型湖泊流域——南四湖流域为研究试点，以探寻保障水安全的有效途径为着眼点，紧密围绕防洪排涝能力和供水能力提升为目标，在系统梳理国内外相关研究进展、深入剖析实践需求的基础上，指出应解决的关键问题如下。

（1）如何建立适宜的水文模型，模拟揭示大型浅水湖泊流域洪水和径流的时空演变与数量特征，为洪涝灾害过程模拟和水资源配置调度提供可靠的边界条件。

（2）如何精确模拟不同水文条件下湖泊-洼地-河网间的洪涝交互作用，解析调水期间，遭遇湖泊高水位、暴雨极端条件下的洪涝情景，为南水北调工程运行提供借鉴和参考。

（3）如何充分挖掘流域洪水资源利用潜力，在不增加洪涝风险和保障河湖生态健康的前提下，尽可能多地提供河道外供水，减少南水北调东线的输水压力。

（4）如何协同优化农业种植结构和水利工程调度规则，实现农业用水主导区水资源的集约化利用，既能有效控制用水需求，又能让水资源宏观配置策略落实落地。

本书围绕上述湖泊流域水量调控关键问题展开研究的意义如下。

（1）针对入流繁多、地形复杂、边界受控的特殊性，把湖泊"三湖两河"洪水演算数值模型，与入湖支流控制流域分布式水文模型结合起来，建立兼顾模拟精度与计算效率的湖泊流域水文模型，而不是盲目追求模拟精度而忽视计算效率的水动力学模型的做法，是值得借鉴推广和倡导的。

（2）模拟解析汛期调水在湖泊高水位遭遇暴雨洪水时可能造成的洪涝影响范围，从而为南水北调东线工程调水规则调整和区域防洪排涝应对提供科学依据，是当前南水北调东线工程沿线湖泊共同关注的问题。

（3）基于流域水利工程组成与布局，在阐明洪水资源适度利用理论的基础上，通过因地制宜地选择洪水资源利用方式，充分挖掘利用洪水资源，实现防洪安全、供水可靠和降低调水的多重目标，对含有人工入流控制的湖泊流域管理意义重大。

（4）通过农业种植结构优化，在实现种植效益不降低的前提下，尽可能地压缩用水需求，与流域控制工程优化调度紧密结合起来，通过供需双侧联合调控，推动流域水资源供需松散管理向严格管理的转变。

1.2　国内外研究进展

1.2.1　调水引起的水文效应

调水扰动的水文效应主要指由跨流域调水活动所引起的地下水、径流、水位、水质，以及洪涝灾害等水文参数和特征的变化。早期国内外关于水文效应的研究主要聚焦在土地利用/覆被变化引起的水文效应、城市化引起的水文效应以及水库建设水文效应等典型人类活动引起的水文效应等方面（Legesse et al.，2003；Niedda et al.，2014；张建云等，2014）。跨流域调水作为一种解决水资源时空分布不均的大型工程，由水量调出流域、输水沿线和受水流域三个部分组成（邵东国，2001）。调水对供水区最直接的影响体现为减少供水区可用水量，进而减小供水区水体消纳污染物的能力，影响供水区湿地及生态系统的健康；对受水区而言，大量的调入水增加了受水区的可用水量，在为受水区补充水源、造福人类的同时，也显著改变了输水区与受水区的水文特性（Aron et al.，1977；Kundell，1988）。

　　相对于城市化和土地利用改变的水文效应研究来说，跨流域调水的水文效应研究起步较晚。Lindsey（1957）对跨流域调水所造成的影响进行了研究，但直到20世纪90年代，研究仍较少。从1992年起，国内外学者对跨流域调水的研究逐渐增多，涵盖了其对经济、文化、环境及水文效应的研究。刘昌明和沈大军（1997）认为调入水会对流域周边地区的排水产生一定的影响，进而周边盐渍土壤面积扩大和低洼地区出现沼泽化。大量水体的引入，水量下渗增加，可大幅度减少地下水的超采。Poland（1981）和Larson等（2001）认为调入水能有效地缓解加利福尼亚州因长年超采地下水而带来的地面沉降问题。郭亚娜和潘益农（2004）对南水北调工程实施前后的气象环境影响进行分析，认为受水流域的土壤含水量会增加，土壤的蒸发量也会增加，导致受水流域春季累积降雨量增加，地表温度降低。Allison和Meselhe（2010）及Wang等（2014）分析了调入水对美国路易斯安那州滨海湿地恢复所起的关键作用。调入水增加了地表水的累积和土壤的水分含量，进而形成了湿地。Ye等（2014）将基于物理过程的地下水模型与一个基于网格概念性地表水模型进行耦合得到一个大规模分布式水文模型，并利用该模型评价了南水北调中线对受水区——海河流域地下水位的影响，研究表明，即使南水北调每年为海河流域提供95亿m^3水，流域内地下水位仍将持续下降，但下降速度将减慢。Tang等（2014）等基于MIKE 11模型对南水北调中线发生紧急污染事件进行了模拟与预测。调入水对湖泊流域水质的影响包括两个方面。一方面，调入水稀释了受水区的营养物浓度，提高了流域的径污比，改善了水质（Welch et al.，1992；Hu et al.，2008；Zhai et al.，2010）；另一方面，跨流域调水也有可能将水源区或输水沿线流域的污染物质带入湖泊流域，从而使水质变差（Davies et al.，1992）。调水工程在增加受水区可用水资源量的同时，也在受水区引起了一些负面的水文效应。例如，水量下渗增加，地下水位增高，一旦土壤地下水位超过地下水临界深度，将导致作物根系土壤中盐分含量增加、浓度累积，土壤结构破坏，引起流域土地大面积盐碱化（方妍，2005）。以美国密歇根湖流域作为供水水源的芝加哥跨流域调水工程，便因密歇根湖长期遭受各种有机物污染而使该工程一直饱受非议（Rasmussen et al., 2014）。此外，Wang 等（2013）对雅砻江—黄河调水工程对雅砻江流域的影响进行了研究，发现调水将减小其流速、河道宽度及水深，尤其是在洪水期，会对受水区及输水渠道防洪安全造成影响。Sun 等（2008）基于二维数学模型，以安阳河流域为例，研究了南水北调工程对沿途河流洪水灾害的影响。

自南水北调东线工程建成以来，国内学者对南四湖流域进行了大量研究，研究成果主要可归为以下几个方面：调入水引起的湖泊流域水环境水质影响（李峰，2007；赵世新等，2012）；调水对南四湖流域环境和经济的影响（吴炼石，2012）；调水引起的南四湖流场变化模拟（武周虎等，2014）；南四湖水资源评估与利用（王宗志等，2014a，2017a，2017b）；南水北调抬高湖泊与流域地下水位，进而导致滨湖土地排水不畅、次生盐碱化、沼泽化等影响。可见，目前研究较多的是调水引起的水环境、水生态与水资源效应，罕见调水引起的受水区洪涝灾害影响研究。

1.2.2　湖泊流域洪涝灾害模拟

目前国内外关于湖泊流域洪涝灾害的研究主要集中在成因分析、时空变化规律、洪涝过程数值模拟与预测，以及气候变化与人类活动对湖泊流域洪涝特征的影响等方面（Wang et al., 2013；Li and Zhang, 2015）。王腊春等（2000）建立了太湖流域洪涝灾害淹没模型，对太湖流域淹没范围进行模拟。王凤等（2008）运用概率统计的理论与方法对湖口站历年最高洪水位与鄱阳湖区历年受灾面积进行分析，探讨了鄱阳湖区洪涝灾害与灾害损失的统计规律。依据历史水文资料分析湖泊流域洪涝灾害的时空变化特征，有助于理解流域内洪涝发生机制及预测流域内洪涝发展趋势。卢少为等（2009）以洞庭湖腹地大通湖垸为例，运用平面二维数学模型对该区域涝灾进行了模拟，发现外洪水位变动将对内涝产生不利影响。郭华和张奇（2011）通过分析 1957～2008 年长江与鄱阳湖之间相互作用的基本规律，认为三峡水库的调蓄作用，对鄱阳湖流域的旱涝概率产生了一定程度的影响，其中 4～6 月的放水在一定环境下增加了鄱阳湖流域发生洪涝的概率。随着涝灾研究的深入与计算机技术的进步，建立模型能够更加直观地展示流域内涝灾的时空过程，通过相关要素的概化，研究者能更好地把握涝灾形成的最主要的影响因素，通过对流域内涝灾系统模拟与分析，为流域内涝灾预防、排涝布局及科学调度提供依据。郭华等（2012）基于历史资料分析了鄱阳湖流域的气候和水文变化特征及旱涝规律，指出长江和鄱阳湖之间的相互作用在 6～8 月达到最强，若此前鄱阳湖已达到或超饱和，则长江对鄱阳湖的顶托作用可能引发湖区洪水或增强洪涝程度。Li 等（2014）基于历史洪涝灾害损失资料分析了鄱阳湖洪涝灾害规律并对影响洪涝规律变化的因素进行分析，指出人类活动和气候变化是造成鄱阳湖洪涝规律变化的主要因素，长江水位升高是鄱阳湖洪涝灾害加剧的重要因素。罗文兵等（2016）基于 Soil Conservation Service（SCS）的小流域设计洪水模型和 MIKE 11 河道一维水动力学模型的耦合建立了平原湖区抽排区尺度的涝水产汇流模型，将其运用于研究湖北省四湖流域螺山抽排区排涝对长江水位变动的响应，发现外江水位越高，对泵站排涝流量影响越大，泵站按性能曲线抽排将显著提高模拟精度。

目前国内外学者对湖泊流域洪涝灾害随时间变化规律做了相关研究，开始关注湖泊高水位对滨湖洼地排涝的影响，但目前研究多以一个抽排区或湖泊周围部分抽排区为研究对象，来研究湖泊水位变动对区域内涝的影响规律；少有以整个滨湖抽排区为对象建立一/二维耦合水动力模型，反映湖泊-河道-滨湖区之间水流的相互作用，从而定量研究湖泊水位变动对流域洪涝灾害的影响规律。

1.2.3　流域洪水资源利用

受季风气候影响，中国大部分地区水资源时程分配极不均匀，占全年 70%以上降水集中于汛期，河川径流 60%～70%在汛期以洪水形式弃水入海。长期以来，由于我国洪涝灾害频繁，加之工程条件和科技水平所限，人们更多地关注洪涝灾害的防御和应对，秉持"入海为安"的洪水管理理念。然而，受该理念束缚，在整个汛期，水库等蓄水工程始终预留较大库容以防御设计或稀遇洪水，从而导致大量洪水受汛限水位限制被迫下泄；汛期过后又由于降雨偏少，往往造成水库难以蓄满、非汛期供水严重不足的尴尬局面（大连理工大学和国家防汛抗旱总指挥部办公室，1996；胡四一等，2004）。进入 21 世纪，中国北方地区水资源短缺矛盾进一步加剧，迫使人们开始质疑传统治水理念的合理性。"能否依靠科技进步和适当承担风险，通过优化防洪工程的调度运行方式，改变以往呆板的操作模式，获得更大的兴利效益"，引发了学术界的广泛思考，进而催生了对"洪水资源利用"相关问题的研究。与此同时，中国政府也在理念上开始由"控制洪水"向"洪水管理"转变，为相关成果在实践中的成功应用奠定了重要的认识基础。

从水资源禀赋特点和开发利用实践来看，我国水资源的开发利用，本质上就是通过兴建水利工程及优化其调度方式等工程措施和非工程措施来提高流域水资源调控利用能力，并尽可能多地将汛期洪水转化为常规水资源的过程。因此，从一定意义上讲，"洪水资源利用"早已有实，但这一概念的明确提出则始于 21 世纪初（程晓陶，2004）。2002 年国家防汛抗旱总指挥部办公室组织南京水利科学研究院、大连理工大学等单位开展了涵盖设计洪水计算、汛限水位分期设计与动态控制专题研究，拉开了国内水库洪水资源利用研究序幕（邱瑞田等，2004；郭生练，2005）。之后，科学技术部连续安排"十五"国家科技攻关课题"海河流域洪水资源安全利用关键技术研究"和"十一五"国家支撑计划项目"雨洪资源化利用技术研究及应用"等重大计划开展有关洪水资源利用的重大问题研究，这些计划在尺度上把洪水资源利用研究从水库扩展到了流域，初步建立了流域洪水资源利用的概念体系，并在潜力评价方法，以及水库、蓄滞洪区、河渠涵闸调控等洪水资源利用关键技术等方面取得了突破性进展。比较有代表性的成果如下：胡四一等（2004）提出了汛限水位分期调整及综合论证的技术方法，研发了防洪系统洪水资源利用技术，研究成果在潘家口水库、密云水库及北三河水系、滦河水系得到成功应用；郭生练（2005）评述了国内外设计洪水研究进展，并以三峡等大型水库为对象开展了水库汛限水位动态控制方式研究；王本德等评价了降雨、洪水预报信息和调度人员经验在水库实时调度中的可用性，提出了基于预蓄预泄和综合信息模糊推理模式的动态汛限水位控制方法，并在大伙房、葠窝、于桥等水库得到成功应用（王本德和周惠成，2010；王本德等，2016）；Chou 和 Wu（2013）及 Yun 和 Singh（2008）基于期望缺水量最小和预泄策略，研究水库汛限水位控制策略；钟平安等（2014）探索了梯级水库汛限水位动态问题；王忠静等（2015）等对洪水资源利用的适度性进行了分析。在实践方面，辽宁省利用"全信息动态综合优化预报调度"和"河库联合调度"等技术方法进行洪水调度，实现了流域防洪与兴利的双赢；山东省实施"沭水东调"工程，利用降水地区不均匀性，把沭河汛期洪水调入日照水库中，在 2015 年收到了良好的效果（王宗志等，2017b）。

综上所述，在过去 20 余年里，洪水资源利用在技术和实践方面均取得了丰硕成果，在规模上已从单个水库开始向流域防洪系统过渡，在深度上已从规划设计向实时运行阶段迈进，为缓解区域水资源短缺矛盾起到了重要作用。但是目前尚未见完备的理论方法体系和系统的应用模式，这在一定程度上阻碍了洪水资源利用的具体实践（王宗志等，2017a，2017b；Wang and Lian，2019）。

1.2.4　农业种植结构优化

国外有关农作物种植结构优化方面的研究始于 20 世纪 60 年代，国内起步较晚但发展较快，近年来取得了丰富的研究成果，经历了从单一目标向多目标，从基于时间或空间尺度向时空尺度耦合的发展过程（王莹等，2014）。农作物种植结构优化可根据侧重点不同，分为调整种植比例与调整作物种植布局两个方面。前者是根据当地自然条件，包括水、土、气候等方面，适当减少耗水量大的作物种植比例，使有限的水资源在不同作物间分配更加合理。后者是将作物生长过程中的耗水习性与当地水资源时空分布特性进行耦合，如调整作物种植时期、选择耐旱品种等，使作物能更好地利用天然来水。

发展初期的农作物种植结构优化模型，可根据求解方式的不同将其分为单层优化模型和多层优化模型（李霆等，2005）。

　　单层优化模型一般仅考虑农产品的经济效益、社会效益、生态效益，而不考虑灌溉水量在作物不同生育期内的分配，是以不同作物的种植面积为决策变量，并受到可利用水资源、耕地资源等多方面约束而建立的模型。陈守煜等（2003）采用模糊定权方法，以灌区的经济、社会、生态效益为指标，通过计算不同作物的综合效益相对优势建立了多目标的作物种植结构优化模型。Sethi 等（2006）针对沿海地区地下水冬季灌溉困难的问题，采用确定性线性规划和机会约束线性规划模型优化地区水土资源配置。周惠成等（2007）采用交互式模糊多目标优化算法调整作物种植结构，在模型中加入了决策者的满意度从而实现模型与决策者的交互。陈兆波（2008）采用粒子群多目标算法，综合考虑了社会经济等多方面效益和预测粮食需求，优化了塔里木河流域农作物种植结构。总的来说，无论是单目标还是多目标，考虑综合效益或是无权重地考虑多方面效益，单层优化模型的核心在于目标函数的确定，其优点在于模型结构较为简单，可以更好地从实际利益角度出发对种植结构进行优化。此类模型的缺点在于较少考虑农业用水过程，仅以总农业灌溉定额确定农业需水，与水资源系统的联系较弱。

　　多层优化模型不仅考虑了不同作物间的水量分配，同时考虑了水分在某种作物不同生育期内的分配。第一层模型是一定灌溉水量在某种作物不同生育期内的优化分配模型，即单种作物的灌溉制度优化。第二层模型是在第一层模型基础上，考虑总水量在不同作物间的分配及不同作物种植面积的优化模型，以此得到总体最优的作物种植结构。两层模型之间通过水分生产函数进行协调，将第一层模型求出的水分生产函数，即灌溉水量与产量的函数关系反馈给第二层模型，将第二层模型优化的作物种植面积和灌溉定额返回到第一层模型中求得各种作物的最佳灌溉制度，以此确定灌区最优种植结构、灌溉定额与灌溉制度。Yaron 和 Dinar（1982）采用线性规划与动态规划建立作物种植结构优化双层模型，第一层以经济效益最大为目标函数，第二层以缺水时期作物耗水量最小为目标函数，分析水资源短缺时期竞争作物间的水量分配。Rao 等（1990）采用动态规划与线性规划建立了三层作物结构优化模型，包含单作物灌溉制度优化模型、作物全生育期与各个生育期内水量优化分配模型。邱林和马建琴（1998）以总效益最大为目标建立了三层作物配水优化模型，包括全灌区、子灌区与作物三个层面。该模型基于大系统分解协调原理，通过自上而下的逐层寻优求解模型，避免了多维动态规划维数灾难的问题。张长江等（2005）建立了双层线性规划大系统递阶模型，优化了地表水、地下水在不同作物间及同种作物不同生育期内的水量分配，第一层为基于作物水分生产函数的动态规划模型，优化作物的灌溉制度；第二层为全灌区作物间水量分配优化的线性规划模型。

　　近年来，随着计算机技术的发展，智能优化算法在农业种植结构优化方面也得到了较多的应用，同时考虑作物种植面积与灌溉水量分配的优化模型可采用智能算法直接求解。Georgiou 和 Papamichail（2008）以作物净产值最大为目标，采用模拟退火算法同时优化灌区作物种植面积与不同时段内的灌溉水量分配。Lalehzari 等（2016）以相对作物产量最大与作物成本收益率最高为目标，考虑河水、地下水等多个水源，采用遗传算法与粒子群算法对灌区作物种植结构和作物灌溉制度进行优化。

1.2.5 水资源优化配置

国外有关水资源配置的研究始于 20 世纪 40 年代，并在 60 年代得到了迅速的发展。Maass 等（1962）将系统理论引入水资源配置领域中，水资源系统模拟研究得以开展。基于水资源系统分析理论，模拟复杂水资源系统的内部关系，解决了简单优化技术无法运用到实际中去的问题。70 年代以来，随着计算机与数学优化技术的发展，采用系统模拟与优化结合的研究方式成为主流。Goicoechea 等（1976）基于非线性规划框架，提出了多目标流域水资源规划决策方法，研究不同土地管理措施下流域水资源管理问题。Olenik 和 Haimes（1979）提出了一种考虑代理值均衡（SWT）的多层多目标水资源规划框架。Pearson 和 Walsh（1982）采用改编自非时序月径流最小累积流量分析的无量纲方法，研究了在干旱等特殊情景下水资源调配与管理的问题。20 世纪 90 年代以来，随着气候变化影响与计算机技术的快速发展，水资源配置问题的研究考虑的层面更为丰富。从模型目标来说逐渐由单目标向多目标转变，兼顾防洪、供水、通航等效益的水资源配置模型逐渐得到发展。从模型完备性来说，在水资源模拟系统中加入了地下水模块，进行地表、地下的联合模拟，同时还考虑了模型的风险与不确定性。Arnold 等（1993）在现有的流域地表水模型中加入了简单的地下水模拟模型，该模型基于流域尺度可进一步划分为子流域，同时考虑了气候、植被、水库管理等随时间变化的影响。Andreu 等（1996）研发了通用的流域规划决策支持系统，能以图形形式表示复杂水资源系统，模型包含流域模拟与优化模块、水层流动模块和两个风险评估模块。Arnold 等（1998）提出了著名的土壤和水评估（soil & water assessment tool，SWAT）模型，模型基于 GIS（地理信息系统）平台，用于流域内不同供水情况与非点源污染下的水资源管理问题，自提出后在多方面得到了广泛的应用。Mckinney 和 Cai（2002）提出了一种概念 GIS 数据模型，用于研究水资源配置问题，通过面向对象的方法，将数据、水资源模型与用户界面集成到 GIS 环境中，实现了 GIS 工具在水资源配置问题上的应用。

国内水资源配置研究起步较晚但发展较快，20 世纪 60 年代以来以水库调度优化问题为开端展开了对水资源配置领域的研究。80 年代初，对水资源配置的研究从水量分配逐步进展到水资源模拟的层面，华士乾（1988）把系统分析方法运用到水资源规划问题中，对北京市的水资源系统进行了研究。该模型包括了供水模拟模型与配水优化模型，考虑了地表水与地下水的联合调度，在北京及周边地区得到了推广应用。80 年代后期，随着联合国教育、科学及文化组织"资源承载力"的概念提出，国内相继开展了对区域水资源承载力与水资源合理配置的研究。许新宜等（1997）针对华北地区的水资源问题，以宏观经济为基础研发了华北地区水资源优化配置模型。面对不断增长的用水需求与过度开发水资源带来的一系列生态问题与环境问题，在水资源配置模型中考虑生态需水成了 20 世纪末的主流，产生了众多采用不同方法考虑生态需水的水资源配置模型。21 世纪以来，我国水资源配置研究步入了跨流域配置的阶段，出现了许多考虑南水北调工程的水资源配置模型（赵勇等，2002；王慧敏等，2004）。王劲峰等（2001）针对我国水资源时空分布不均的特点，提出区际调水时空优化配置模型，给出了调水工程的调度规则，最大化调水的经济效益。

水库调度是实现水资源配置的重要手段，以水资源系统调控为目的的水库调度优化问题始于 20 世纪 40 年代，Massé（1946）和 Little 等（1955）采用随机动态规划方法将优化概念引入水库调度，开创了水库调度的研究进程。纵观水库调度研究的发展历程，可将其分为两个阶段，一是基于流域水文资料的传统调度方法研究，二是以运筹学为理论基础的优化调度方法研究（尤祥瑜等，2004）。水库调度模型可分为隐随机优化（ISO）模型、显随机优化（ESO）模型、参数模拟优化模型三类（王本德等，2016）。

隐随机优化模型由 Young 于 1967 年提出，该模型主要分为调度规则提取和优化计算两个部分（Young，1967）。Russell 和 Campbell（1996）利用模糊逻辑规划提取发电水库的调度规则，并与确定性的动态规划进行比较，结果表明模糊算法存在"维数灾难"的问题，无法替代传统的优化技术。陈洋波（1998）比较了对数函数、指数函数等 8 种调度函数，得出双曲线调度函数模拟效果最好的结论。任德记和陈洋波（2002）采用完全多项式和广义线性多项式挖掘水库群调度规则，对龙羊峡、刘家峡水库进行了预报调度优化研究。尹正杰等（2006）采用径向基函数挖掘供水水库调度规则，并将结果与调度图、调度函数方法得到的结果进行分析比较，认为数据挖掘方法更适用于水库调度。舒卫民等（2011）利用逐步优化算法（POA）得到的优化计算结果作为样本训练人工神经网络，并以此建立模型模拟了水电站群最优调度规则，结果总发电量大于回归分析调度函数计算的总电量。纪昌明等（2014）采用粗糙集和支持向量机提取梯级水电站的调度规则，结果显示出良好的发电效益，适用于水电站中长期调度运行规划。

显随机优化模型与隐随机优化模型相比，考虑了水文输入资料的不确定性。Karamouz 和 Vasiliadis（1992）采用随机动态规划（SDP）和贝叶斯决策理论（BDT）

构建了 BSDP 模型模拟水库调度，该模型将入流看作马尔可夫过程，考虑了入流的不确定性。Faber 和 Stedinger（2001）以径流预报为基础，构建随机抽样动态规划模拟水库调度，建立了实时优化调度模型。徐炜等（2013）将聚合分解思想运用到随机动态规划模型中，建立了短、中期径流预报的分段聚合贝叶斯随机动态规划模型，同时考虑了径流预报的不确定性，将预报期分为较准确和不确定性较大两个阶段，提高了发电效益。

参数模拟优化模型是目前研究较多的模型，最早由 Koutsoyiannis 等于 2003 年提出。刘攀等（2008）建立梯级水库群联合优化调度模型，得到的优化调度图理论上可显著提高电站发电量。郭旭宁等（2011）构建混联供水水库的参数模拟优化模型，结合水库群的常规调度规则得到了水库间的优化分配方案。李昱等（2015）根据水库群各自的供水任务构建了分层的水库群联合调度模型，得到的调度方案可提升库群的供水效益。与前两种优化模型相比，参数模拟优化模型更适合用于复杂的库群调度，有效地克服了"维数灾难"的问题。

在模型求解方面，常见的方法主要包括基于数学规划算法、启发式算法和混合算法。随着水库调度问题从单库向多库，从单目标向多目标方向的发展，传统的优化方法已不适用于解决复杂的水库调度问题。畅建霞等（2001）提出了十进制编码的遗传算法用于单库调度优化问题，能够改进传统遗传算法二进制编码解码复杂的问题。徐刚等（2005）采用蚁群算法求解水库优化调度模型，并同时采用动态规划方法求解进行对比，结果显示了蚁群算法在求解规模增大情况下寻优速度的优越性。周佳等（2010）针对模型目标函数与约束条件，通过引进罚函数对逐步优化算法进行改进，实现发电效益最大的调度目标。

1.3 研究区概况

南四湖流域属淮河流域沂沭泗水系，跨越山东、江苏、安徽和河南 4 省，湖区由南阳、昭阳、独山和微山 4 个湖泊组成，故称南四湖，是中国北方最大的淡水湖。流域面积为 3.17 万 km^2，约 2.63 万 km^2 位于山东，包含了济宁、菏泽、枣庄的全部，以及泰安、临沂两市的一部分，还包含江苏约 0.32 万 km^2、河南约 0.21 万 km^2 和安徽约 0.01 万 km^2。湖西地区 2.19 万 km^2，湖东地区 0.85 万 km^2，湖面约为 0.13 万 km^2。南四湖流域北抵大汶河南岸，南至废黄河堤防，西起黄河堤坝，东达山东中南部丘陵区西侧（Wang et al.，2019b）。湖西与湖东地形地貌差异大。湖西为黄泛冲积平原，地面比降在 1/20 000～1/5000，河道均从西向东流入南四湖，峰低量大；湖东以津浦线为界，以东主要为山丘，以西则是丘陵和平原，地面比降在 1/10 000～1/1000，河道自东向西进入南四湖，源短流急。湖区周边高程 37.0 m 等高线以下为滨湖洼地，地势低洼，涝水不能自排入湖。南四湖流域属于暖温带、半湿润季风气候区。春季干燥多风,夏季炎热多雨,秋季干燥少雨,冬季受西伯利亚冷气流影响,寒冷干燥。降水、蒸发、温度以及空气湿度等随季节变化幅度大。南四湖湖面多年平均蒸发量为 1074 mm,流域多年平均降水量为 695.2 mm,年均降水天数 74d,多年平均径流量为 22.21 亿 m³,年内降水 72%集中在 6~9 月的汛期,空间分布上呈现东部大于西部,南部大于北部的特点。

南四湖正常蓄水条件下水位仅为 1.5 m 左右。湖区狭长,北高南低,呈西北-东南走向,东西宽最窄处仅有 5 km,最宽处为 25 km 左右,南北则长达 125 km,湖面面积为 1266 km²,兼具蓄水与汛期行洪功能。1958 年在湖腰处修建了二级坝,其将南四湖分为上下两部分,坝上游称为上级湖,坝下游称为下级湖。上级湖与下级湖最大湖面面积相近,分别为 606 km² 与 660 km²,但集水面积差异悬殊,分别为 2.75 万 km² 和 0.42 万 km²。其主要特征值见表 1-1。

表 1-1　南四湖特征指标表

湖泊特征		上级湖	下级湖	全湖
集水面积/万 km²		2.75	0.42	3.17
最大湖面面积/km²		606	660	1266
平均湖底高程/m		32.5	31.0	—
特征水位	死水位/m	33.0	31.5	—
	汛末蓄水位/m	34.5	32.5	—
	汛限水位/m	34.2	32.5	—
	警戒水位/m	35.0	34.5	—
库容	死库容/亿 m³	2.25	3.45	5.70
	兴利库容/亿 m³	6.19	4.94	11.13

南四湖入湖大小河流有 53 条之多。25 条河流由湖西汇入南四湖,其中 15 条汇入上级湖,10 条汇入下级湖;28 条河流则由湖东汇入南四湖,其中 15 条汇入上级湖,13 条汇入下级湖。南四湖主要入湖河流详见表 1-2。来水由南四湖调蓄之后,经韩庄运河和不牢河下泄,最后汇入骆马湖。

表 1-2　南四湖主要入湖河流统计

上级湖（30 条）				下级湖（23 条）			
湖西		湖东		湖西		湖东	
河流名称	河长/km	河流名称	河长/km	河流名称	河长/km	河流名称	河长/km
老运河	12.2	洸府河	76.4	沿河	27.0	房庄河	11.0
梁济运河	88.0	幸福河	15.0	鹿口河	39.0	薛王河	35.0

| 上级湖（30 条） | | | | 下级湖（23 条） | | | |
| 湖西 | | 湖东 | | 湖西 | | 湖东 | |
河流名称	河长/km	河流名称	河长/km	河流名称	河长/km	河流名称	河长/km
龙拱河	12.0	泗河	159.0	郑集河	17.0	中心河	7.0
洙水河	47.0	白马河	60.0	小沟	5.0	新薛河	89.6
洙赵新河	140.7	界河	35.4	大冯河	4.5	西泥河	9.0
蔡河	41.5	岗头河	20.0	高皇沟	15.0	东泥河	5.0
新万福河	77.0	小龙河	20.0	利国东大沟	15.0	薛城沙河	40.0
老万福河	33.0	瓦渣河	15.0	挖工庄河	6.0	蒋集河	13.0
惠河	26.0	辛安河	4.5	五段河	10.7	沙沟河	7.0
西支河	14.0	徐楼河	5.0	八段河	20.0	小沙河	9.0
东鱼河	172.1	北沙河	64.0			蒋官庄河	13.0
复兴河	75.0	小荆河	5.0			赵庄河	10.0
姚楼河	33.5	汁泥河	4.0			西庄河	6.0
大沙河	61.0	城郭河	81.0				
杨官屯河	17.6	小苏河	10.0				

　　湖东集水面积较大河流有洸府河、泗河、白马河等，湖西有梁济运河、洙赵新河、东鱼河、复兴河、大沙河。

　　经过淮河流域防洪规划方案的逐步实施，南四湖流域建立了比较完善的水利工程体系，具有水利工程严重受控的典型流域。目前南四湖流域内的大中型水库合计 11 座，其中大型 4 座，中型 7 座，均位于湖东地区的上游，且大多数建于 20 世纪 60 年代（表 1-3）。

表 1-3　南四湖流域内大中型水库一览表

水库名称	建库年份	兴利库容/亿 m³	总库容/亿 m³	集水面积/km²	等级
岩马水库	1960	1.04	2.20	357	大型
马河水库	1960	0.70	1.28	240	大型
尼山水库	1960	0.61	1.13	264	大型
西苇水库	1960	0.41	1.07	114	大型
周村水库	1960	0.44	0.84	121	中型
石嘴子水库	1982	0.16	0.24	50	中型
户主水库	1960	0.11	0.24	44	中型
贺庄水库	1976	0.19	0.83	174	中型

水库名称	建库年份	兴利库容/亿 m³	总库容/亿 m³	集水面积/km²	等级
华村水库	1960	0.33	0.68	129	中型
龙湾套水库	1960	0.35	0.52	143	中型
尹城水库	1980	0.09	0.13	35	中型

位于湖腰处的二级坝，是南四湖流域的控制性工程。二级坝由土坝、溢流堰、第一至第四节制闸（第四节制闸目前尚未使用）和船闸组成，全长为 7360 m。一闸共 39 孔，每孔净宽 6 m，总宽 299.2 m，设计泄洪流量为 4500 m³/s；二闸共 55 孔，每孔净宽 5 m，总宽 319.2 m，设计泄洪流量为 3300 m³/s；三闸共 84 孔，每孔净宽 6 m，总宽 597.8 m，设计泄洪流量为 4620 m³/s；四闸共 134 孔，每孔净宽 6 m，总宽 982.05 m，设计泄洪流量为 4320 m³/s。目前上级湖蓄水任务和汛期泄洪任务由第一至第三节制闸承担，设计总泄洪流量为 14 520 m³/s，由于湖内行洪不畅，目前实际泄洪能力低于其设计标准。二级坝泄洪是根据南阳站水位进行调度的，汛期，当南阳站水位达到 34 m 时二级坝开始泄洪。

湖西大堤自山东省济宁市任城区东石佛村（老运河口）起，向南延伸至江苏省徐州市铜山区蔺家坝村，全长 131.5 km。老运河口到大沙河口段经加固后堤顶高程为 39.47 m，堤顶宽为 6 m。其中，济宁城防段为 3 km，按防御 1957 年洪水标准加固，堤顶高程为 40.27 m，堤顶宽度为 8 m。大沙河口至蔺家坝段堤防设计防洪标准为防御 1957 年洪水，经加后堤顶高程为 40.27 m，下级湖段堤顶高程为 40.17 m，堤顶宽度为 8 m。湖东堤主要包括：老运河口至白马河口段，全长 31.2 km，堤顶高程为 38 m 左右；白马河至界河段为丘陵地段；界河至北沙河段长约 15 km，现有生产堤二至三道，堤顶高程约为 37 m；北沙河至新薛河段长约 40 km 新筑堤防，堤顶高程为 39.27 m。新薛河至郗山段长约 14 km，堤顶高程在 34.0~36.5 m，郗山至韩庄段长约 16 km，堤顶高程约为 35.0 m。

韩庄水利枢纽是南四湖洪水出口的控制性工程，由韩庄闸、伊家河闸及南水北调韩庄泵站等工程等组成。在微山湖水位为 33.50 m 时，该枢纽工程总泄洪能力可达 2500 m³/s，其中韩庄闸为 2050 m³/s，伊家河闸为 200 m³/s，老运河闸为 250 m³/s，韩庄闸为主要控制枢纽。根据排涝方式，南四湖平原洼地可分为两个排涝分区，沿湖 36.79 m 等高线以下地区常年承受湖河侧渗影响，地下水位常年在地面以下 0.2~0.3 m，低洼处甚至在地上积水 0.1~0.2 m，地表水和地下水基本失去了自排条件，该区的除涝方式以抽排为主。南四湖滨湖区大大小小的泵站沿湖 36.79 m 等高线以上地区地面坡度变化较大，在河道顺畅、田间沟渠完备的情况下，涝水能够自排入排水河道，该区的除涝方式为以自排为主。南四湖滨湖洼地内沿排水河道分布着许多排涝泵站，排涝能力多在 2 m³/s 左右，抽排区排灌站开机台数、排水流量视泵站内、外水位而定。由于滨湖洼地内河道大多还是治理于 20 世纪 60、70 年代，目前普遍存在淤积严重，治理标准低，阻水建筑物众多，加之受河、湖水位的顶托影响，汛期涝水难以排出。目前该区域排涝标准为 3～5 年一遇。根据 2010 年水利部批准的相关规划，未来南四湖滨湖洼地区除涝标准一般可达 5～10 年。

南水北调东线工程于南四湖下级湖韩庄闸和蔺家坝闸处各设一个进水口，于二级坝处建提水泵站，向上级湖提水，于上级湖距梁济运河口 24.6 km 处建长沟泵站将湖水送往北方。南水北调东线工程在南四湖流域内布局为韩庄闸与蔺家坝闸进水口设计进水量分别为 125 m³/s 和 75 m³/s，二级坝处提水泵站设计流量为 125 m³/s，上级湖提水泵站设计流量为 100 m³/s。据规划南水北调东线工程一期规划，南四湖下级湖进水规模为 200 m³/s、向上级湖的提水规模为 125 m³/s，输水期下级湖蓄水位将达到 32.8 m，湖水位较工程实施前输水期多年平均水位提高约 1.0 m。上级湖，进水规模为 125 m³/s、出水规模为 100 m³/s，上级湖只输水不调蓄，输水期水位保持正常蓄水位 34.0 m 运行，湖水位较工程实施前输水期多年平均水位提高约 0.48 m。南四湖特征水位变化情况见表 1-4。

表 1-4 南四湖特征水位变化情况 （单位：m）

序号	特征水位	上级湖	下级湖	备注
1	死水位	32.8	31.3	
2	正常蓄水位	34.2	32.3	
3	南水北调规划蓄水位	34.0	32.8	
4	输水期历年实测平均水位	33.52	31.8	10 月至次年 6 月
5	输水期水位抬升	0.48	1.0	

根据南四湖逐日水位资料分析，1975～2005 年南四湖下级湖水位从未达到 32.8 m，包括汛期。调水工程正常运行后，下级湖水位每年约有 273 d 保持在 32.8 m，这将在很大程度上改变南四湖水位年内分布特征。湖泊水位的提升，在增加湖泊可用水量的同时，可能对流域内的水质、地下水、蒸发、洪涝特征参数带来影响。由于南四湖属于平原区湖泊，入湖河道与湖泊水体作用明显，洪涝灾害对湖泊水位变动响应敏感，南水北调东线工程对湖泊水位的抬升将显著影响流域内洪涝特性。

1.4 研究框架、方法与特点

本节主要是明晰本书研究思路和研究框架，简要介绍研究区特点和研究方法，明确研究特点。以便于从整体上把握本书的轮廓框架和体系脉络、明晰本书的逻辑。

1.4.1　研究框架

本书以寻求"受调水扰动的湖泊流域"水安全保障的途径为出发点,梳理了国内外相关研究进展,剖析调水扰动可能引起的湖泊流域水系统的影响和变化,以及区域经济社会发展对流域水资源系统的新要求,提出本书的研究命题。结合南四湖流域的具体特点,优化了南四湖"三湖两河"洪水演算数值模型,并与入湖河流子流域分布式水文模型相连接,建立了南四湖流域水文模型,进而可以进行洪水和日尺度径流模拟,为后续研究提供了数据基础;在此基础上,分别开展了调水扰动条件下面向防洪安全的湖泊流域洪涝模拟调控、面向水资源安全的湖泊流域洪水资源安全利用,以及流域水资源供需双侧调控研究。全书共分为 6 章,研究框架如图 1-2 所示。

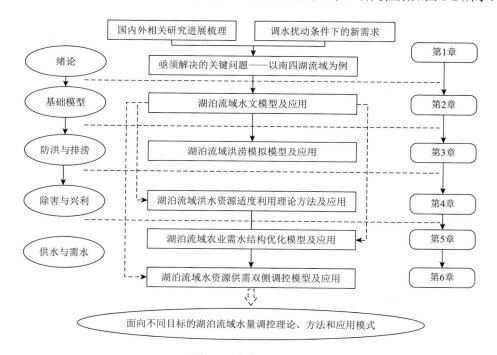

图 1-2　本书研究框架

第 1 章分析湖泊流域作为一类特殊的地貌单元,相对于一般河流流域研究的复杂性特点,进一步指出受调水影响,南水北调东线工程沿线五大湖泊,由原自然入流变成自然人工复合入流为湖泊流域生态环境、调度管理带来的复杂性和不确定性;进而从调水扰动的水文效应、湖泊流域洪涝模拟、水资源复杂系统优化调控等方面综述国内外研究进展;然后论述本书的研究框架、方法和特点,阐明选择南四湖流域为试点开展研究的典型性和代表性；最后，从水文、气象、工程条件等方面介绍南四湖流域特点。

第 2 章属于基础模型范畴。首先介绍南四湖流域水文模型的框架、组成与建模思路，然后提出南四湖"三湖两河"洪水演算数值模型及其改进，接着叙述入湖子流域划分及分布式水文模型构建过程；最后，分析土地利用等人类活动影响对湖泊洪水的影响。

第 3 章属于防洪与排涝安全层次。首先介绍采用一/二维耦合水力学建模方法，构建湖泊洪涝易感区洪涝模拟模型的建模过程；分析湖泊水位与滨湖洼地的洪涝影响关系；模拟南水北调东线工程汛期应急调水、湖泊高水位和遭遇大暴雨极端条件下的滨湖地区洪涝灾害情景。

第 4 章为湖泊流域洪水资源适度利用理论及应用，旨在将部分洪水转化为常规水资源，解决兴利与防洪除害的衔接问题。首先阐述湖泊流域洪水资源适度利用理论，给出适度利用的最优性条件和经济学解释；然后叙述适度潜力评价方法，并评价南四湖流域洪水资源利用潜力；最后介绍滨湖反向调节、平原河渠互济和湖泊汛限水位分期优化控制三种洪水资源利用方法，并开展应用研究。

第 5 章为湖泊流域农业需水结构优化模型及应用，隶属需水管理范畴。首先介绍区域农业需水结构优化所依据的理论与计算方法；然后针对南四湖流域实际情况，阐明农业种植结构模拟优化模型的建模过程，最后以南四湖流域为例说明模型的应用过程。

第 6 章为湖泊流域水资源供需双侧调控模型及应用，旨在通过优化种植结构与蓄水工程调度方式，压缩供需缺口，保障流域供水安全。首先介绍供需双侧调控模型的建模框架，然后阐述湖泊流域供水侧模型建立过程，即流域多水源配置与蓄水工程调度模型的建模过程；最后研究供需双侧调控下的种植结构优化方案和流域控制工程调度规则。

1.4.2 研究区特点及研究方法

1. 研究区特点

南四湖流域人均水资源量不足 300 m³，亩均水资源量不足 250 m³，属于水资源严重缺乏地区。随着南四湖流域经济社会的发展，河道外用水需求增加，入湖水量减少，水资源供需缺口将进一步加大。一方面，由于南四湖是一个宽浅湖泊，多年平均湖泊水深为 1.5 m，频发的湖泊干涸现象严重破坏了生物种类多样性，2002 年和 2014 年湖泊干涸，不得不应急调引长江水实施生态补水。另一方面，南四湖流域处于我国南北气候过渡带，降水年内分配高度集中、70%以上高度集中于汛期，加之湖泊调蓄能力不足，洪水易涨难消，历史上海拔低于 35 m 的广大滨湖地带经常遭受土壤盐碱化危害。南水北调东线工程利用十三级泵站从长江下游提水经高邮湖、洪泽湖、骆马湖、南四湖到东平湖，然后一条线继续北上过黄河达天津，另一条线送水至山东半岛（最后一站为威海市米山水库）。据南水北调东线工程总体规划，该工程包括江苏水资源系统、南四湖水资源系统和山东水资源系统（图 1-1）。南水北调东线一期工程进、出南四湖的泵站抽水能力分别为 200 m³/s（蔺家坝泵站为 125 m³/s、万年闸泵站为 75 m³/s）和 100 m³/s（长沟泵站），其差值为沿线各湖之最，若按规划满负荷运行，每年在南四湖流域的消纳水量为 17.2 亿 m³，约为南四湖流域水资源总量 53 亿 m³ 的 1/3。南四湖以南为双线输水、以北为单向输水，既是受水区也是重要的输水区，涉及第九、第十和第十一级泵站，南四湖配水子系统具有相对的独立性和上下游关系上的完整性。

从上述可以看出，无论是从地理位置，还是水资源禀赋、区域经济发展需求等方面来看，选择南四湖流域作为南水北调东线受水区的试点进行研究，都具有较强的代表性、典型性和示范引领作用。

2. 研究方法

（1）总体思路：采用"理论方法—案例应用—理论方法"的反馈式研究思路。在理论方法研究中，采用水利科学与管理科学、系统科学、经济学、生态学等学科交叉集成的创新途径，以及从定性到定量、从简单到复杂、从个别到一般的循序渐进的分析、建模、计算、综合的归纳和推理方法。在应用研究中，采用有理论指导的实践研究，以及由实践丰富完善的理论探索的螺旋式上升的演绎法与归纳法相互交替的研究方法。首先，以南四湖流域为试点开发相应的模型体系，并进行具体应用；然后，从中发现问题，不断反馈修正，通过理论上的综合提炼和应用中的深化拓广总结；最后，提炼出具有一定普适意义的理论、方法和应用模式体系。

（2）技术集成：在适应性分析和试验研究的基础上，将现代智能控制理论与方法，引入流域水利工程体系调控中，通过不同时间尺度控制器的嵌套设计，以及与常规水利调度方法的有机结合，兼顾计算效率，有效解决不同时间尺度调度信息的反馈与统一问题。采用数据文件、源代码嵌套等方式，综合集成入湖控制流域分布式水文模型与南四湖"三湖两河"模型，构建湖泊流域水文模型；综合集成入湖控制流域分布式水文模型与湖泊洪涝易感区模拟模型，构建湖泊流域洪涝模拟模型；综合集成入湖控制流域分布式水文模型与农业需水结构优化模型、多水源配置与湖库调度模型，建立湖泊流域供需调控模型，解析外部环境和内部结构变化下的湖泊流域人-水系统协同演变规律和动态行为，提出适应性综合调控对策。

（3）实地调研：为进一步增强研究成果对实际流域的适用性，作者与团队主要参与者在洪水和枯水期多次赴南四湖流域调研水利工程体系运行情况、制约因素和关键问题；并到南水北调东线工程总公司、淮河水利委员会、山东省水利厅、山东省南水北调工程建设管理局等水利主管部门，调研工程调度运行和政策实施的难点，进一步明确了调控目标，为改进和完善所提出的研究方案提供若干建设性意见。此外，通过浏览网页和文献阅读，及时跟踪国外相关研究最新进展。

（4）国际交流：近年来研究团队加强与多家国际知名科研机构和高校交流合作，先后与美国伊利诺伊大学厄巴纳-香槟分校（UIUC）、国际粮食政策研究所（IFPRI）通过访问学者和访问学生的方式开展了多项合作研究。与德国莱布尼兹转型经济农业发展研究所（IAMO）、亥姆霍兹环境研究中心（UFZ）、弗劳恩霍夫系统技术应用研究中心（FhG）及荷兰三角洲研究院（Deltares）等通过水利部 948 项目、中德合作科研项目等较早建立了深度合作关系。通过广泛的国际交流合作，开拓了作者研究视野，为解答流域水资源管理的有关问题奠定了基础。

1.4.3　研究特点

（1）从探索支撑保障湖泊流域水安全的有效途径着眼，针对入流受控的湖泊特殊性，分析不同时间尺度加强水量调控的可行性、必要性，以及实现途径，构成了本书研究的逻辑主线。

受不确定的季风气候影响和强烈的人类活动干扰，南水北调东线沿线湖泊，特别是南四湖流域，面临水资源短缺与洪涝灾害交织叠加的复杂水问题，模拟水资源复杂系统要素间的作用和动态演化过程，强化水量调控，实现水资源时空分布与经济社会、生态环境尽可能匹配，是当代水利和流域管理的核心工作。针对年内不同阶段面临的主要水问题，综合利用水库、湖泊、河网等蓄水工程，精准施策，科学分配水量，逐步实现目标。

（2）从洪涝灾害防治、洪水资源挖潜到供需双侧联动调控的湖泊流域水量管理的全过程切入，构建相应的模拟调控模型，服务于不同量级来水的流域水量分类管理，构成了本书的主要研究内容。

为保障防洪排涝安全，建立湖泊流域水文模型、湖泊洪涝易感区水动力学模型，模拟解析不同水文与工程组合条件下洪涝模拟范围及危害程度。为保障区域供水安全与节约南水北调成本，实施流域洪水资源利用，强化内部挖潜；建立农业结构优化与供需双侧调控模型，加强需水控制和多水源联合调配，共同实现流域水资源的集约利用与严格管控。

第2章 湖泊流域水文模型及应用

2.1 概 述

科学模拟湖泊洪水的形成与演进过程，是湖泊流域规划建设与实时管理的基础性工作。南四湖是中国北方最大的淡水湖泊，由南阳湖、独山湖、昭阳湖和微山湖4个湖泊串联而成，湖泊狭长，地形复杂，入流众多，洪水易涨难消，区域洪涝灾害频发。建立兼顾精度和效率的湖泊流域洪水整体模拟模型，揭示湖泊流域洪水形成整体行为与演变过程，是当前南四湖流域防洪除涝规划中亟待解决的关键科技问题。本书提出基于四阶龙格-库塔法的南四湖"三湖两河"洪水演算数值模型，并与入湖子流域水文模型耦合，建立湖泊流域水文模型；基于所建立的模型，分析相关工程建设变化对湖泊高水位的影响，以及土地利用变化的湖泊流域洪水响应；最后提出南四湖规划建设和洪水管理若干建议。其主要内容如下所示。

（1）建立南四湖"三湖两河"洪水演算数值模型。阐述该模型产生背景、原理、入流过程处理等方面，采用四阶龙格-库塔数值解法，代替传统的半图解法对模型进行改进完善，提出基于四阶龙格-库塔法的南四湖"三湖两河"洪水演算数值模型；从水位过程平滑性、初值时段和峰值时段附近水位合理性等方面对基于四阶龙格-库塔法的南四湖"三湖两河"洪水演算数值模型的适用性和合理性进行论证。

（2）基于南四湖"三湖两河"洪水演算数值模型，分析滨湖排水模数及韩庄闸水位-流量关系变动等工程建设变化对湖泊高水位的影响。在当前排水模数 $q = 0.4 \ \text{m}^3/(\text{s} \cdot \text{km}^2)$ 的基础上，取排水模数 $q = 0.1 \ \text{m}^3/(\text{s} \cdot \text{km}^2)$、$0.2 \ \text{m}^3/(\text{s} \cdot \text{km}^2)$、$0.3 \ \text{m}^3/(\text{s} \cdot \text{km}^2)$、$0.4 \ \text{m}^3/(\text{s} \cdot \text{km}^2)$、$0.5 \ \text{m}^3/(\text{s} \cdot \text{km}^2)$、$0.6 \ \text{m}^3/(\text{s} \cdot \text{km}^2)$进行分析；当前调度规则下，南四湖出口韩庄闸具有固定的水位流量关系。保持各水位值不变，对出流流量进行折减或放大，分析不同水位流量对应关系条件下各湖水位峰值的变化情况。

（3）应用 SWAT 建立入湖子流域分布式水文模型。首先建立南四湖流域的空间数据库 [如数字高程模型（DEM），土地利用类型图、土壤类型图和河网水系图等] 和属性数据库（如土壤属性数据库、气象数据库等），并完成载入和相互链接。湖东和湖西分别选取泗河流域和洙赵新河流域为典型小流域进行分析，并进行校准验证。经适用性评价后，将典型小流域校准验证后的模型参数分别向湖东和湖西其他小流域进行推广，完成入湖子流域分布式水文模型的建立。

（4）流域水文模型建立及应用。将入湖子流域分布式水文模型的入湖洪水过程作为南四湖"三湖两河"洪水演算数值模型的边界，分析不同土地利用情景下（1980 年、2015 年土地利用现状和极端城市化与退耕还林 4 种情景）流域面上洪水和湖内洪水过程的变化情况。并主要分析不同量级洪水对土地利用变化的响应，土地利用变化对地形差异显著的湖东地区和湖西地区洪水的影响，以及对各湖水位过程及湖泊高水位的影响情况。

南四湖流域水文模型框架如图 2-1 所示。考虑到保障大型湖泊流域防洪安全对水文模拟需要满足实时计算、具有较高计算效率和模拟精度的要求，对于狭长形"河""库"相间的湖泊，由于二维水动力模型模拟精度高但计算效率低，一维水动力模型计算效率相对高但难以模拟死水区，因此计算精度难以保证，选择适合湖泊地形地貌特点的南四湖"三湖两河"洪水演算数值模型作为湖泊洪水模拟模型（王宗志等，2018），并采用四阶龙格-库塔法替代辅助线法，对模型加以改进，提升计算效率和精度；对于入湖洪水或径流，采用水文模型进行模拟，本章为了分析土地利用对洪水径流的影响，选择了分布式水文模型。在入湖洪水径流模拟中，为了与南四湖"三湖两河"洪水演算数值模型进行对接，子流域划分结果如图 2-2 所示。

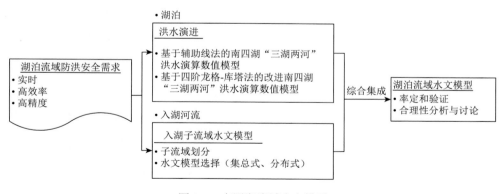

图 2-1　南四湖流域水文模型

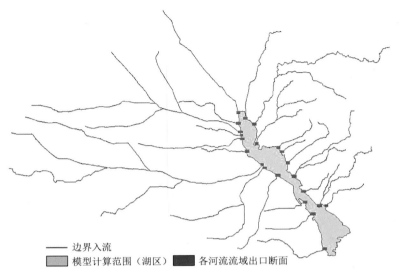

　　　　　　——— 边界入流
　　　　　　　模型计算范围（湖区）　　　各河流流域出口断面

图 2-2　入湖子流域与南四湖"三湖两河"洪水演算数值模型节点示意图

2.2　南四湖"三湖两河"洪水演算数值模型及其改进

　　南四湖湖面面积为 1266 km^2，南北长约为 120 km，东西窄，最宽处达 25 km，最窄处仅有 5～6 km，自上而下由南阳湖、独山湖、昭阳湖和微山湖 4 个湖泊串联组成，之间无明显分界。南四湖有 53 条入湖河流，上游的南阳湖集水面积最大，约占南四湖流域面积的 63%，而容积则仅占南四湖总容积的 17%（水位在 37.0 m 时），受水面积与库容不相适应。加之芦苇、湖草、庄台等阻水物，洪水发生时南阳湖持续高水位，顶托河道入流，湖滨及湖西地区易出现"洪水不能入湖，坡水不能入河，汛期河湖水位壅高不下"的现象。独山湖、昭阳湖及微山湖也在不同程度上存在这一现象。入流众多、地形复杂的特点，为科学模拟南四湖洪水提出了严峻挑战：既不能概化成单个"水库"，又不能完全概化为"河道"，南四湖最宽处达 25 km，部分湖区为死水区，完全视其为河道，采用一维水动力学法显然难以较好地模拟其实际情况（吴作平等，2004）。若是采用二维水动力学法，南四湖湖区面积多达 1266 km^2，高精度地形资料获取困难，计算效率低，难以满足洪水实时管理的需要，况且在二维空间里难以模拟二级坝（内边界条件）的过流情况，限制了该法在南四湖的应用。20 世纪 60 年代在湖腰处建设的二级坝水利枢纽，在水力联系上将南四湖分成了上、下两个湖泊，从表面上看将南四湖概化为两个"串联水库"似乎可行，但在汛期特别是大水年，上、下湖水位差超过 3 m，洪水模拟误差极大。在该背景下，老一辈水利人在 60 年代创造性地提出了"三湖两河"理念，并建立了基于半图解法的南四湖"三湖两河"洪水演算数值模型（山东省水利勘测设计院，1976），该模型至今仍服务于南四湖的规划与建设任务。

2.2.1　模型假定

南四湖"三湖两河"洪水演算数值模型是根据南四湖地形、地势、洪水与水面特性，将其概化为"三湖"和"两河"来模拟洪水的工具。"三湖"即南阳湖、独昭湖（独山湖与昭阳湖的合并）和微山湖 3 个水平湖；把连接南阳湖和独昭湖、独昭湖和微山湖间的窄浅段视为河道，即为"两河"。图 2-3 是南四湖"三湖两河"的空间示意图。"三湖"与"两河"的范围与代表站如下：中泓线里程桩号 0～12K 为南阳湖，以王堰站（12K）代表平均水位；桩号 12K～34K 为第一河道；桩号 34K～42K 为独昭湖，以石口站（42K）代表平均水位；桩号 42K～94K 为第二河道；桩号 94K～120K 为微山湖，以微山站（94K）代表平均水位。此外，在"不考虑河道调蓄作用，将河道的容积纳入相邻湖泊计算"的状态下，"三湖"的分界线则是：南阳湖与独昭湖以南阳镇（24K）为界，南阳镇以北为南阳湖，以南为独昭湖；二级坝（66K）则为独昭湖与微山湖的分界。

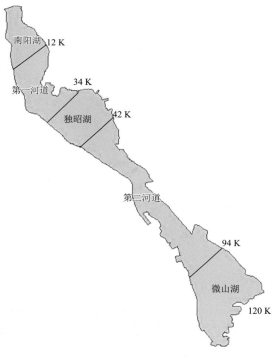

图 2-3　南四湖"三湖两河"的空间示意图

南四湖"三湖两河"洪水演算数值模型假定如下。

（1）将河道的容积纳入相邻湖泊进行计算，不考虑窄浅河道的调蓄作用。

（2）洪水在湖泊和河道中的演进过程，分别用水量平衡方程和动力平衡方程来描述。

（3）通过恒定流计算原理得到上级湖水位-上级湖流量-下级湖水位关系，进而自上而下实现上级湖到下级湖的逐级演算。

（4）洪水从南阳湖至独昭湖传播历时 6 h，独昭湖至微山湖传播历时 12 h。

（5）南四湖出口韩庄闸具有固定的水位流量关系（不受回水影响）。

2.2.2 "三湖"洪水演算控制方程

湖泊洪水调节计算是南四湖"三湖两河"洪水演算数值模型的核心，控制方程为水量平衡方程：

$$\frac{I_1 + I_2}{2} \times t - \frac{D_1 + D_2}{2} \times t = V_2 - V_1 \tag{2-1}$$

式中，I_1、I_2 为时段 1 和时段 2 的入湖流量（m³/s）；D_1、D_2 为时段 1 和时段 2 的出湖流量（m³/s）；V_1、V_2 为时段 1 和时段 2 的湖泊容积（m³）；t 为时间步长。将式（2-1）分别应用于南阳湖、独昭湖及微山湖，可推得各个湖泊的洪水调节计算公式：

$$\frac{I_{a_1} + I_{a_2}}{2} \times t - \frac{D_{a_1} + D_{a_2}}{2} \times t = V_{a_2} - V_{a_1} \tag{2-2}$$

$$\frac{I_{b_1} + I_{b_2}}{2} \times t + \frac{D_{a_1} + D_{a_2}}{2} \times t - \frac{D_{b_1} + D_{b_2}}{2} \times t = V_{b_2} - V_{b_1} \tag{2-3}$$

$$\frac{I_{c_1} + I_{c_2}}{2} \times t + \frac{D_{b_1} + D_{b_2}}{2} \times t - \frac{D_{c_1} + D_{c_2}}{2} \times t = V_{c_2} - V_{c_1} \tag{2-4}$$

式（2-2）～式（2-4）中，下角标 a、b、c 分别指南阳湖、独昭湖和微山湖，记为 A 湖、B 湖和 C 湖；I_{a_1}、I_{b_1}、I_{c_1} 为时段 1A 湖、B 湖和 C 湖的进湖流量（m³/s）；I_{a_2}、I_{b_2}、I_{c_2} 为时段 2 各湖进湖流量（m³/s）；D_{a_1}、D_{b_1}、D_{c_1} 为时段 1 各湖出湖流量（m³/s）；D_{a_2}、D_{b_2}、D_{c_2} 为时段 2 各湖出湖流量（m³/s）；V_{a_1}、V_{b_1}、V_{c_1} 为时段 1 各湖容积（万 m³）；V_{a_2}、V_{b_2}、V_{c_2} 为时段 2 各湖容积（万 m³）。其中，D_{a_1}、D_{a_2} 为时段 1、时段 2 南阳湖前 6 h 出湖流量（m³/s）；D_{b_1}、D_{b_2} 为时段 1、时段 2 独昭湖前 12 h 的出湖流量（m³/s）。

将式（2-2）～式（2-4）中的已知项移至右端，整理后分别变为

$$\frac{2V_{a_2}}{t} + D_{a_2} = I_{a_1} + I_{a_2} + \left(\frac{2V_{a_1}}{t} + D_{a_1}\right) - 2D_{a_1} \tag{2-5}$$

$$\frac{2V_{b_2}}{t} + D_{b_2} = D_{a_1} + D_{a_2} + I_{b_1} + I_{b_2} + \left(\frac{2V_{b_1}}{t} + D_{b_1}\right) - 2D_{b_1} \tag{2-6}$$

$$\frac{2V_{c_2}}{t} + D_{c_2} = D_{b_1} + D_{b_2} + I_{c_1} + I_{c_2} + \left(\frac{2V_{c_1}}{t} + D_{c_1}\right) - 2D_{c_1} \tag{2-7}$$

式（2-5）~式（2-7）即为南四湖"三湖两河"洪水演算数值模型中"三湖"洪水演进的控制性方程。在修正洪水入流过程之后，基于以上公式，辅以通过天然河道的恒定流水面线计算原理得到的上级湖水位-上级湖流量-下级湖水位关系，形成洪水演算分析的辅助曲线，进而推得南四湖洪水期内的水位和流量过程。

2.2.3 "两河"洪水演算控制方程

对连接"三湖"的两条"窄河道"，采用河道恒定流的水面曲线计算原理进行洪水演进计算，控制方程为

$$z_1 + \frac{\alpha_1 v_1^2}{2g} = z_2 + \frac{\alpha_2 v_2^2}{2g} + \Delta h_f + \Delta h_j \tag{2-8}$$

式中，z_1、z_2 为相邻断面的水位（m）；v_1、v_2 为相邻断面的流速（m/s）；α_1、α_2 为相邻断面的动量校正系数；g 为重力加速度（m^2/s）；Δh_f 为沿程水头损失（m）；Δh_j 为局部水头损失（m）。将式（2-8）推广至复式断面，根据湖泊形状的特性，忽略相邻断面的流速水头差及局部水头损失，可推得衔接"三湖"水位流量关系的公式如下：

$$z_1 - z_2 = \frac{Q^2 \Delta l}{\overline{K^2}} \tag{2-9}$$

式中，Q 为河道过流量（m^3/s）；Δl 为相邻断面间的河道长度，一般取值为 2000~4000 m；$\overline{K^2} = K_1 \times K_2$，单位为 m^6/s^2，$K_1$、$K_2$ 为相邻断面的流量模数。$K = CAR^{1/2}$，其中，C 为谢才系数，以曼宁公式 $C = (1/n)R^{1/6}$ 计算，A 为过水断面面积（m^2）；R 为水力半径（m）；n 为河道过水断面糙率。

2.2.4 一些处理

1. 入湖洪水

入湖洪水过程处理是南四湖"三湖两河"洪水演算数值模型的重要组成部分。依据南四湖流域的特点，设计洪水计算时将南四湖的入湖洪水过程概化为 14 个分区，其中湖西包括梁济运河、洙赵新河、万福河、东鱼河、复兴河及丰沛地区 6 个分区；湖东有洸府河、泗河、白马河、城郭河及十字河 5 个分区，以及湖面南

阳湖、独昭湖及微山湖 3 个分区。湖西地区为黄泛平原，由设计暴雨推求设计洪水；湖东地区由流量直接推求设计洪水，湖面则采用降雨量扣除蒸发量的方法实现对洪量的推求。以 1957 年的洪水过程为典型年，求得 14 条理想入湖过程线，洪水历时 30 d。理想设计入湖洪水过程线需经滨湖来水处理、河道安全泄流削峰处理及湖内洪水顶托处理之后，方能代入调洪演算模型进行计算。

（1）滨湖来水处理。南四湖滨湖范围内，高程 37.0 m 以下的面积（废黄河高程系，下同）约 3000 km²，由于地势低洼，无法自排入湖。因此，需先扣除这部分区域的洪水，之后根据滨湖地区排灌站现状，加上这部分区域的提排量，便是滨湖来水。以上扣除的滨湖地区来水，若本时段内无法完全提排入湖，剩余部分则在随后的时段内提排入湖。滨湖来水流量的扣除，是以南四湖流域各个分区的滨湖面积与各个分区的集水面积之比，再乘以 30 d 理想入湖流量得到。南四湖流域 11 个分区的集水面积与滨湖面积统计结果见表 2-1。

表 2-1　各分区集水面积与滨湖面积　　　　（单位：km²）

	洸府河	泗河	梁济运河	洙赵新河	万福河	白马河	城郭河	东鱼河	复兴河	十字河	丰沛地区
集水面积	1330	2357	3594	4206	2500	1040	2301	6300	3770	1264	1319
滨湖面积	89.4	57.2	203	275.2	971	110.4	102	106	515.6	76.6	494

（2）河道安全泄流削峰处理。提排入湖流量深受湖泊水位的影响，设计时规定滨湖地区的排水模数 $q = 0.4$ m³/(s·km²)。各湖最大提排流量为排水模数与各湖滨湖面积的乘积。当水位高于 38.0 m 时，排灌站无法提排滨湖来水入湖；水位高于 37.0 m 而低于 38.0 m 时，最多仅能提排最大提排流量的一半；而水位低于 37.0 m 时，可按提排能力提排流量入湖。再者，各河道入湖洪水均受河道安全泄量的控制，各主要河流最大安全过流量见表 2-2。若时段内入湖流量大于表 2-2 规定的最大入湖流量，做削峰处理，被削去的流量随后入湖。

表 2-2　南四湖各主要河道安全过流量　　　　（单位：m³/s）

洸府河	泗河	梁济运河	洙赵新河	万福河	白马河	城郭河	东鱼河	复兴河	十字河	丰沛地区
1360	5140	1700	1700	830	558	1400	1760	1860	3400	960

（3）洪水顶托处理，指湖内达到一定的高水位时，入湖洪水受到了湖内洪水的顶托，需对理想入湖洪水过程进行折减。入南阳湖的梁济运河、洸府河、泗河、洙赵运河、万福河及白马河在湖水位高于 35.8 m 时开始折减；入独昭湖的东鱼河、

复兴河及城郭河在湖水位高于 36.0 m 时开始折减；入微山湖的丰沛地区与十字河在湖水位高于 36.2 m 时开始折减。各湖不同水位的折减系数如图 2-4 所示。

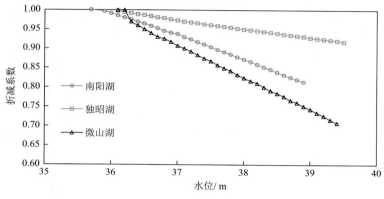

图 2-4　各湖不同水位折减系数

经过上述处理，河流实际入湖洪水过程可由式（2-10）表示：

$$Q_{real} = \min((Q_{ideal} - Q_{side}), Q_{safe}) \times \alpha + Q_{pumping} \tag{2-10}$$

式中，Q_{real} 为实际入湖洪水过程；Q_{ideal} 为理想设计洪水过程；Q_{side} 为滨湖低洼地区不能自排入湖的洪水；Q_{safe} 为超过河道安全泄量的洪水；α 为受湖内洪水顶托影响的折减系数；$Q_{pumping}$ 为滨湖低洼地区的提排流量。在进行调洪演算时，除了实际入湖洪水外，还应加上 3 片湖面入流。

2. 河道糙率

南四湖湖内情况错综复杂，湖内断面大多为复式断面，分为深槽、明湖、湖草及芦苇 4 种类型。根据南四湖实测地形断面资料、引水测验调查及水位条件，综合确定糙率，见表 2-3。

表 2-3　南四湖不同类型糙率计算公式

糙率类型	水深（H）/m	糙率计算公式
深槽		0.03
明湖	≤4 m	$0.084H^{-2/3}$
	>4 m	0.033
湖草		$0.226H^{-2/3}$
芦苇		$0.796H^{-2/3}$

3. 湖泊间的联系曲线

获得糙率值后，对于南阳湖与独昭湖间的连接河道（12K～34K），假定河道末断面（34K）水位值（代表独昭湖水位 H_{dz}）及一系列流量值，通过式（2-3）可计算得到南阳湖某一出流量 D_{ny}、独昭湖某一水位条件下相邻河道的断面水位，并逐步向上游演算得到河道首断面（12K）的水位值（代表南阳湖水位 H_{ny}）。至此，得到了南阳湖水位-南阳湖流量-独昭湖水位（H_{ny}-D_{ny}-H_{dz}）的关系。同理，对于独昭湖与微山湖间的连接河道（42K～94K），假定河道末断面（94K）水位值（代表微山湖水位 H_{ws}）及一系列流量值，通过式（2-4）可计算得到独昭湖某一出流量、微山湖某一水位条件下河道相邻断面的水位，并逐步向上游演算得到河道首断面（42K）的水位值（代表独昭湖水位 H_{dz}）。有所不同的是，独昭湖与微山湖连接河道间建有二级坝，在不同过流条件下，闸上（66K）与闸下（67K）水位的关系见表 2-4。

表 2-4 不同过流条件下二级坝闸上-闸下水位关系 （单位：m）

$Q = 2\,000\ \text{m}^3/\text{s}$		$Q = 4\,000\ \text{m}^3/\text{s}$		$Q = 8\,000\ \text{m}^3/\text{s}$		$Q = 12\,000\ \text{m}^3/\text{s}$		$Q = 20\,000\ \text{m}^3/\text{s}$	
闸上	闸下	闸上	闸下	闸上	闸下	闸上	闸下	闸上	闸下
33.05	33.00	33.09	33.00	33.36	33.00	33.82	33.00	34.73	34.00
34.00	34.00	34.00	33.95	34.35	33.88	34.00	33.50	35.00	34.55
35.00	35.00	35.00	35.00	35.00	34.96	35.00	34.90	36.00	35.87
36.00	36.00	36.00	36.00	36.00	35.97	36.00	35.91	37.00	36.91
37.00	37.00	37.00	37.00	37.00	36.97	37.00	36.94	38.00	37.89
38.00	38.00	38.00	38.00	38.00	37.97	38.00	37.92	39.00	38.86

至此，得到了独昭湖水位-独昭湖流量-微山湖水位（H_{dz}-D_{dz}-H_{ws}）的关系。此外，根据韩庄闸的调度规则，微山湖出口（亦即南四湖出口）韩庄闸具有固定的水位泄量关系（H_{ws}-D_{ws}）。

2.2.5 基于四阶龙格-库塔法模型求解

半图解法、列表试算法是 20 世纪最常用的水库调洪演算方法，但随着计算机科学的发展，在计算效率和计算精度上受到新兴数值解法的冲击。四阶龙格-库塔法，作为优秀的数值计算方法之一，被广泛应用在水库调洪演算中。南四湖"三湖两河"洪水演算数值模型，三个湖之间没有实际泄洪建筑物，各湖的水位和流量是相互影响的。半图解法存在大量插值计算，特别是在高水位时产生较大误差，并会向相邻湖区传递扩散；采用有限差分形式的数值解法，因不用插值，较传统方法无论是计算精度，还是计算效率都有明显进步，特别适合串联湖泊。水文学中河道洪水演算以马斯京根法为代表（黄国如和芮孝芳，2003），自 1969 年 Cunge 提出了改进的马斯京根法之后（Cunge，1969），其发展迅速，并在河道洪水演算中得到了广泛应用（芮孝芳，1987；李致家，1997；Leon et al.，2006；Yoo et al.，2017；吴书悦等，2017）。然而，马斯京根法主要适用于运动波，南四湖湖盆浅平、比降不大，再加上该法难以求解相邻湖泊的水位-流量关系，因此在南四湖“三湖两河”洪水演算数值模型中难以直接采用，遂采用具备上述应用条件的动力学方法对“两河”水流进行演算（谭维炎等，1996；刘开磊等，2013）。为此，本书继续继承“三湖两河”理念，建立基于四阶龙格-库塔法的南四湖“三湖两河”调洪演算模型，称为改进的南四湖“三湖两河”洪水演算数值模型，提供模拟精度和计算效率。

1. 计算原理

湖泊（水库）调洪演算的原理是解下列方程：

$$Q(t) - q(z) = \frac{\mathrm{d}V}{\mathrm{d}t} \tag{2-11}$$

式中，t 为时间；$Q(t)$ 为入湖（库）洪水流量过程，是时间 t 的函数；z 为水位；$q(z)$ 为湖泊（水库）泄流量，是水位 z 的函数；V 为湖泊（水库）的蓄水量。式（2-11）可写成：

$$\frac{\mathrm{d}z}{\mathrm{d}t} = \frac{Q(t) - q(z)}{F(z)} \tag{2-12}$$

式中，$F(z)$ 为湖泊（水库）表面积，是水位 z 的函数。然而，有些时候只有水位-库容关系，而没有水位-面积曲线（本书收集南四湖资料时，便是缺失了水位-面积曲线）。此时倒推一步有

$$Q(t) - q(z) = \frac{\mathrm{d}V}{\mathrm{d}t} = \frac{\mathrm{d}V}{\mathrm{d}z} \cdot \frac{\mathrm{d}z}{\mathrm{d}t} \tag{2-13}$$

$$\frac{\mathrm{d}z}{\mathrm{d}t} = \frac{Q(t) - q(z)}{\mathrm{d}V / \mathrm{d}z} \tag{2-14}$$

式（2-14）可归结为求解一阶微分方程 $z'(t) = f(t, z)$ 满足初始条件 $z(t_0) = z_0$ 时的函数解 $z(t)$，即求解湖泊（水库）水位在系列时刻 t 上的近似值。$Q(t)$ 为各湖实际入湖洪水过程。对于 $q(z)$，微山湖和南阳湖、独昭湖有所不同。微山湖位于

南四湖的下游处，微山湖的出口即南四湖的出口，南四湖的出口韩庄闸，有固定的水位流量关系。而对于南阳湖和独昭湖，实质上它们是人为划定的，出口断面并没有实际的泄流建筑物，无法直接获取它们的蓄泄曲线。因此，通过"两河"（三湖之间的连接河道）的恒定流水面曲线原理推算水位流量关系，求得 H_{dz}-D_{dz}-H_{ws} 与 H_{ny}-D_{ny}-H_{dz} 的关系。湖泊调洪演算过程中，由于微山湖的蓄泄关系 $q(z)$ 已知，先对微山湖进行洪水调节计算，得到微山湖的水位和流量。此后，可视微山湖水位为一常数，利用 H_{dz}-D_{dz}-H_{ws} 求得独昭湖的 $q(z)$；同理，视独昭湖水位为一常数，利用 H_{ny}-D_{ny}-H_{dz} 关系求得南阳湖的 $q(z)$。dV/dz 为库容水位关系 $V=f(z)$ 的一阶导数，仍用 $F(z)$ 表示。

洪水调节计算开始时（$t=t_0$），初始水位 z_0 为湖泊（水库）的汛限水位，南阳湖及独昭湖为 34.2 m，微山湖则为 32.5 m。应用四阶龙格-库塔公式可得

$$z_i = z_{i-1} + (k_1 + 2k_2 + 2k_3 + k_4)/6 \tag{2-15}$$

式中，

$$k_1 = \Delta t[Q(t_{i-1}) - q(z_{i-1})]/F(z_{i-1}) \tag{2-16}$$

$$k_2 = \Delta t[Q(t_{i-1} + \Delta t/2) - q(z_{i-1} + k_1/2)]/F(z_{i-1} + k_1/2) \tag{2-17}$$

$$k_3 = \Delta t[Q(t_{i-1} + \Delta t/2) - q(z_{i-1} + k_2/2)]/F(z_{i-1} + k_2/2) \tag{2-18}$$

$$k_4 = \Delta t[Q(t_{i-1} + \Delta t) - q(z_{i-1} + k_3)]/F(z_{i-1} + k_3) \tag{2-19}$$

2. 计算流程

首先，从微山湖开始进行洪水调节计算。对于式（2-14），微山湖的入流包括两部分，一部分是由独昭湖入流的（历时 12 h 到达微山湖），另一部分则是天然河道及湖面入流，经由入流洪水过程修正之后，两部分叠加，便是式（2-14）中的 $Q(t)$。微山湖出口（即南四湖出口）具有固定的水位泄量关系（H_{ws}-D_{ws}），对于微山湖某一水位，可以推求得相应的 $q(z)$。水位库容关系已知，可推得微山湖不同水位下的 dV/dz。因此，可基于四阶龙格-库塔法的调洪数值解求得微山湖水位的增量 Δh 和微山湖下一时段的水位值，进而根据水位泄量关系求得微山湖下一时段的出流量。微山湖的起调水位为汛限水位 32.5 m，独昭湖初始入流量为 0。

其次，对临近微山湖的独昭湖进行洪水调节计算。同理，独昭湖的入流包括两部分，一部分是由南阳湖入流的（历时 6 h 到达微山湖），另一部分则是天然河道及湖面入流，经入流洪水过程修正之后，两部分叠加，便是 $Q(t)$。根据 H_{dz}-D_{dz}-H_{ws} 关系，求得下一时段的 H_{ws}，对于某一独昭湖水位，可推求出相应的

$q(z)$。水位库容关系已知，可推得独昭湖不同水位下的 $\mathrm{d}V / \mathrm{d}z$。至此，基于四阶龙格-库塔法的调洪数值解求得独昭湖水位的增量 Δh 和独昭湖下一时段的水位值，进而根据 H_{dz}-D_{dz}-H_{ws} 关系求得独昭湖下一时段的出流量。独昭湖的起调水位为汛限水位 34.2 m，南阳湖初始入流量为 0。

最后，对南阳湖进行洪水调节计算。此时南阳湖的入流仅有天然河道及湖面入流，经入流洪水过程修正后，便为 $Q(t)$。根据 H_{ny}-D_{ny}-H_{dz} 关系，下一时段的 H_{dz} 前已求得，对于某一独昭湖水位，可推求出相应的 $q(z)$。水位库容关系已知，可推得南阳湖不同水位下的 $\mathrm{d}V / \mathrm{d}z$。至此，基于四阶龙格-库塔法的调洪数值解求得南阳湖水位的增量 Δh 和南阳湖湖下一时段的水位值，进而根据 H_{ny}-D_{ny}-H_{dz} 关系求得独昭湖下一时段的出流量，南阳湖的起调水位为汛限水位 34.2 m。

下一时段的起调水位便是上一时段求得的水位。重复以上步骤即能求得各个湖泊、各个时段的水位及出流量，完成"三湖"的洪水调节计算，具体流程如图 2-5 所示。

3. 结果合理性分析

为了分析南四湖"三湖两河"洪水演算数值模型相较于原南四湖洪水演算模型的优越性，本书选取了 1980 年淮河水利委员会提出的《沂沭泗河流域骆马湖以上设计洪水报告》的 50 年一遇设计洪水进行分析。该设计洪水计算成果包括湖西 6 个分区（梁济运河、洙赵新河、万福河、东鱼河、复兴河及丰沛地区）、湖东 5 个分区（概化为洸府河、泗河、白马河、城郭河及十字河）及湖面 3 个分区（南阳湖、独昭湖及微山湖），三者叠加便是天然入湖洪水过程。湖西地区，采用雨量资料通过降雨径流关系对洪量进行推求；湖东地

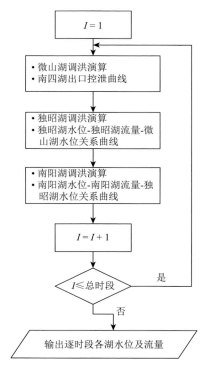

图 2-5　南四湖"三湖两河"洪水演算流程

区主要河流虽具有逐日流量观测值，但是无法控制河流全部面积，因此经由面积雨量比进行修正，推求湖东各河入湖洪量；湖面则采用降雨量扣除蒸发量的方法实现对洪量的推求。最后以 1957 年的洪水过程为典型洪水过程，求得 14 条理想

入湖过程线。通过与基于半图解法的南四湖"三湖两河"洪水演算数值模型进行对比，说明改进模型的合理性和有效性。

水位是洪水调节计算中最为敏感的特征指标。图 2-6～图 2-8 对比了南阳湖、独昭湖和微山湖两种方法的计算结果，最大水位差为 0.14 m、0.05 m 和 0.03 m，见图中圈中部分。对于南阳湖，半图解法和基于四阶龙格-库塔法的数值解法计算结果相差较大（图 2-6）。

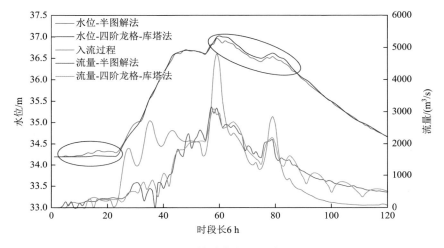

图 2-6　不同算法的南阳湖结果对比

整体的平滑性是反映水位过程合理与否的重要指标。判定曲线整体的平滑性采用"曲线越短越光滑"规则。曲线微段长 $\Delta l = \sqrt{\Delta x^2 + \Delta y^2}$，两组曲线具有相同的计算步长 Δx，因此比较两条曲线长度也就是比较所有 $\sqrt{\Delta y^2} = |\Delta y|$ 之和，即曲线长由微段垂直距离之和决定。经计算，数值解法曲线长为 5.606，半图解法曲线长则为 5.871，故数值解法平滑性优于半图解法。从局部水位差距进行分析，主要不同在于初始时段附近和峰值时段附近。从南阳湖入流过程来看，初始时段入流流量极小（200 m³/s 左右），结合南阳湖的出流能力，南阳湖的水位基本上不会上升，正如数值解法的水位过程所示。而辅助曲线法在这种小流量入流的情况下，水位最高上涨了 0.11 m，是不合理的。在峰值时段附近，数值解法所得水位过程对比半图解法所得水位过程平滑许多，这正是数值解法优化算法的体现，半图解法在峰值之后出现急跌再急升，对比入流曲线，作者认为实际上是不该出现这样的水位过程的。而数值解法则是峰值后一直缓慢变化，显然更能真实反映水位过程。

从独昭湖、微山湖所得结果分析（图 2-7 和图 2-8），两种方法逐时刻水位过程及流量过程总体吻合。不同于半图解法计算受式（2-5）～式（2-7）控制，数值解法的出流量初值为一固定值，这是因为我们设定计算水位低于起调水位时，保持水位为起调水位，微山湖出口韩庄闸具有固定水位流量关系，因此出流流量初值为起调水位对应的固定值。独昭湖同理，出流流量初值的不同是计算方法的差异导致的，然而初值求解的瑕疵并未引起流量过程和水位过程的波动，这证明了数值解法的稳定性。相比传统的半图解法，以上分析验证了基于四阶龙格-库塔法的数值解法的适用性和合理性。

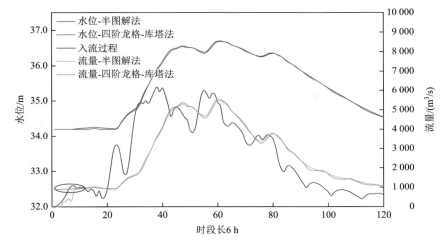

图 2-7　不同算法的独昭湖结果对比

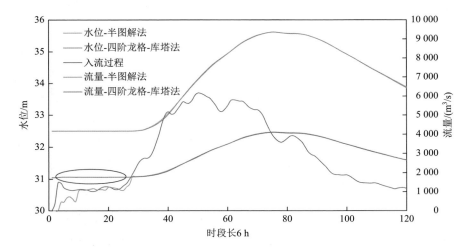

图 2-8　不同算法的微山湖结果对比

　　从计算效率方面进行分析，由于洪水过程仅有 120 个时段，计算机中央处理器（CPU）运行时间均近似为 0。然而，从上述的算法原理分析，数值解法较半图解法具有无须插值计算、存储量小的优点，对于长时段洪水过程精细模拟，能明显缩短计算时间，提高洪水调节计算分析的效率。更为重要的是，南四湖"三湖两河"洪水演算数值模型的原创性构想，看似偶然，属于个例行为，实际上具有广泛的普遍性。对于地形地势复杂的天然河道，多可将其进行分段概化为"河"与"湖"相间的链式结构，如图 2-9 所示，采用水文学方法进行调洪演算，既能提高计算效率，又能保证一定精度。因此，从南四湖"三湖两河"洪水演算数值模型计算效率上看，改进方法尽管没有明显优势，但是从普适性和通用性上来看，意义是重大的。

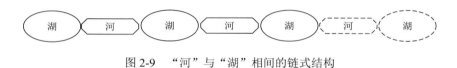

图 2-9　"河"与"湖"相间的链式结构

2.2.6　讨论

　　相较以往，近年来南四湖机电排灌站建设逐渐完善，滨湖地区排水模数（排涝能力）有所增大，滨湖地区涝灾面积和南四湖水位关系愈加复杂；遭遇较大洪水时，南四湖特别是南阳湖和独山湖水位常出现壅高不下的现象，出口韩庄枢纽的泄流能力是否满足泄洪要求一直是大家关注的焦点。基于南四湖"三湖两河"洪水演算数值模型，对滨湖地区排水模数和韩庄闸水位流量关系进行敏感性分析，探索工程建设对南四湖水位过程及防洪工程建设的影响，为南四湖未来防洪工程、排涝工程等建设提供参考。

1. 排水模数变化对湖泊高水位的影响

　　南四湖滨湖高程 37.0 m 以下的面积约为 3000 km²，因地势低洼洪水无法自排入湖，须经机电排灌站提排入湖。滨湖地区当前排水模数采用 $q = 0.4$ m³/(s·km²)设计。随着南四湖机电排灌站建设的完善，滨湖地区排水模数势必会有所增大。此外，排灌站受淹的突发情况也会导致排水模数 q 变小。因此，取排水模数 $q = 0$ m³/(s·km²)、0.1 m³/(s·km²)、0.2 m³/(s·km²)、0.3 m³/(s·km²)、0.4 m³/(s·km²)（当前排水模数）、0.5 m³/(s·km²)、0.6 m³/(s·km²)进行分析，以探究排水模数变化对各湖水位过程的影响。计算结果如图 2-10～图 2-12 所示。

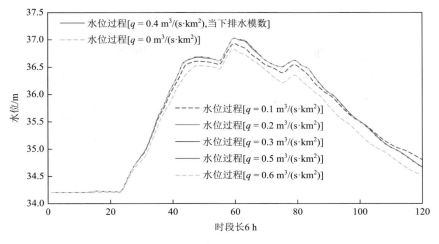

图 2-10　南阳湖结果对比

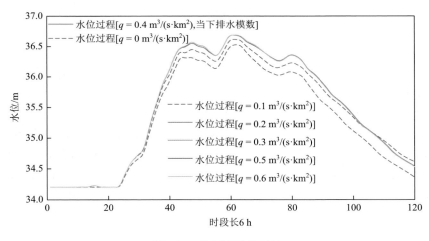

图 2-11　独昭湖结果对比

　　结果表明，排水模数 q 大于 0.2 m³/(s·km²) 后，南阳湖、独昭湖及微山湖的水位过程基本保持不变。这说明当前情况下，单纯地提高滨湖地区洪水的提排能力，并不能有效地减少涝灾面积。另外，排水模数 $q = 0$ m³/(s·km²) 和 0.1 m³/(s·km²) 时，各湖的水位有一个明显的下降，南阳湖的水位峰值分别降低 0.20 m 和 0.10 m；独昭湖的水位峰值分别降低 0.16 m 和 0.07 m；微山湖的水位峰值则分别降低达 0.46 m 和 0.11 m。以上结果说明，滨湖地区洪水对南四湖的高水位是有显著影响的，这部分洪水是否提排入湖及何时提排入湖仍待商榷。作者认为，两者的关系近似于大坝与下游防洪对象的关系，却又有所不同。类似的地方在于，刚开始来

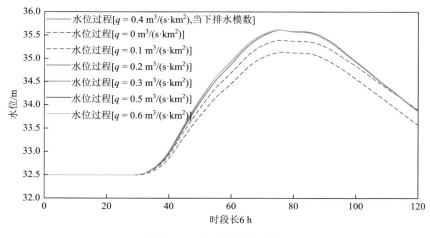

图 2-12　微山湖结果对比

水时有多少提排多少入湖，湖泊到一定高水位时，则限制提排入湖流量，正如大坝控制安全泄量一般。不同的地方在于，大坝到达防洪限制水位时则全力泄水保坝，而由于湖泊高水位的顶托，滨湖地区的洪水无法提排入湖，"因洪致涝"势必给滨湖地区带来严重的影响。因此，建议相关防汛部门务必谨慎处理滨湖洪水入湖的问题。

2. 韩庄闸水位流量关系变化对湖泊高水位的影响

前述南四湖出口韩庄闸具有固定的水位流量关系，具体见表 2-5。

表 2-5　韩庄闸水位流量关系

水位/m	32	33	34	35	36	37	38
出流流量/（m³/s）	1504	2090	2727	3544	4475	5463	6489

湖泊水位过度抬高常常是出口泄流能力不足导致的。当前水位流量关系状态下，南阳湖水位峰值为 37.02 m，独昭湖水位峰值为 36.68 m，微山湖水位峰值为 35.62 m（图 2-13 中流量系数为 1.0 对应的水位峰值）。现保持各水位值不变，对出流流量进行折减或放大，分析不同水位流量对应关系条件下各湖水位峰值的变化情况。

图 2-13 表明，增大湖泊出口泄流能力，可显著降低微山湖水位峰值，如增大至 1.2 倍出流量，水位峰值由 35.62 m 降至 35.17 m，降幅达 0.45 m。因此，对于单个水平湖或者水库增强出口的泄流能力对水位峰值的调控作用是明显

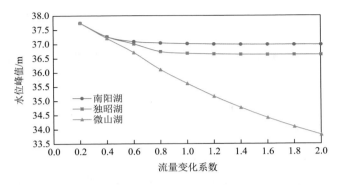

图 2-13　韩庄闸泄流量变化对各湖水位峰值的影响

的。然而，泄流能力放大至两倍，南阳湖与独昭湖的水位峰值仍变化微小，独昭湖由 36.68 m 降至 36.63 m，南阳湖由 37.02 m 降至 36.99 m。复杂的入流情况和独特的地形构造为主因。南阳湖及独昭湖承揽了南四湖流域多达 87% 的汇水，水位主要受入流影响。独昭湖与微山湖间的"连接河道"窄而长，杂草丛生、部分庄台、高地阻水严重，微山湖水位的下降对独昭湖和南阳湖影响有限。因此，对 50 年一遇及以下设计洪水，单纯提高韩庄闸的泄流能力对南阳湖、独昭湖降低高水位起作用不大。流域防洪排涝是一项系统工程，在对排水模数的讨论中，作者也发现单纯地提高滨湖地区洪水的提排能力，并不能有效地减少滨湖地区的涝灾面积，因为湖内到达一定的高水位时，洪水便很难提排入湖。基于此，建议在实施以上措施的同时，配合实施"连接河道"浅槽工程，打通南阳镇东西的阻水卡口，使泗河、洸府河、洙赵新河等河道的来水尽快进入独昭湖深水区，疏通独昭湖至微山湖间的浅滩湖段，使下泄的洪水快速通过浅滩湖段而进入微山湖深水区，进而有效降低南阳湖、独昭湖的高水位，减轻南四湖的防洪压力。

需要指出的是，南四湖"三湖两河"洪水演算数值模型有多个经验参数，如洪水顶托折减系数、滨湖洪水入湖受限水位、河道糙率等，在实际应用中具有较高的复杂性和不确定性。但是，这些人为设定的参数也正是老一辈水利人辛勤劳动和智慧的结晶，这也是本书坚持对南四湖"三湖两河"洪水演算数值模型进行不断完善改进，而未弃用的主要原因。

2.3　入湖子流域水文模型

利用来自 Bigemap 的高精度（1∶14 000）DEM 资料，通过 ArcGIS 对 DEM 进行坏点处理、拼接、裁剪及投影处理，形成南四湖流域的 DEM 图（图 2-14）。

考虑河流集水面积（大于 100 km²）、入湖位置等因素，将湖东划分为 10 片：洸府河、泗河、白马河、城郭河、北沙河、界河、小龙河、新薛河、薛沙河及薛王河；湖西划分为 12 片：梁济运河、洙赵新河、东鱼河、复兴河、大沙河、新万福河、洙水河、老万福河、蔡河、鹿口河、郑集河及沿河。以上 22 片河流流域范围基本完成了对南四湖流域总面积的覆盖，相邻入湖小流域依据地形和河网情况并入相邻子流域。各河流流域范围如图 2-15 所示。

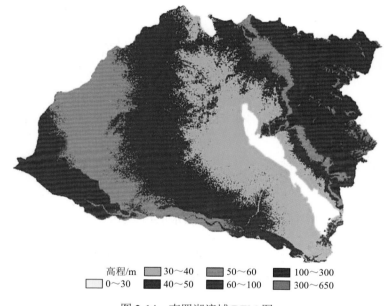

| 高程/m | 30～40 | 50～60 | 100～300 |
| 0～30 | 40～50 | 60～100 | 300～650 |

图 2-14　南四湖流域 DEM 图

　　基于上述分区子流域，先对水文资料相对齐全、地形地貌代表性好的典型小流域着手研究，再将经校准验证后的模型参数向其他小流域进行推广。在湖东和湖西分别选取泗河流域和洙赵新河流域作为典型子流域进行分析，经适用性评价后，将校准验证后的泗河流域模型参数推广至南四湖流域湖东其他流域的模拟模型中；洙赵新河流域模型参数推广至南四湖流域湖西其他流域的模拟模型中。下面分别阐述上述两个典型子流域水文模型的建立过程。

2.3.1　湖东泗河流域空间离散化

　　（1）子流域划分。导入 DEM、提取河网水系，此时需设立最小河道集水面积阈值。阈值越小，得到的河网水系越密，但也不能过小，否则会生成很多实际上

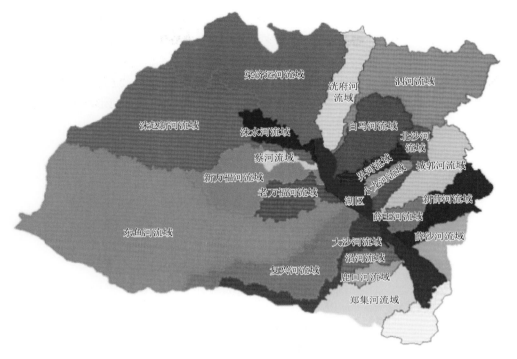

图 2-15　南四湖流域内各河流流域范围图

并不存在的水系，影响计算速度，因此选择合适的阈值是一个反复比较的过程。对于泗河流域，选取最小河道集水面积的阈值为 400 hm²、600 hm²、800 hm²、1000 hm²、1200 hm²、1400 hm² 和 1600 hm² 生成的水系与实际水系在 ArcGIS 上叠加对比分析，结果表明阈值为 1200 hm² 时生成的水系与实际最为相近。在河网水系提取的基础上，划分成 90 个子流域，其中书院站位于 42 号子流域，华村水库位于 35 号子流域，贺庄水库位于 45 号子流域，龙湾套水库位于 72 号子流域，尼山水库位于 81 号子流域，泗河流域总出口位于 90 号子流域。划分结果如图 2-16 所示。

（2）水文响应单元（hydrological response unit，HRU）划分。在子流域划分之后，根据泗河流域内土地利用类型、土壤类型及坡度的差异，再将子流域细化成若干个具有单一土地利用类型、土壤类型和坡度的 HRU。将土地利用类型图和土壤类型图加载到 SWAT 模型中，并进行重分类。重分类后的泗河流域土地利用类型图和土壤类型图分别如图 2-17（a）和图 2-17（b）所示。坡度重分类分为单一坡度分类法和多等级坡度分类法。泗河流域内地形起伏较大，因此选用多等级坡度分类法。将泗河流域划分为 0%～10%（占主要部分）、10%～20% 和 20%～100% 3 类，如图 2-17（c）所示。

图 2-16　泗河流域子流域划分图

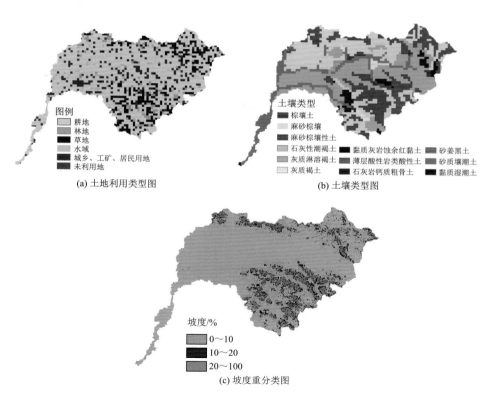

图 2-17　泗河流域土地利用类型图、土壤类型图及坡度重分类图

　　在完成土地利用类型、土壤类型和坡度等级的重分类的基础上，对以上三者进行叠加分析，泗河流域内最后形成 750 个具有单一性质的 HRU。需要指出的是，各子流域内土地利用类型、土壤类型和坡度等级的组合类型很多，在尽量与实际参数情况相契合的条件下，为了保证 SWAT 模型运算的效率，对于子流域内土地利用类型、土壤类型及坡度等级占比很小的类型，采取归到其他类型的措施，基于泗河流域内的土地利用、土壤类型以及地形情况，土地利用面积阈值取 5%，土壤类型面积阈值取 3%，坡度等级阈值取 20%。

2.3.2　湖西洙赵新河流域空间离散化

　　（1）子流域划分。该流域划分方法同泗河流域，对于洙赵新河流域，选取最小河道集水面积的阈值为 800 hm²、1000 hm²、1200 hm²、1400 hm²、1600 hm² 和 1800 hm² 生成的水系与实际水系在 ArcGIS 上叠加对比分析，结果表明阈值为 1600 hm² 时生成的水系与实际最为相近。在河网水系提取的基础上，划分成 102 个子流域，其中水文站（梁山闸站）位于 102 号子流域，其也是流域总出口。划分结果如图 2-18 所示。

图 2-18　洙赵新河流域子流域划分图

　　（2）HRU 划分。在子流域划分之后，根据洙赵新河流域内土地利用类型、土壤类型及坡度的差异，再将子流域细化成若干个具有单一土地利用类型、土壤类型和坡度的 HRU。将土地利用类型图和土壤类型图加载到 SWAT 模型中，并进行重分类。重分类后的洙赵新河流域土地利用图和土壤类型图见图 2-19（a）和

图 2-19（b）。坡度重分类分为单一坡度分类法和多等级坡度分类法。将洙赵新河流域划分为 0%～10%（占主要部分）和 10% 以上 2 类，如图 2-19（c）所示。

　　在完成土地利用类型、土壤类型和坡度等级的重分类的基础上，对以上三者进行叠加分析，洙赵新河流域内最后形成 409 个具有单一性质的 HRU。洙赵新河流域土地利用面积阈值取 2%，土壤类型面积阈值取 3%，坡度等级阈值取 10%。

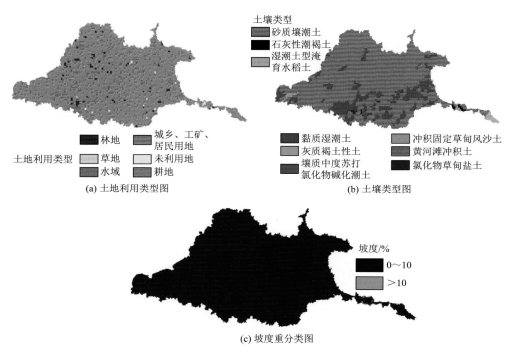

(a) 土地利用类型图　　　　　　　　　　　　　(b) 土壤类型图

(c) 坡度重分类图

图 2-19　洙赵新河流域土地利用类型图、土壤类型图及坡度重分类图

2.3.3　模拟方法与数据

　　SWAT 模型为美国农业部开发的分布式水文模型，目前广泛应用于土地利用/覆被变化情景下对流域水文过程（径流洪水影响）的模拟和预测（邱国玉等，2008；Githui et al.，2009；李绍飞，2011；郭军庭等，2014；Niedda et al.，2014；史晓亮等，2014；Lin et al.，2015；王莺等，2016）。由水文过程子模型、土壤侵蚀子模型及污染负荷子模型构成（Neitsch et al.，2011），利用流域内的气象要素（降水、温度、风速等）、地形数据、土地利用数据、土壤数据及蓄水工程等资料，SWAT 模型可以对径流、泥沙、非点源污染过程等进行模拟，原理详见网页 https://swat.tamu.edu/software/plus/。

本书主要采用 SWAT 模型的水文过程子模块，其必要的输入数据包括空间数据和属性数据两类，见表 2-6。

表 2-6　模型必须输入数据的信息与来源

数据类别	数据名称	数据格式	数据精度	数据来源
空间数据	DEM	grid	1∶14 000	Bigemap
	土地利用类型图	grid	1∶10 万	中国科学院资源环境科学数据中心
	土壤类型图	grid	1∶100 万	中国科学院资源环境科学数据中心
属性数据	气象数据库	dbf	日步长	中国气象数据网及水文局
	土地利用属性数据库	sol 和 chm	—	模型自带
	土壤属性数据库	dbf	—	流域内相关地区土种志

其他数据如河网水系图、水库数据、农业措施管理信息等可视实际情况而定。南四湖流域湖西地区地势平坦，河网水系图在校正 DEM 生成的河网方面具有重要作用，因此本书基于谷歌地球（Google Earth）软件对流域内重要河流进行数字化提取利用；流域内建有 11 座大中型水库，将收集的水库信息（如建库时间、总库容、兴利库容）输入模型。

2.3.4　模型率定与验证

本书采用 SWAT 模型提供的配套校准分析工具 SWAT-CUP，选用 SUFI-2 算法进行参数敏感性分析和率定验证。首先设置用于率定的参数个数、各参数变动范围及模拟次数；通过 SUFI-2 算法中的 LH 抽样方法在参数变动范围内随机获取各参数的值；然后将 SWAT 模型初次运行的参数和本次模拟的次数调入，利用 SWAT_Edit.exe 形成修正后的 SWAT 模型输入参数文件；接着自动调用 SWAT 模型重新计算，获得本次的模拟值；最后对比模拟值与实测值，若评价指标值大于设定的阈值，则保留本次模拟结果。重复以上步骤，直至最大模拟次数结束运行。本轮模拟结束后，SWAT-CUP 自动形成最优参数范围，供下一轮模拟参考。经多次模拟后，通过对比 Nash-Sutcliffe 效率系数 NS、确定性系数 R^2 及相对误差 RE 三个指标值，获得合适的参数值，代入 SWAT 模型进行径流洪水模拟，率定验证结束。

NS 用于评价模拟值与实测值的吻合程度。一般认为，当 NS ≥ 0.75 时，模拟效果好；当 0.36 < NS < 0.75 时，模拟效果基本令人满意；当 NS ≤ 0.36 时，模拟效果不好。当 NS < 0 时，直接使用实测值的均值比模拟的结果更为可信（Githui et al.，2009；史晓亮，2013）。R^2 同样用于评价模拟值与实测值间的相关性。R^2

值在 0～1，该值越大，表示拟合得越好。一般认为，当 $R^2 > 0.6$ 时模拟效果显著。一般认为|RE|≤20%时模拟效果显著（王莺等，2016）。

本书用于率定验证的模拟数据是 SWAT 模型输出文件中的河道径流量（以子流域为单元输出）；对于实测数据，月径流率定验证时，泗河流域和洙赵新河流域分别采用书院站和梁山闸站1997～2007年的汛期（6～10月）数据，其中以2002年为预热期，2003～2007年为率定期（一般通过大水年进行率定），1997～2001年为验证期。受资料收集的限制，日径流率定验证时，以2007年7～8月洪水期进行率定，以2005年8～9月洪水期进行验证。率定验证时以2000年土地利用数据为输入。月径流量的准确模拟是判断模型适用性和合理性的重要指标。泗河流域书院站率定验证期月径流的结果对比如图 2-20 和图 2-21 所示，模拟结果评价指标值见表 2-7。

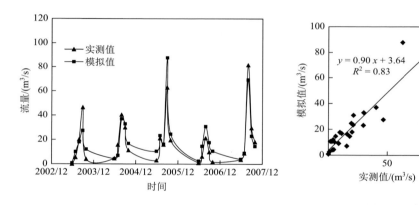

图 2-20　泗河流域书院站率定期汛期月径流量结果对比及相关关系图

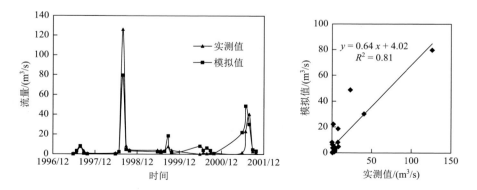

图 2-21　泗河流域书院站验证期汛期月径流量结果对比及相关关系图

表 2-7　泗河流域月径流量模拟结果评价

率定验证期	月均径流/(m³/s)		NS	R^2	RE/%
	实测值	模拟值			
率定期（2003~2007 年）	19.35	21.01	0.82	0.83	8.58
验证期（1997~2001 年）	10.15	10.51	0.77	0.81	3.55

从图 2-20 和图 2-21 中可看出，泗河流域书院站的月径流实测过程线和模拟过程线基本一致，表 2-7 各评价指标结果表明泗河流域月径流量的模拟效果良好，能满足研究的需要。

洙赵新河流域梁山闸站率定验证期月径流的结果对比如图 2-22 和图 2-23 所示，模拟结果评价指标值见表 2-8。

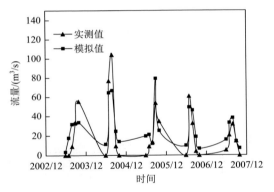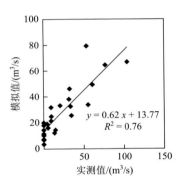

图 2-22　洙赵新河流域梁山闸站率定期汛期月径流量结果对比及相关关系图

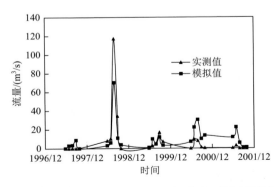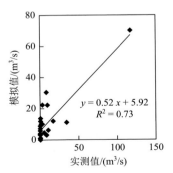

图 2-23　洙赵新河流域梁山闸站验证期汛期月径流量结果对比及相关关系图

表 2-8　洙赵新河流域月径流量模拟结果评价

率定验证期	月均径流/(m³/s)		NS	R^2	RE/%
	实测值	模拟值			
率定期（2003～2007 年）	22.75	27.89	0.70	0.76	22.59
验证期（1997～2001 年）	9.03	10.64	0.67	0.73	17.83

从图 2-22 和图 2-23 中可看出，洙赵新河流域梁山闸站的月径流实测过程线和模拟过程线峰谷相对，趋势一致，表 2-8 各评价指标结果表明洙赵新河流域月径流量的模拟效果基本令人满意，能满足研究的需要。

日径流量的有效模拟是南四湖流域洪水模拟研究的基础。在月径流量模拟的基础上进行参数调整，泗河流域书院站率定验证期日径流的结果对比如图 2-24 和图 2-25 所示，模拟结果评价指标值见表 2-9。

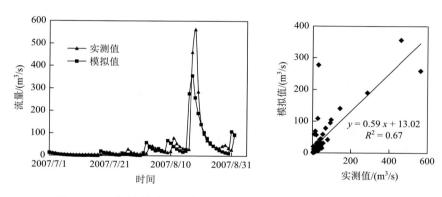

图 2-24　泗河流域书院站率定期日径流量结果对比及相关关系图

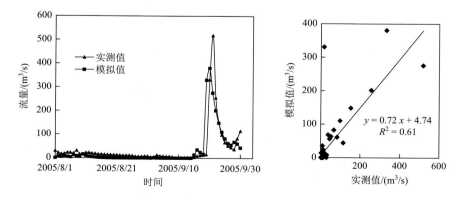

图 2-25　泗河流域书院站验证期日径流量结果对比及相关关系图

表 2-9　泗河流域日径流量模拟结果评价

率定验证期	日均径流/(m³/s)		NS	R^2	RE/%
	实测值	模拟值			
率定期（2007/7/1～2007/8/31）	45.33	39.85	0.66	0.67	−12.09
验证期（2005/8/1～2007/9/30）	39.03	32.94	0.58	0.61	−15.60

　　从图 2-24 和图 2-25 中可看出，泗河流域书院站的日径流实测过程线和模拟过程线峰谷相对，趋势一致，表 2-9 各评价指标结果表明泗河流域日径流量的模拟效果基本令人满意，能满足研究的需要。

　　洙赵新河流域梁山闸站率定验证期日径流的结果对比如图 2-26 和图 2-27 所示，模拟结果评价指标值见表 2-10。

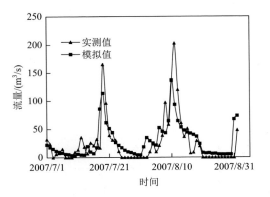 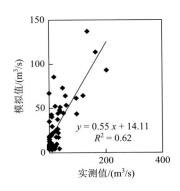

图 2-26　洙赵新河流域梁山闸站率定期日径流量结果对比及相关关系图

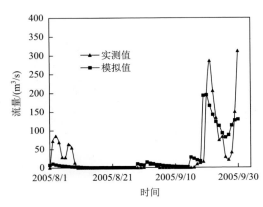 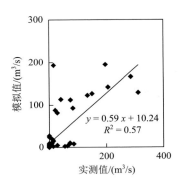

图 2-27　洙赵新河流域梁山闸站验证期日径流量结果对比及相关关系图

表 2-10 洙赵新河流域日径流量模拟结果评价

率定验证期	日均径流/(m³/s)		NS	R^2	RE/%
	实测值	模拟值			
率定期（2007/7/1～2007/8/31）	26.11	28.44	0.61	0.62	8.92
验证期（2005/8/1～2007/9/30）	33.23	29.78	0.56	0.57	−10.38

从图 2-26 和图 2-27 中可看出，洙赵新河流域梁山闸站的日径流实测过程线和模拟过程线峰谷基本相对，趋势基本一致，表 2-10 各评价指标结果表明洙赵新河流域日径流量的模拟效果基本令人满意，能满足研究的需要。

2.4 土地利用变化的湖泊流域洪水响应

作为未来流域规划建设及洪水管理的重要参考依据之一，流域土地利用/覆被变化情况对湖泊流域洪水影响情况一直颇受关注但又众说纷纭。探究流域土地利用变化情况对湖泊流域洪水的完整影响情况，为流域规划建设及洪水管理提供参考依据，有以下几个问题亟须解答：①土地利用变化对不同量级洪水的影响是否有差异；②洪水入湖前，土地利用变化对流域面上洪水的影响如何；③土地利用变化对地形差异显著的湖东地区和湖西地区洪水的影响是否一致；④洪水入湖后，土地利用变化对湖内洪水的影响与对流域面上洪水的影响有何不同；⑤湖泊水位作为湖泊流域洪水管理的关键因子，土地利用变化对各湖水位过程及湖泊高水位的影响如何。

2.4.1 情景设置

南四湖流域 1980 年、2000 年及 2015 年的土地利用类型图如图 2-28 所示。

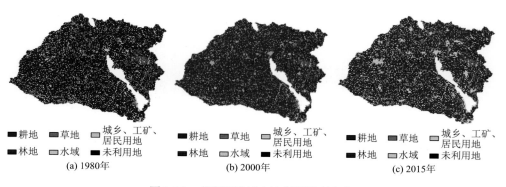

■耕地 ■草地 □城乡、工矿、居民用地　　■耕地 ■草地 □城乡、工矿、居民用地　　■耕地 ■草地 □城乡、工矿、居民用地
■林地 □水域 □未利用地　　■林地 □水域 □未利用地　　■林地 □水域 □未利用地
　(a) 1980年　　　　　　　　(b) 2000年　　　　　　　　(c) 2015年

图 2-28 南四湖流域土地利用类型变化

由图 2-28 可明显看出，南四湖流域基本被耕地、草地和城乡、工矿、居民用地覆盖，其中又以耕地为主，城乡、工矿、居民用地呈明显扩张的趋势。对以上三期南四湖流域（不包括湖泊）土地利用情况进行统计分析。耕地 1980 年占流域总面积的 75.62%，2000 年占流域总面积的 74.57%，2015 年占流域总面积的 72.65%，呈下降趋势，并且 2000~2015 年的下降幅度大于 1980~2000 年，36 年间下降了将近 3%；城乡、工矿、居民用地面积的发展趋势正好相反，呈增长趋势，1980 年占流域总面积的 14.08%，2000 年占流域总面积的 15.35%，2015 年占流域总面积的 17.10%，2000~2015 年的增长幅度大于 1980~2000 年，36 年间增长了大约 3%；林地在南四湖流域内占比极少，并且出现了先增长后下降的变化，1980 年占流域总面积的 2.78%，2000 年占流域总面积的 2.89%，2015 年占流域总面积的 2.85%。对于其他土地利用类型，草地占流域总面积的 4.88%（1980 年）下降至 4.63%（2015 年），水域由 2.22%（1980 年）增长至 2.45%（2015 年），未利用地由 0.43%（1980 年）下降至 0.33%（2015 年）。

由以上统计分析的情况可知，自 20 世纪 80 年代以来，南四湖流域内土地利用情况向城市化方向发展，耕地向城乡、工矿、居民用地转换趋势明显。随着经济的快速发展，相较 1980~2000 年的转变情况，2000~2015 年的转变速度更为显著，因此，亟须分析当该流域遭遇洪水时，流域内全部耕地向城乡、工矿、居民用地转换的极端情况引起的南四湖流域洪水过程及湖泊高水位的变化，从而为南四湖流域规划建设及洪水管理提供参考。

南四湖流域洪水频发，与流域内主要土地利用类型为耕地（占比 70%以上）、而林地稀少（占比不足 3%）关系密切。20 世纪 90 年代流域管理者便有此意识，南四湖流域曾进行了短时间的退耕还林，但由于种种原因，退耕还林政策没有得以延续。遭遇洪水时，分析退耕还林对南四湖高水位的影响情况仍具有重要的意义并颇受关注。因此对流域内全部耕地向林地转换的极端情况进行分析，探究退耕还林状况下南四湖流域洪水过程及湖泊高水位的变化特征。

为此，本书设置以下 4 种土地利用情景。

（1）南四湖流域 2015 年土地利用状况。

（2）南四湖流域 1980 年土地利用状况。

（3）南四湖流域内高度城市化，耕地全部转为城乡、工矿、居民用地情景（以 2015 年为现状年转换）。

（4）退耕还林，南四湖流域内耕地全部转为林地情景（以 2015 年为现状年转换）。

经统计，不同土地利用情景的具体土地利用类型分布如图 2-29 所示。

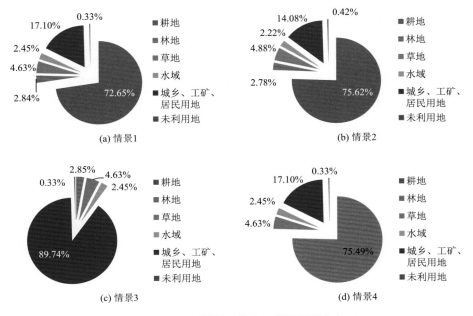

图 2-29　不同情景下的土地利用类型分布

完成土地利用情景设置后，在进行土地利用变化对流域洪水过程及湖泊高水位的影响分析前，尚有以下问题需要解答：土地利用变化对"大洪水"的影响较大，还是对"小洪水"的影响较大？该问题对南四湖流域的洪水管理、工程调度及流域规划决策具有重要的参考意义。因此，本书选取"典型大洪水过程"及"典型小洪水过程"分别进行研究。本书对 1970～2008 年的年最大 30 天入湖流量过程（以 2015 年为现状年）由大到小进行排频，在前 10%中选取的典型过程称为"典型大洪水过程"。本书选取的"典型大洪水过程"是 2003 年的 8 月 23 日～9 月 21日。由于南四湖中的南阳湖及独昭湖起调水位（即防洪限制水位）均为 34.20 m，过小的入流过程无法体现湖内的洪水演进过程，因此"典型小洪水过程"不在最后 10%内选择，而在 70%左右选取，本书选取的"典型小洪水过程"是 1973 年的 7 月 21 日～9 月 19 日。

2.4.2　土地利用变化对入湖子流域及湖泊洪量与洪峰的响应分析

洪量和洪峰是洪水的重要特征值。在进行土地利用变化对湖内洪水演进过程及湖泊高水位的影响分析前，首先应分析土地利用变化对流域面上洪水过程的影响，即分析遭遇"典型洪水过程"时，不同土地利用情景下入湖洪量及洪峰的变化情况。

　　首先分析遭遇"典型大洪水过程"时，不同土地利用情景下入湖洪量及洪峰的变化情况。保持其他条件不变（如模型参数、降水等），分别以土地利用情景 2、情景 3 及情景 4 替代情景 1，求得以上 3 种土地利用情景下的"典型大洪水过程"。以 2015 年为现状年（即以情景 1 为基准），分析其他土地利用情景下入湖洪量及洪峰的相对变化情况。具体变化情况见表 2-11。

表 2-11　情景 2、情景 3、情景 4 相对情景 1 的变化率（典型大洪水过程）　　（单位：%）

洪水特征值	情景 2	情景 3	情景 4
洪量	−0.4	9.6	−10.7
洪峰	−0.7	7.1	−17.7

　　据表 2-11 可知，退耕还林（情景 4）对南四湖流域入湖洪量及洪峰的降低影响显著，分别达到−10.7%及−17.7%；高度城市化（情景 3）对南四湖流域入湖洪量及洪峰的增加影响明显，分别达到 9.6%及 7.1%。而 1980 年土地利用状况（情景 2）相对现状年（情景 1），入湖洪量及洪峰变化微小，基本上保持一致。必须指出的是，情景 3 和情景 4 流域入湖洪量及洪峰的变化是建立在大面积土地利用变化的基础上的，原耕地面积占总流域面积的比例达到了 72.65%（2015 年）。

　　与"典型大洪水过程"分析方法类似，保持其他条件不变（如模型参数、降水等），分别以土地利用情景 2、情景 3 及情景 4 替代情景 1，求得以上 3 种土地利用情景下的"典型小洪水过程"。以 2015 年为现状年（即以情景 1 为基准），分析其他土地利用情景下入湖洪量及洪峰的相对变化情况。具体变化情况见表 2-12。

表 2-12　其他土地利用情景相对情景 1 的变化率（典型小洪水过程）　　（单位：%）

洪水特征值	情景 2	情景 3	情景 4
洪量	−1.2	26.8	−19.3
洪峰	−0.6	18.4	−29.6

　　据表 2-12 可知，退耕还林（情景 4）对南四湖流域入湖洪量及洪峰的降低影响显著，分别达到−19.3%及−29.6%；高度城市化（情景 3）对南四湖流域入湖洪量及洪峰的增加影响明显，分别达到 26.8%及 18.4%。而 1980 年土地利用状况（情景 2）相对现状年（情景 1），入湖洪量及洪峰变化微小，基本上保持一致。

　　对表 2-11 及表 2-12 的分析表明，遭遇"典型洪水过程"时，相对于情景 1，情景 3 和情景 4 入湖洪量及洪峰变化明显，土地利用变化对流域面上（即入湖前）洪水过程的影响显著，"控制城市化、退耕还林"对流域面上洪水灾害的防治具有重要的作用；在流域面上，相对于"典型大洪水过程"，当遭遇"典型小洪水过程"时，土地利用变化状况下入湖洪量和洪峰的变化幅度更大，"典型小洪水过程"对土地利用变化的响应更加敏感。

2.4.3　湖东与湖西土地利用变化对入湖洪量与洪峰的贡献分析

南四湖流域湖西以平原为主，坡度较缓；湖东则以山地丘陵为主，坡度较陡。当土地利用发生变化时，分析湖西地区和湖东地区对入湖洪量及洪峰变化的贡献对南四湖流域规划建设、洪水管理及类似地形特点的湖泊流域具有重要的参考意义。首先对 4 种土地利用情景下的"典型大洪水过程"进行分析，湖西和湖东地区对入湖洪量及洪峰变化的贡献情况见表 2-13。

表 2-13　湖西和湖东地区对入湖洪量及洪峰变化的贡献分析（典型大洪水过程）　（单位：%）

贡献率	洪量变化			洪峰变化		
	情景 2	情景 3	情景 4	情景 2	情景 3	情景 4
湖西贡献率	53.2	86.8	9.2	50.9	72.1	10.4
湖东贡献率	46.8	13.2	90.8	49.1	27.9	89.6

表 2-13 展示了一个非常有趣的现象，即土地利用情景 3 和情景 4 下，湖西地区和湖东地区对入湖洪量及洪峰变化的贡献是截然不同的。高度城市化（情景 3）状况下，湖西地区对洪量及洪峰的增长起主要作用，贡献率分别达 86.8% 和 72.1%；而退耕还林（情景 4）状况下，则是湖东地区对洪量及洪峰的降低起主要作用，贡献率分别达 90.8% 和 89.6%。必须指出的是，土地利用情景 1 状况下，湖西地区的耕地约为 1.6 万 km^2，湖东地区约为 0.6 万 km^2，湖西地区耕地面积是湖东地区的 2.7 倍左右。

与"典型大洪水过程"分析方法类似，对求得的 4 种土地利用情景下的"典型小洪水过程"进行分析，湖西地区和湖东地区对入湖洪量及洪峰变化的贡献情况见表 2-14。

表 2-14　湖西和湖东区对入湖洪量及洪峰变化的贡献分析（典型小洪水过程）　（单位：%）

贡献率	洪量变化			洪峰变化		
	情景 2	情景 3	情景 4	情景 2	情景 3	情景 4
湖西贡献率	61.2	77.9	34.4	54.5	71.3	27.6
湖东贡献率	38.8	22.1	65.6	45.5	28.7	72.4

由表 2-14 可知，高度城市化（情景 3）状况下，湖西地区对洪量及洪峰的增长起主要作用，贡献率分别达 77.9%和 71.3%；而退耕还林（情景 4）状况下，则是湖东地区对洪量及洪峰的降低起主要作用，贡献率分别达 65.6%和 72.4%。对比表 2-13 及表 2-14 的分析结果，全部耕地向城乡、工矿、居民用地转变的极端情景下（情景 3），湖西地区与湖东地区对洪量及洪峰的增长贡献与变化面积呈正相关，即耕地向城乡、工矿、居民用地转变的面积越大，贡献越大；转变的面积越小，贡献越小。因此，无论是湖东地区还是湖西地区，随着城市化的推进，都会引起入湖洪量及洪峰的增加，两者的贡献相当，湖东地区和湖西地区地形上的差异在该土地利用变化情景下影响微小。因此，只要南四湖流域或类似湖泊流域城市化向前推进，洪水灾害加剧的可能性便同步推进。

而在流域内全部耕地向林地转变的极端情景下（情景 4），湖西地区与湖东地区对洪量及洪峰的贡献与情景 3 大不相同：在变化面积为湖东地区 2.7 倍的情况下，对于"典型大洪水"过程，湖西地区对流域洪量及洪峰的降低贡献均只有湖东地区的 1/9 左右；对于"典型小洪水过程"，虽然湖西地区和湖东地区对流域洪量及洪峰的降低贡献比例不如"典型大洪水过程"分明，但也相差甚大。据此可知，相比湖西地区，湖东地区的退耕还林在减轻流域洪水灾害的效益方面显著许多。因此，未来进行南四湖流域规划建设和洪水管理时，若实施退耕还林，建议以湖东地区为主，湖西地区为辅，以最小的经济代价发挥最大的防洪减灾价值。进一步分析，相比平原地区，森林在坡度较大的山区和丘陵地区阻水效果明显，在山地丘陵地区退耕还林或植树造林对减轻洪水灾害具有显著的作用；而在平原地区退耕还林或植树造林对流域洪水的影响有限。另外，对于量级越大的洪水，相对于平原地区，山地丘陵地区退耕还林或植树造林对全流域洪量及洪峰的降低贡献越大，减轻洪水灾害效果越突出。

2.4.4　土地利用变化对不同湖区洪峰的影响分析

对入南阳湖、独昭湖及微山湖的各湖入湖洪水过程进行统计分析，便可求得不同土地利用情景下各湖入湖洪峰的变化情况。将求得的 22 条河流入湖洪水过程（情景 1）作为模型边界入流条件输入，接入改进的南四湖"三湖两河"洪水演算数值模型，形成南四湖流域整体模拟模型，然后进行洪水演算，求得南阳湖、独昭湖及微山湖的出湖洪峰。情景 2～情景 4 以同样的方式输入该洪水演算数值模型进行计算，以此分析遭遇"典型洪水过程"时不同土地利用情景下各湖出湖洪峰的变化情况。

首先对求得的 4 种土地利用情景下的"典型大洪水过程"进行分析。以 2015 年为现状年（即以情景 1 为基准），其他土地利用情景各湖入湖及出湖洪峰的变化情况见表 2-15。

表 2-15　情景 2、情景 3、情景 4 相对于情景 1 的变化率（典型大洪水过程）　（单位：%）

洪峰	湖泊	情景 2	情景 3	情景 4
	南阳湖	−0.7	21.9	−25.9
入湖洪峰	独昭湖	−0.2	7.2	−6.1
	微山湖	−0.6	21.7	−8.5
	南阳湖	−0.6	18.3	−24.0
出湖洪峰	独昭湖	−0.3	16.6	−13.8
	微山湖	0	1.6	−0.3

由表 2-15 可知，相较情景 1，情景 3 南阳湖出湖洪峰与入湖洪峰分别增加 18.3%和 21.9%，情景 4 出湖洪峰与入湖洪峰分别减少 24.0%和 25.9%。以上结果说明不同土地利用情景下，南阳湖出湖洪峰与入湖洪峰的变化趋势相近，变化幅度亦相近，土地利用变化对南阳湖出湖洪峰的影响与流域面上的影响较为一致。

而对于独昭湖，表面上来看，出湖洪峰与入湖洪峰的变化趋势则有所不同，出湖洪峰的变化率均大于入湖洪峰。然而实际上，独昭湖出湖洪峰除了河道入流以外，主要是受南阳湖出流影响，而南阳湖出流又主要受流域面上洪水影响，因此认为独昭湖出湖洪峰与入湖洪峰（流域面上，不限于独昭湖入流）的变化趋势相近，变化幅度稍小，土地利用变化对独昭湖出湖洪峰的影响与流域面上的影响较为一致。

与“典型大洪水过程”统计方法类似，对“典型小洪水过程”进行分析。以 2015 年为现状年（即以情景 1 为基准），其他土地利用情景各湖入湖及出湖洪峰的变化情况见表 2-16。

表 2-16　其他土地利用情景相对情景 1 的变化率（典型小洪水过程）　（单位：%）

洪峰	湖泊	情景 2	情景 3	情景 4
	南阳湖	−0.7	26.9	−35.6
入湖洪峰	独昭湖	−0.4	8.4	−20.6
	微山湖	−0.9	11.8	−7.7
	南阳湖	0	10.5	−15.5
出湖洪峰	独昭湖	0	2.7	−4.2
	微山湖	0	0.1	−0.1

由表 2-16 可知，相较情景 1，情景 3 南阳湖出湖洪峰与入湖洪峰分别增加 10.5%和 26.9%，情景 4 出湖洪峰与入湖洪峰分别减少 15.5%和 35.6%。以上结果说明不同土地利用情景下，南阳湖出湖洪峰变化幅度明显小于入湖洪峰变化幅度，土地利用变化对南阳湖出湖洪峰的影响与流域面上的影响有所不同。

对于独昭湖，相较情景 1，情景 3 独昭湖出湖洪峰与入湖洪峰分别增加 2.7%和 8.4%，情景 4 出湖洪峰与入湖洪峰分别减少 4.2%和 20.6%。以上结果说明不同土地利用情景下，独昭湖出湖洪峰变化幅度明显小于入湖洪峰变化幅度，土地利用变化对独昭湖出湖洪峰的影响与流域面上的影响有所不同。

对表 2-15 和表 2-16 进行综合分析表明，遭遇量级较大的洪水时，对于南阳湖与独昭湖（滨湖区为洪涝灾害的重灾区），土地利用变化对湖内洪峰的影响与流域面上洪峰的影响较为一致；而遭遇量级较小的洪水时，对于南阳湖与独昭湖，土地利用变化对湖内洪峰的影响明显小于流域面上洪峰的影响。可见南阳湖和独昭湖对小量级洪水具有一定的调节作用，但是这种调节作用是比较有限的，遭遇较大量级的洪水时，调节作用被迅速削弱，早早失去作用。以上分析结果则表明，对于量级越大的洪水，土地利用变化对湖内洪峰的叠加影响越大，这种响应特性对于南四湖流域洪水灾害的防治是相当不利的。

对于微山湖，无论是遭遇"典型大洪水过程"，还是遭遇"典型小洪水过程"，土地利用变化对微山湖出湖洪峰的影响与流域面上的影响并无关联，因为来水均在韩庄闸的承受范围内。但可以预测的是，当遭遇更大的洪水，微山湖水位超过汛限水位并逐步上升时，土地利用变化对微山湖出湖洪峰的影响与整个流域面上（不限于微山湖入流）的影响发展趋势总体上应是一致的。

2.4.5　土地利用对不同湖区水位变化的响应

对于大型浅水湖泊而言，湖泊水位是湖泊流域洪水管理的关键因子。因此，探究不同土地利用情景下不同湖区水位过程及高水位的变化情况，对南四湖流域的防洪调度及协调流域规划建设具有重要的参考意义。

1. 南阳湖水位过程及高水位变化

遭遇"典型大洪水过程"时，不同土地利用情景下南阳湖水位过程变化情况如图 2-30 所示。土地不同利用情景下南阳湖水位峰值、平均水位相对情景 1 的变化值见表 2-17。

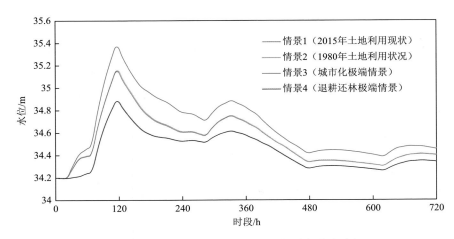

图 2-30　南阳湖水位过程变化情况（典型大洪水过程）

表 2-17　南阳湖水位峰值及平均水位变化情况统计（典型大洪水过程）　　（单位：m）

特征值	情景 1	情景 2	情景 3	情景 4
水位峰值	35.15	35.14	35.37	34.88
相对情景 1 变化	—	−0.01	0.22	−0.27
平均水位	34.54	34.54	34.66	34.44
相对情景 1 变化	—	0	0.12	−0.10

　　由图 2-30 和表 2-17 可知，情景 2（1980 年土地利用状况）和情景 1（2015 年土地利用现状）水位过程基本重合；情景 3（城市化极端情景）的水位过程相较情景 1，各时段基本有较大幅度的上升，水位峰值上涨达 0.22 m，30 天内平均水位值上涨 0.12 m；情景 4（退耕还林极端情景）的水位过程相较情景 1，各时段均有较大幅度的下降，水位峰值下降达 0.27 m，30 天内平均水位值下降 0.10 m。

　　情景 1 与情景 2 的主要区别在于，情景 1 耕地面积由占流域总面积的 75.62%降至 72.65%，降幅 3%左右，而城乡、工矿、居民用地面积相应增加 3%左右。以上结果表明，与一般河流流域不同，类似南四湖流域这样庞大的湖泊流域（总流域面积 3.17 万 km²），这种幅度的土地利用变化并不会对湖泊水位过程产生影响。因此，1980~2015 年的城市化进程尚未对南阳湖洪水管理和防治产生不利影响。

　　然而，城市化的进程在进一步加快，近年的增速甚至达到以往的两倍以上，探究流域高度城市化对湖泊水位的影响意义重大。情景 3 便是这样一种极端情景。城市化大幅度抬升了南阳湖水位。作为典型的浅水湖泊，遭遇"典型大洪水过程"时，相较情景 1，南阳湖 30 天平均水位上涨 0.12 m，影响是相当大的，水位峰值上涨 0.22 m 更是相当惊人。本书对历史资料查证发现，中华人民共和国成立以来，南阳湖出现的最高水位为 36.27 m，流域受灾面积多达 1858 万亩，2003 年洪水出现的最高水位为 35.17 m，流域受灾面积为 193 万亩。由此可见，土地利用情景 1 向情景 3 发展后，遭遇"典型大洪水过程"时，对南四湖流域而言是灾难性的。因此，极端城市化对南四湖流域的洪水管理和防治是非常不利的，未来进行流域规划建设时，在考虑经济发展的同时，应慎重考虑城市化带来的不利后果，适度开发，为流域整体良性发展留有余地。

　　情景 4 是退耕还林的极端情景。退耕还林显著降低了南阳湖水位。相对情景 1，水位峰值降幅超过了情景 3 的增幅，达到了 0.27 m，30 天内平均水位下降值也达到了 0.10 m，退耕还林减轻洪水灾害的效果可见一斑。因此，退耕还林对南四湖流域的洪水管理和防治是极有利的，以流域整体良性发展为出发点，未来进行流域规划建设时，适度进行退耕还林是极有必要的。另外，根据 2.4.3 节的研究，相比平原地区，森林在坡度较大的山区和丘陵地区阻水效果明显，在山地丘陵地区退耕还林或植树造林对减轻洪水灾害具有显著的作用。因此，在湖东地区退耕还林，可以最小的经济代价取得最大的防洪减灾价值，是促进南四湖流域整体良性发展的有效方式。

　　情景 3 和情景 4 是截然相反的两种情况，情景 3 大幅抬升南阳湖水位，情景 4 则显著降低南阳湖水位。既要发展经济，又要避免加剧洪水灾害，建议城市化主要在湖西地区（非滨湖地区）展开，而退耕还林主要在湖东地区展开。

　　与分析"典型大洪水过程"的方法类似，对"典型小洪水过程"进行分析。遭遇"典型小洪水过程"时，不同土地利用情景下南阳湖水位过程变化情况如图 2-31 所示。不同土地利用情景下南阳湖水位峰值、平均水位及其他土地利用情景相对情景 1 的变化值见表 2-18。

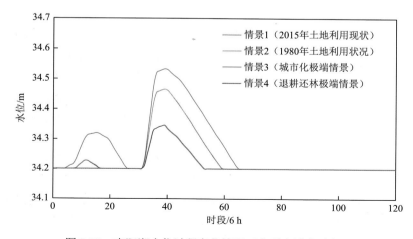

图 2-31　南阳湖水位过程变化情况（典型小洪水过程）

表 2-18　南阳湖水位峰值及平均水位变化情况统计（典型小洪水过程）　　（单位：m）

特征值	情景 1	情景 2	情景 3	情景 4
水位峰值	34.47	34.47	34.53	34.35
相对情景 1 变化	—	0	0.06	−0.12
平均水位	34.27	34.27	34.33	34.23
相对情景 1 变化	—	0	0.06	−0.04

注：鉴于在第 360 时段以后南阳湖水位基本在防洪汛限水位以下，没有变化，因此平均水位变化仅统计前 60 个时段。

　　由图 2-31 和表 2-18 可知，情景 2（1980 年土地利用状况）和情景 1（2015 年土地利用现状）水位过程基本重合；情景 3（城市化极端情景）的水位过程相较情景 1，各时段基本有一定幅度的上升，水位峰值上涨 0.06 m，变化时段内平均水位值上涨 0.06 m；情景 4（退耕还林极端情景）的水位过程相较情景 1，各时段均有一定幅度的下降，水位峰值下降达 0.12 m，时段内平均水位值下降 0.04 m。

　　极端城市化情景抬升了南阳湖水位。作为典型的浅水湖泊，遭遇"典型小洪水过程"时，相较情景 1，南阳湖变化时段内平均水位上涨 0.06 m，水位峰值上涨 0.06 m。本书对历史资料查证发现，中华人民共和国成立以来，南阳湖出现的最高水位为 36.27 m，流域受灾面积多达 1858 万亩，2003 年洪水出现的最高水位 35.17 m，流域受灾面积为 193 万亩，表明湖泊水位越高，流域受灾面积越大。由此可见，若土地利用情景 1 向情景 3 发展，遭遇"典型小洪水过程"时，将加剧南四湖流域洪涝灾害。可见，极端城市化对南四湖流域的洪水管理和防治是不利的，未来进行流域规划建设时，在考虑经济发展的同时，应慎重考虑城市化带来的不利后果，适度开发，为流域整体良性发展留有余地。

　　退耕还林显著降低了南阳湖水位。相对情景 1，水位峰值降幅超过了情景 3 的增幅，达到了 0.12 m，退耕还林减轻洪水灾害的效果可见一斑。以流域整体良性发展为出发点，未来进行流域规划时，适度进行退耕还林是极有必要的。相比平原地区，森林在坡度较大的山区和丘陵地区阻水效果明显，在山地丘陵地区退耕还林或植树造林能显著减轻洪水灾害后果。因此，在湖东地区退耕还林，可以最小的经济代价发挥最大的防洪减灾价值，是促进南四湖流域整体良性发展的有效方式。

　　总的来说，土地利用变化对湖泊水位的扰动是明显的，极端城市化显著抬升了湖泊水位，退耕还林有效降低了湖泊水位。综合遭遇"典型大洪水过程"和"典型小洪水过程"的情况进行分析发现，相较"典型小洪水过程"，南阳湖水位对"典型大洪水过程"的响应更加敏感，即遭遇"典型大洪水过程"时，同样的土地利用变化状况下，南阳湖水位的抬升幅度或降低幅度均显著大于遭遇"典型小洪水过程"的变化幅度。遭遇量级越大的洪水，极端城市化对南阳湖水位的抬升幅度越大。前已述及，相同的湖泊水位变幅，初始水位越高，滨湖区受涝面积越大；相同的湖泊水位变幅，初始水位越高，滨湖区淹没深度大的区域（淹没水深大于 50 cm）较淹没水深小的区域（淹没水深大于 10 cm）面积增加更加显著。因此，遭遇大量级洪水时，原本"初始水位"就高，外加极端城市化大幅抬高的水位，必定会严重加剧滨湖地区的受淹面积，造成难以估量的灾难性后果。同理，遭遇量级越大的洪水，退耕还林极端情景对南阳湖水位的降低越显著。因此，遭遇大量级洪水时，退耕还林显著降低了原本较高的"初始水位"，对滨湖地区涝灾情况的防治或缓解是相当关键的。湖泊水位的这种响应特性增强了流域洪水管理的方向性，进一步增强了上述"控制城市化程度、退耕还林"流域洪水管理建议的说服力。

2. 独昭湖水位过程及高水位变化

独昭湖情况与南阳湖类似，洪水发生时持续高水位，顶托河道入流，湖滨及湖西地区易出现"洪水不能入湖，坡水不能入河，河湖水位壅高不下"的现象，受涝灾影响严重。

不同土地利用情景下独昭湖水位过程变化情况如图 2-32 所示。遭遇"典型大洪水过程"时，不同土地利用情景下独昭湖水位峰值、平均水位及其他土地利用情景相对情景 1 的变化值见表 2-19。

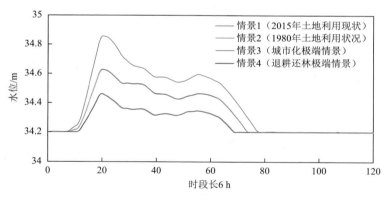

图 2-32　独昭湖水位过程变化（典型大洪水过程）

表 2-19　独昭湖水位峰值及平均水位变化情况统计（典型大洪水过程）（单位：m）

特征值	情景 1	情景 2	情景 3	情景 4
水位峰值	34.63	34.62	34.85	34.46
相对情景 1 变化	—	−0.01	0.22	−0.17
平均水位（变化时段）	34.33	34.33	34.40	34.27
相对情景 1 变化	—	0	0.07	−0.07

由图 2-32 和表 2-19 可知，情景 2（1980 年土地利用状况）和情景 1（2015 年土地利用现状）水位过程基本重合；情景 3（城市化极端情景）的水位过程相较情景 1，各时段有较大幅度的上升，水位峰值上涨达 0.22 m，30 天内平均水位值上涨 0.07 m；情景 4（退耕还林极端情景）的水位过程相较情景 1，各时段均有较大幅度的下降，水位峰值下降达 0.17 m，30 天内平均水位值下降 0.07 m。

情景 1 与情景 2 的主要区别在于，情景 1 耕地面积由占流域总面积的 75.62% 降至 72.65%，降幅 3%左右，而城乡及居民用地面积相应增加 3%左右。以上结果表明，过去 35 年的城市化进程尚未对独昭湖洪水管理和防治产生不利影响。

情景 3 是流域城市化的极端情景。城市化大幅度抬升了独昭湖水位。作为典型的浅水湖泊，遭遇"典型大洪水过程"时，相较情景 1，独昭湖 30 天平均水位上涨 0.07 m，水位峰值上涨 0.22 m 更是相当惊人。由此可见，土地利用情景 1 向土地利用情景 3 发展后，遭遇"典型大洪水过程"时，对南四湖流域而言是灾难性的。因此，极端城市化对南四湖流域的洪水管理和防治是非常不利的，未来进行流域规划建设时，在考虑经济发展的同时，应慎重考虑城市化带来的不利后果，适度开发，为流域整体良性发展留有余地。

情景 4 是退耕还林的极端情景。退耕还林显著降低了独昭湖水位。相对情景 1，水位峰值降幅达到了 0.17 m，30 天内平均水位下降值也达到了 0.07 m，退耕还林减轻洪水灾害的效果可见一斑。因此，退耕还林对南四湖流域的洪水管理和防治是极有利的，以流域整体良性发展为出发点，未来进行流域规划建设时，适度进行退耕还林是极有必要的。

与分析"典型大洪水过程"的方法类似，对"典型小洪水过程"进行分析。遭遇"典型小洪水过程"时，不同土地利用情景下独昭湖水位过程变化情况如图 2-33 所示。不同土地利用情景下独昭湖水位峰值及其他土地利用情景相对情景 1 的变化值见表 2-20。

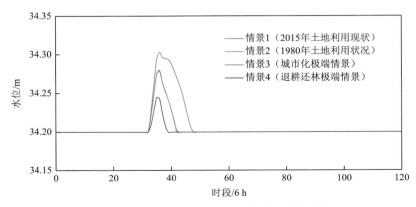

图 2-33　独昭湖水位过程变化（典型小洪水过程）

表 2-20　独昭湖水位峰值及平均水位变化情况统计（典型小洪水过程）　（单位：m）

特征值	情景 1	情景 2	情景 3	情景 4
水位峰值	34.28	34.28	34.30	34.24
相对情景 1 变化	—	0	0.02	−0.04

由图 2-33 和表 2-20 可知，情景 2（1980 年土地利用状况）和情景 1（2015 年土地利用现状）水位过程基本重合；情景 3（城市化极端情景）的水位过程相较情景 1，水位峰值上涨仅 0.02 m；情景 4（退耕还林极端情景）的水位过程相较情景 1，水位峰值下降仅 0.04 m。相较"典型大洪水"过程，变化幅度明显较小。

综合分析，相较"典型小洪水过程"，独昭湖水位对"典型大洪水过程"的响应更加敏感，即遭遇"典型大洪水过程"时，同样的土地利用变化状况下，独昭湖水位的抬升幅度或降低幅度均更大。遭遇量级越大的洪水，极端城市化对独昭湖水位的抬高越大。前已述及，相同的湖泊水位变幅，初始水位越高，滨湖区受涝面积越大。因此，遭遇大量级洪水时，原本"初始水位"就高，外加极端城市化大幅抬高的水位，必定会加剧独昭湖滨湖地区的受灾面积。同理，遭遇量级越大的洪水，退耕还林极端情景对独昭湖水位的降低越显著。因此，遭遇大量级洪水时，退耕还林显著降低了原本较高的"初始水位"，能有效化解滨湖地区涝灾情况。湖泊水位的这种响应特性指出了流域洪水管理的方向性，进一步增强了上述"控制城市化程度、退耕还林"流域洪水管理建议的说服力。

微山湖的水位受南四湖出口韩庄闸的泄流能力影响明显。遭遇"典型大洪水过程"时，不同土地利用情景下微山湖来水均在韩庄闸承受范围内，因此 30 天水位过程基本在防洪汛限水位 32.5 m 以下，利用南四湖"三湖两河"洪水演算数值模型求解时，难以反映不同土地利用情景带来的变化；另外，这种低水位的变化分析对防洪而言并不是必要的。因此，本书不对微山湖的水位变化进行分析。

2.5　本　章　小　结

（1）建立了兼具精度和效率的南四湖"三湖两河"洪水演算数值模型。基于 20 世纪 60 年代提出的用"三湖"和"两河"来概化模拟南四湖洪水的理念与"三湖两河"半图解法洪水演算数值模型，采用四阶龙格-库塔数值解法，代替传统的半图解法对模型进行改进完善，提出了基于四阶龙格-库塔法的南四湖"三湖两河"洪水演算数值模型；选择《沂沭泗河流域骆马湖以上设计洪水报告》50 年一遇设计洪水过程，从水位过程平滑性、初值时段和峰值时段附近水位合理性等方面论证了基于四阶龙格-库塔法的南四湖"三湖两河"洪水演算数值模型的适用性和合理性，证明了较之传统的半图解法，数值解法在计算精度和计算效率上的优越性，能科学高效地模拟南四湖洪水的演进过程。

（2）基于建立的南四湖"三湖两河"洪水演算数值模型，探究了工程建设变化对南四湖高水位的影响。分析了滨湖地区排水模数及韩庄闸水位-流量关系变动等工程建设变化对湖泊高水位的影响，据此提出了南四湖洪涝治理的一些建议：单纯地提高滨湖地区洪水的提排能力及扩大韩庄闸的泄流能力难以有效地降低南四湖的高水位、减少滨湖地区的涝灾面积，建议实施南四湖湖内浅槽工程，对南阳湖与独昭湖、独昭湖与微山湖间的窄浅河道进行疏通，提高洪水的快速下泄能力，再配合上述防洪工程措施，可有效地降低南阳湖、独昭湖的高水位及减少滨湖地区的受淹面积，进而减轻南四湖的防洪压力。另外，过低的洪水提排能力，"因洪致涝"势必给滨湖地区带来严重的影响，防汛部门应准确把握二者的利弊关系。

（3）基于 SWAT 模型建立了入湖子流域分布式水文模型。构建了南四湖流域的土地利用类型数据库、土壤类型数据库及气象数据库（包括空间和属性数据库），选取湖东的泗河流域和湖西的洙赵新河流域作为典型子流域进行空间离散化分析。在此基础上，利用 SWAT-CUP 对模型进行参数敏感性分析，以 1997～2007 年汛期的实测月径流数据分别对泗河流域和洙赵新河流域进行校准验证，均取得较好的结果。在月径流校准的基础上，利用实测日径流数据对以上流域进行校准验证，结果表明均能满足研究的需要。进而将典型小流域模型参数推广至其他小流域，完成了南四湖所有入湖子流域分布式水文模型建立。

（4）基于建立的南四湖入湖子流域分布式水文模型，分析了土地利用变化对南四湖流域面上洪水（入湖前）的影响。相对于 2015 年土地利用现状，城市化极端情景和退耕还林极端情景下入湖洪量及洪峰变化明显，城市化极端情景显著增加了入湖洪量及洪峰，退耕还林极端情景则显著降低了入湖洪量及洪峰，"控制城市化、退耕还林"对流域面上洪水灾害的防治具有重要的作用。南四湖流域内城市化极端情景下，湖西地区与湖东地区对入湖洪量及洪峰的增长贡献与变化面积呈正相关，即耕地向城乡、工矿、居民用地转变的面积越大，贡献越大；转变的面积越小，贡献越小。而在退耕还林极端情景下，相比湖西地区，湖东地区的退耕还林在减轻流域洪水灾害方面，效益要显著许多。此外，量级越大的洪水，湖东山丘地区（相对湖西平原地区）退耕还林或植树造林对全流域洪量及洪峰的降低贡献越大，减轻洪水灾害效果更突出。在湖东地区退耕还林可以较小的经济代价发挥较大的防洪减灾价值。

（5）耦合南四湖"三湖两河"洪水演算数值模型与入湖子流域分布式水文模型，建立了南四湖流域洪水整体模拟模型，分析土地利用变化对南四湖洪水过程及湖泊高水位（入湖后）的影响。土地利用变化对湖泊水位的扰动相当明显，极端城市化显著抬升了湖泊水位，退耕还林有效降低了湖泊水位。湖泊水位及洪峰对量级越大的洪水响应越敏感，产生的叠加负面效应对洪水防治十分不利。湖泊水位及洪峰对不同量级洪水的这种响应特性进一步指明了流域未来规划建设和洪水管理"控制城市化程度、退耕还林"（以湖东为主）的方向和重点。

需指出的是，本书对南四湖"三湖两河"洪水演算数值模型的改进是局部的，今后将基于四阶龙格-库塔法的南四湖"三湖两河"洪水演算数值模型，采用一维非恒定流对南四湖"三湖两河"里的"两河"进行完整水动力学演算，以较好地考虑河道的调蓄能力。此外，本书采用 SWAT 模型来模拟入湖径流过程，仅仅是个示范，针对不同子流域特点选择更加适宜的水文模型进行模拟是未来的一个重要研究方向。

第3章 湖泊流域洪涝模拟模型及应用

3.1 概　　述

南四湖流域地处我国南北气候过渡带，汛期旱涝急转现象时有发生，加之湖泊平浅，滨湖洪涝灾害与湖泊水位响应敏感，为洪涝灾害多发地区。历史上因黄河洪水泛滥多灾，导致水系紊乱，汛期暴雨集中，河、湖水位猛涨，洪涝灾害严重。据统计，南四湖流域涝灾严重的年份有1954年、1957年、1963年、1974年、1982年、1990年、1991年、1993年和2003年，每3～5年就发生一次大的涝灾。1957年7月，南四湖流域发生了近100年一遇暴雨，入汛至9月底4个月降雨38天，降雨量达950 mm，其中6月、7月降雨30天，降雨量达800 mm，相当于多年平均同期降雨量的2倍。30天入湖总量114亿 m³，致使南四湖水位猛涨。6月20日南阳站水位涨到36.27 m，同时湖西大堤决口2处，长200 m；河道决口400余处，湖堤河堤，漫溢120余段。湖内水与湖外水连成一片，湖外积水达60亿 m³，积水深度达0.5～3.0 m，受灾面积达1850万亩，减产粮食2.5亿 kg。水围村庄2400多处，倒塌房屋230万间，死亡219人，受伤742人，小型农田水利工程几乎全部摧毁。1963年南四湖流域连降大雨数日，总降雨量为629 mm，最大30天降雨量达305 mm，湖西地区多条主干河道水位超过防洪保证水位，有20多条河道入湖段，受湖水顶托倒漾决口72处，漫溢22处，总计有1340万亩耕地受涝。1990年降雨量为717 mm，其中7月降雨量达381.20 mm，多日连降大雨，梁济运河、万福河、洙水河等骨干河道水位猛涨，有近30条河流受湖水或干流顶托倒漾，不少小型农田水利工程被冲毁，导致132.73万亩农田被淹，其中湖西62.66万亩，滨湖70.07万亩。1993年南四湖流域全年降雨量为776 mm，7月9～15日和8月4～6日发生两次特大暴雨，致使流域内多条河道水位猛涨，洙赵新河流域受灾最为严重，湖西189.63万亩农田受淹，成灾面积为143.60万亩，绝产面积达111.35万亩，损坏房屋24.4万间，倒塌房屋8.4万间，受灾人口98.7万人。2003年汛期南四湖滨湖地区降雨量达886.2 mm，比同期多年平均多72.2%，降雨量大，历时长，河湖水位高出地面，使滨湖地区遭受较严重的涝灾。沿湖36.79 m等高线以下，受灾面积达192.63万亩，成灾面积159.49万亩，绝产面积达77.08万亩。2003年6月1日～10月31日，菏泽市平均降雨量达791 mm，巨野县太平镇达总降雨量达1188 mm。8月20日～9月8日，全市连降大到暴雨，致使菏泽市普遍遭受涝灾，受灾乡镇 158 个，其中重灾乡镇 101 个，农作物受灾面积达 161.24 万亩。南四湖平原洼地历年涝灾面积统计数据见表 3-1。

表 3-1　南四湖平原洼地历年涝灾面积统计表　　　　（单位：万亩）

年份	滨湖	湖西	小计	年份	滨湖	湖西	小计
1988	0.75	8.93	9.68	1998	59.13	83.30	142.43
1989	0.40	67.85	68.25	1999	6.55	0.27	6.82
1990	70.07	62.66	132.73	2000	13.40	26.87	40.27
1991	29.11	43.11	72.22	2001	26.65	14.30	40.95
1992	0.70	24.38	25.08	2002	0.52	7.95	8.47
1993	174.48	189.63	364.11	2003	192.63	161.24	353.87
1994	58.91	65.30	124.21	2004	144.12	152.07	296.19
1995	90.15	59.20	149.35	2005	103.45	126.68	230.13
1996	46.46	59.45	105.91	2006	36.08	57.11	93.19
1997	4.07	5.43	9.50	2007	40.96	69.31	110.27

　　由上述资料可见，南四湖流域涝灾频繁、危害严重，为了解该流域内涝灾情况与湖泊水位的相依关系，本书统计分析了上述 5 个典型年汛期（7 月 1 日～9 月 30 日）上级湖南阳站实测水位过程，并将流域内受涝面积变化与南阳站最高水位变化进行了对比，如图 3-1 所示。从图 3-1 可见，流域受涝面积与湖泊最高水位

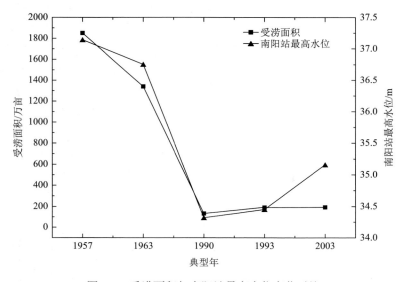

图 3-1　受涝面积与南阳站最高水位变化对比

变化趋势一致。相对于 1993 年，2003 年南阳站最高水位变化远大于流域内受涝面积增加量，分析 1993 年和 2003 年水位过程可以发现，湖泊水位波峰基本相同，2003 年南四湖最高水位较 1993 年稍大，但在湖泊水位上涨之前，2003 年南四湖水位低，而 1993 年南四湖水位一直保持在相对高的状态，导致 1993 年与 2003 年流域内受涝面积相对变化不大，这表明滨湖区受涝程度与湖泊水位关系密切。

南四湖是典型的浅水湖泊，水位是南四湖流域水资源及洪涝管理的关键指示性因子。南四湖作为南水北调东线工程的重要调蓄节点，既是受水区又是输水区，按照南水北调东线工程总体规划，调水期为非汛期（10 月到次年 5 月）。2003 年是一个典型的旱涝急转年份，如图 3-2 所示，8 月之前湖泊来水很少，湖泊水位很低，为缓解湖泊生态状况，实施了南水北调东线工程应急调水计划。此后，连续多年山东半岛遭遇大旱，水资源供需形势趋紧，在汛期也启动了调水计划。鉴于南水北调东线工程受水区经济社会快速发展对水资源的刚性需求增大，在汛期实施应急调水将更加趋于频繁。因此，模拟分析南水北调东线工程在“常规调度”与“应急调水”条件下的南四湖水位及滨湖地区洪涝特性变化，以及调水对南四湖水位、湖泊水面和流速分布时空变化的影响，揭示大型浅水湖泊对调水扰动的水文效应，是强化南水北调东线工程科学管理与受水区重要工程科学调度的基础（Wang et al.，2019a，2019b）。为此本书构建湖泊-入湖河道-滨湖洼地（以下简称湖泊洪涝易感区）一、二维耦合水动力学模型，模拟南四湖不同水位条件下滨湖

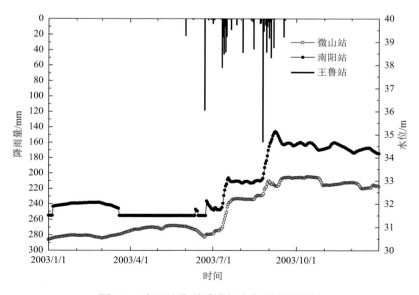

图 3-2　南阳站典型受涝年水位及降雨过程

区受涝情况，定量分析湖泊流域受涝面积对湖泊水位变动的响应规律；模拟分析南水北调东线工程"常规调度"与"应急调水"两种条件下，遭遇不同暴雨条件下的南四湖滨湖区涝灾演变规律。

3.2　湖泊洪涝易感区水动力模型

为定量回答南水北调东线工程正常输水对南四湖湖泊水位、湖泊面积和湖泊流速场分布，滨湖区内涝对湖泊水位变动及暴雨强度的响应规律，以及南水北调东线工程汛期应急调水条件下，遭遇高水位、强暴雨对滨湖洪涝灾害的影响，本节建立湖泊洪涝易感区水动力模型，模拟水流在湖泊-入湖河道-滨湖洼地之间的相互影响与洪涝风险。

3.2.1　模型结构

湖泊洪涝易感区水动力模型应在兼顾计算效率与模拟精度前提下，模拟水流在南四湖湖区、入湖河道和滨湖洼地三种不同载体内的运动过程。内涝过程、涝灾结果统计，需要面积水深信息，应采用二维水动力模型，湖内水体演进同样是水流的平面运动，也采用二维模型模拟滨湖区及湖泊内水流运动。入湖河流水位和流量信息，考虑到河道与滨湖区及湖泊空间尺度的差异，选用一维水动力模型进行模拟。最后将滨湖洼地与入湖河道用泵站连接，反映坡水入河过程，将入湖河道下边界与湖泊连接反映河水入湖过程，耦合形成湖泊洪涝易感区洪涝模拟模型。洪涝模拟模型主要包含一维入湖河网模型、湖泊及洼地二维模型两部分。一维模型中主河道两侧添加了长度为 300～1000 m 的虚拟河道，虚拟河道中添加泵站将河道上游的水排向河道下游，其上游断面与滨湖洼地利用标准连接传递水位信息，下游与主河道连接，模拟泵站排涝过程。二维模型中在湖周边及二级坝处添加了堤防建筑物模拟湖泊周边防洪大堤及二级坝的挡水作用。二级坝和韩庄运河口处设置了闸门模拟两处洪水调度过程。一维模型与二维模型在入湖口处采用标准连接进行耦合，模拟河道与湖泊内水体的交换过程。该模型结构中各个要素分布如图 3-3 所示。

一维模型上边界为洪水流量过程，洪水由入湖河道演进至南四湖；二维模型中输入降雨过程，经地面演进，汇聚形成涝水。一维模型和二维模型通过耦合连接，实时交换水力信息，模拟滨湖涝水与外洪及湖泊水体之间的作用关系，模型执行过程如图 3-4 所示。

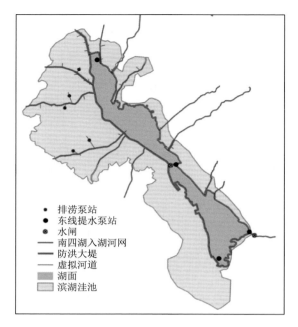

图 3-3　模型结构示意图

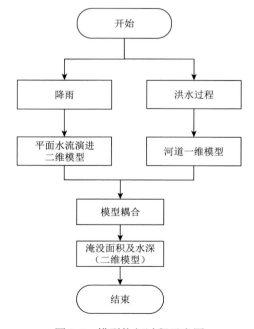

图 3-4　模型执行过程示意图

考虑到一维、二维水动力模型耦合计算的稳定性，本书选用由丹麦水力研究所开发的 MIKE 软件。其中 MIKE 11 是基于圣维南方程组的一维非恒定流水动力模型，能高效、稳定地模拟河道内水流运动，并且可通过在 Structures 模块内添加 Weirs、Pump、Control 等构筑物来模拟堰、泵站和闸等水工建筑物，该模型已经被广泛运用于河道、行洪区、泵站、水闸中的洪水演进模拟，提供研究目标中的水位和流量等水力学参数（Yazdi and Neyshabouri，2012，2015；Zhang et al.，2015）。MIKE 21 是平面二维水动力模型，能够模拟多种动力作用下的湖泊及其他水体的水位变动和流动过程，国内外学者已成功运用于河口、湖泊、近海及行洪区等不同类型的水体运动模拟中。MIKE FLOOD 是 MIKE 21 模型与 MIKE 11 模型的耦合连接器，通过一维模型和二维模型的合理搭配能够模拟不同精度下的水流运动。

3.2.2　入湖一维河网水动力学模型构建

1. 模型原理与输入文件

MIKE 11 模型的核心模块是一维水动力模块，该模块包含高阶运动波、动力波、扩散波、运动波四种洪水波形式，来模拟不同特性的洪水波运动，其中高阶运动波和动力波适合模拟河床比降、河床阻力较小的河段内水流运动情况。因此，适合于本书所要模拟的滨湖区入湖河道的水流运动，基本方程为圣维南方程组。

连续方程：

$$\frac{\partial Q}{\partial x}+\frac{\partial A}{\partial t}=q \tag{3-1}$$

运动方程：

$$\frac{\partial Q}{\partial t}+\frac{\partial}{\partial x}\left(\alpha \frac{Q^2}{A}\right)+gA\frac{\partial h}{\partial x}+g\frac{Q|Q|}{C^2AR}=0 \tag{3-2}$$

式（3-1）和式（3-2）中，x 为距离坐标（m）；t 为时间坐标（s）；A 为过水断面面积（m²）；Q 为流量（m³/s）；h 为水位（m）；q 为旁侧入流量（m³/s）；C 为谢才系数；R 为水力半径（m）；α 为能量修正系数；g 为重力加速度（m/s²）。

模型采用 Abbott 六点隐式差分法求解方程组，将在河道相邻的网格点分别求解水位和流量，这些网格点分别称为 h 点和 q 点（DHI，2014）。模型计算时，时间步长和空间步长的匹配是影响模型稳定的重要因素，一般来说，时间步长越小，越有利于模型的稳定，但降低了模型的计算效率。在单独构建一维河网模型时可以选择较大的时间步长以提高计算速度，进行一、二维耦合模型计算时建议选择较小的时间步长，以保证模型计算的稳定性。

　　MIKE 11 模型主要有河网文件、断面文件、参数文件及边界文件 4 个输入文件。河网文件主要用来定义模拟河道的位置和走向，支流与主河道之间通过连接工具进行连接，河道可由带有地理空间信息的 ArcGIS 文件导入。河网文件的另一个重要功能是通过添加不同建筑物以模拟闸门、堰和泵站等水工建筑物的过流情况，河网文件中的可控建筑物（Control stru）提供了溢流、底流、流量、弧形闸门 4 种闸门类型，可用于模拟水闸、橡胶坝等有控制机制的水工建筑物，该模块为闸门的调度提供了约 37 种控制类型，如水位、水位差、流量、闸门高度等，通过不同控制策略的组合可合理地模拟多个闸坝建筑物的复杂调度规则。MIKE 11 模型中为泵站模拟提供了两种控制方案，一种是当泵站上游断面的水位达到启动水位时以固定流量向下游排水，另一种是泵站根据上下游断面的水位差确定抽排流量。断面文件用来反映河道地形变化，将河道不同里程处的实测地形数据以 (x, z) 形式输入断面文件中，定义该位置河床地形变化，x 表示断面上的点到原点的距离，z 表示该点对应的高程，此外断面文件中还要输入糙率这一重要参数，来定义该位置处河床底部粗糙程度，糙率是模型率定的主要参数。参数文件用来补充模拟需要的其他参数，如河道初始状态（水位、水深等）、涡黏系数、波函数等。边界文件是定义河道上下边界输入类型及其过程值的文件，MIKE 11 模型可选用水位、流量、水位流量关系等形式作为边界条件。

2. 一维河网模型建立与率定

　　南四湖入湖河道众多，为突出流域面积相对大的一级河道，适当考虑来水较大的次级河道，较小的河流概化为区间。一维河网模型中考虑了 11 条流域面积在 1000 km^2 以上的主河道与部分次级河道。

　　（1）边界确定。综合考虑河道控制站点、资料条件和模型计算效率等因素，确定模型上下边界。南四湖入湖一维河网模型中，河道上边界选在距离入湖口最近的水文站处，给定该站点流量过程，入湖口处作为下边界，与二维模型进行耦合连接。

　　（2）地形处理。在 Google Earth 中提取模型中考虑河道的位置及走势图，经 ArcGIS 处理后导入 MIKE 11 模型的河网文件生成南四湖入湖河网，河道断面采用山东省淮河流域水利管理局提供的实测地形资料，该模型中共输入了 550 个横断面，断面间距为 1000 m 左右，概化河网信息详见表 3-2。

表 3-2　概化河网信息表

河流名称	上边界	下边界	长度/m	断面数/个	泵站数/个
新万福河	孙庄站	南阳站	33 000	34	5
洸府河	黄庄站	南阳站	18 000	20	3
泗河	书院站	南阳站	65 000	66	2
小沂河	尼山站	泗河	38 000	39	0
北沙河	马河站	辛店站	36 000	34	2
城郭河	滕州站	辛店站	51 000	52	2
新薛河	官庄站	微山站	18 000	19	2
薛沙河	薛城站	微山站	10 000	11	2
白马河	马楼站	辛店站	23 000	24	4
东鱼河	鱼台站	辛店站	37 000	38	7
复兴河	李楼站	辛店站	19 000	20	0
大沙河	沛城站	辛店站	26 000	27	0
韩庄运河	微山站	水位开边界	12 400	124	0
梁济运河	后营站	南阳站	14 000	14	6
洙赵新河	梁山闸站	南阳站	24 000	25	6

（3）水工建筑物处理。通过对南四湖入湖河道地形、河道空间分布、水工建筑物及水文资料的收集与整理，结合所研究问题确定了一维河网模型中需要考虑的河道及水工建筑物，经 ArcGIS 工具对各要素进行坐标系及高程系的统一后，转化为 MIKE 软件能够识别的格式。不考虑南水北调工程运行的情况下，流域内对防洪和排涝影响较大的水工建筑物，主要有滨湖区各排涝泵站、二级坝枢纽及韩庄运河闸。根据调查资料，流域内泵站流量多为 2 m³/s 的小型泵站，数量繁多，主要分布在河道及排水沟两侧。根据各入湖河道两侧泵站分布数量，对研究区内泵站进行概化，基本原则是保证总排涝流量保持不变，概化泵站位置，根据二维地形选择河道两侧低洼处，概化泵站尽可能沿河道两侧均匀分布。模型中共概化了 41 个泵站，根据不同河道的排涝面积，河道的泵站设置数量不同，泵站抽排流量控制方式为按上下游水位差确定流量大小。模型中在二级坝枢纽处与韩庄枢纽处设置了闸门，在二级坝处添加了 3 个闸门来模拟二级坝枢纽的调度，其调度规则是上级湖水位达到 34 m 时闸门开启，闸门过流量由《沂沭泗防汛手册》中给出的二级坝各闸门水位过流关系确定（沈吉等，2008）。韩庄运河处设置了一个闸门，当微山站水位达到 32.3 m 时，韩庄运河闸开启泄洪，泄洪流量根据《沂沭泗防汛手册》中给出的韩庄运河闸水位过流关系确定。最终形成的南四湖入湖河网结构简图如图 3-5 所示（横坐标为投影坐标系 CGCS2000_3_Degree_GK_CM_117E 中

的纬向位置，纵坐标为投影坐标系 CGCS2000_3_Degree_GK_CM_117E 中的经向位置，下同），图中蓝色方框为概化泵站所在位置。

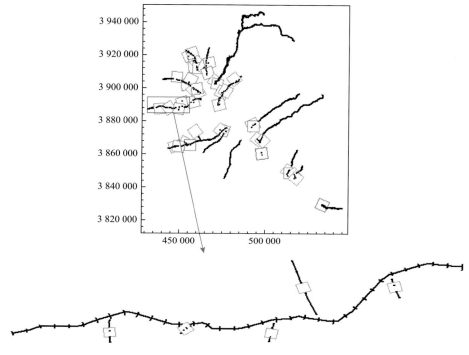

图 3-5　MIKE 11 模型中南四湖入湖河网结构简图

3.2.3　湖泊洪涝易感区二维水动力模型构建

1. 模型原理及工具

二维水动力学模型计算的控制方程为

$$\frac{\partial x}{\partial t} + \frac{\partial p}{\partial x} + \frac{\partial q}{\partial y} = 0 \tag{3-3}$$

$$\frac{\partial p}{\partial t} + \frac{\partial}{\partial x}\left(\frac{p^2}{h}\right) + \frac{\partial}{\partial y}\left(\frac{pq}{h}\right) + gh\frac{\partial \xi}{\partial x} + \frac{gp\sqrt{p^2+q^2}}{C^2 h^2} - \Omega q - fVV_x = 0 \tag{3-4}$$

$$\frac{\partial q}{\partial t} + \frac{\partial}{\partial x}\left(\frac{q^2}{h}\right) + \frac{\partial}{\partial y}\left(\frac{pq}{h}\right) + gh\frac{\partial \xi}{\partial y} + \frac{gq\sqrt{p^2+q^2}}{C^2 h^2} - \Omega p - fVV_y = 0 \tag{3-5}$$

式（3-3）～式（3-5）中，x、y 为空间坐标（m）；t 为时间（s）；$h(x,y,t)$为 t 时刻点(x,y)处的水深；$\xi(x,y,t)$ 为 t 时刻点(x,y)处的自由水面水位；$p(x,y,t)$和$q(x,y,t)$为 x、y 方向的流量密度；$C(x,y)$为谢才阻力系数（$m^{1/2}$/s）；g 为重力加速度（m/s^2）；f 为风摩擦因数 $= \gamma_a^2 \rho_a$，其中 γ_a^2 为风应力系数，ρ_a 为空气密度；V, V_x, V_y 分别为风速及 x, y 方向上的风速分量；Ω为科里奥利力系数（Remya et al.，2012）。

　　模型主要输入数据包括：地形文件（由 DEM 文件得到），边界文件，降雨蒸发数据，初始数据，空间糙率分布，堤防、水闸等水工建筑物数据等。

2. 模型建立

　　湖泊洪涝易感区二维水动力模型包括南四湖及其滨湖洼地，模型范围为南四湖周边 36.79 m 等高线以下滨湖区陆地及上、下级湖湖面，因入湖河道采用一维模型模拟，故在湖泊洪涝易感区二维水动力模型中去掉河道位置面积，以河道堤防加 36.79 m 等高线作为模型外边界，总面积约为 4750 km^2。

　　（1）地形处理。采用非结构三角形网格形式对研究区进行网格剖分。湖内地形相对简单，三角形网格边长约为 300 m；滨湖洼地内网格边长约为 200 m，研究区共划分了 55 339 个三角形网格，单个网格面积在 0.15～0.35 km^2，网格文件如图 3-6 所示。网格文件制作完成后将 DEM 数据赋值到网格文件中，即可得到 MIKE 21 模型所需的地形文件，DEM 数据为 Bigemap 地图下载器中下载的 16 级精度地形数据。

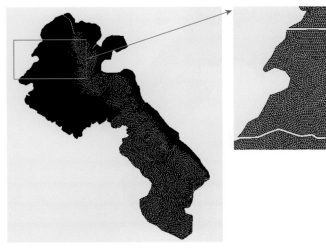
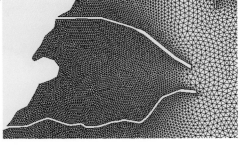

图 3-6　网格剖分图

（2）网格剖分。湖泊洪涝易感区二维水动力模型计算时主要利用网格点上的高程信息，只有当网格点高程能较为真实地反映地形起伏变化特征时，模型计算结果才能符合水流实际运动特征，而网格点过密时模型计算效率又会大大降低。滨湖区地形复杂，除地形自然起伏外，道路、沟渠、涵洞、堤防及其附近高程出现较大起伏，同时又是研究内涝的关注点，而湖泊内地形变化小，因此滨湖区内网格点适当加密，湖泊内网格点稀疏。

（3）边界设置。以地面高程作为初始条件。滨湖区周边 36.79 m 高程线作为固壁边界，河道两侧堤防线作为固壁边界。以降雨过程、风场、蒸散发和河道入湖口处流量过程作为上边界，以堤防、道路、桥梁、涵洞等结构物调度过程作为内部边界。对大型浅水湖泊而言，风场分布对湖泊水位产生的影响较大，根据从中国气象数据网上下载的南四湖流域气象数据，以徐州站的风力数据作为研究区内的风场变化过程，制作风场文件输入模型中。南四湖湖体周边修建有防洪大堤，湖腰处建有二级坝，在模型中通过添加 Dike 建筑物来模拟这些坝，堤顶高程等信息由《沂沭泗防汛手册》中查得，模型中堤防分布如图 3-7 所示。至此湖泊洪涝易感区二维水动力模型构建完毕。

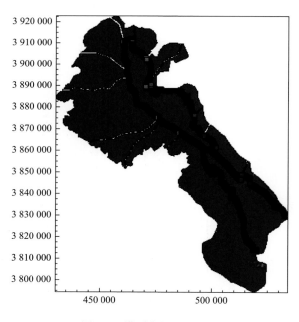

图 3-7　模型中堤防分布图

研究区主要划分为分水体、耕地、居民用地等土地利用类型，糙率分布主要根据土地利用类型来取值确定。初始条件主要是为了定义初始时刻湖泊内水位分布，南四湖上级湖代表水位站有南阳站、辛店站和二级坝闸（上）站，下级湖主要有二级坝闸（下）站、微山站。选取了梁山闸、后营、化雨、望冢、王鲁、薛城、王固堆 7 个雨量站作为研究区内降雨量的控制站点，通过泰森多边形法确定各个站点的控制区域，制成降雨文件。

3.2.4 湖泊洪涝易感区一、二维模型耦合与校验

MIKE FLOOD 模型为一、二维模型耦合提供了标准连接与侧向连接两种连接方式（Remya et al.，2012）。标准连接是将 MIKE 21 模型网格与河道进行连接，主要用于模拟河道内水流通过边界与二维模型内的水体进行交换的过程。侧向连接既能模拟水流漫过河堤进入滨湖洼地，又能模拟滨湖洼地内的水流漫过河堤进入河道内的过程，其示意图如图 3-8 所示。

河道水位h_1，堤防高程h_2，滨湖洼地内水位h_3

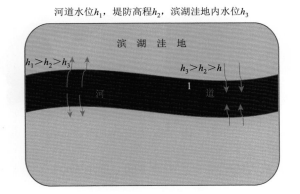

图 3-8　侧向连接水量交换示意图

利用 MIKE FLOOD 模型将上述建立的入湖一维河网模型与湖泊洪涝易感区二维水动力模型耦合在一起，南四湖洪涝易感区水动力模型便建立起来了。入湖河流与滨湖洼地之间采用侧向连接耦合，河道下游入湖口处采用标准连接与湖泊进行耦合。滨湖区内的排涝泵站置于概化的虚拟河道之中，虚拟河道长度约为1000 m，虚拟河道上边界采用标准连接方式与滨湖洼地相连接，下边界采用标准连接进入主河道内，泵站置于虚拟河道中间，虚拟河道加泵站来模拟泵站排水，其结构示意图如图 3-9 所示。南四湖洪涝易感区水动力模型中共设置了 22 个侧向连接，52 个标准连接，耦合模型界面如图 3-10 所示。

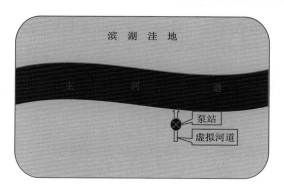

图 3-9　泵站概化示意图

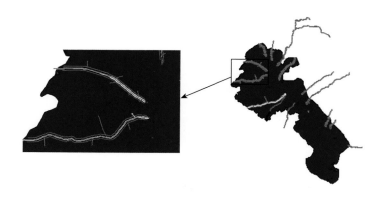

图 3-10　耦合模型界面图

　　河床糙率系数是水力模型确定的主要参数。选用 2007 年 7 月 1 日～7 月 26 日作为模型的率定时段，各入湖河道上边界输入对应测站的实测流量过程，下边界与湖泊内水体耦合，湖泊上级湖初始水位为 2007 年 7 月 1 日南阳、马口、二级坝闸（下）和微山站实测水位。模型中输入 7 个雨量站实测降雨过程（逐日日降雨量），泰森多边形分割法是目前划分面降雨量常用方法，采用泰森多边形法划分各雨量站所控制的研究区范围如图 3-11 所示。上述 2007 年实测数据由《中华人民共和国水文年鉴 2007 年第 5 卷淮河流域水文资料》中查得（水利部水文局，2008）。

　　湖泊流域风力、蒸发等气象数据从中国气象数据网上下载得到。率定后湖西河道糙率值为 0.035～0.040，湖东为 0.030～0.035，二维模型中湖泊内糙率为0.028，滨湖区为 0.030～0.050。参数率定后南阳、马口、二级坝闸（下）微山站的湖泊水位与实测水位对比结果如图 3-12 所示。湖泊水位过程是研究问题的重点，模型率定共选取南阳、马口、二级坝闸（下）和微山站作为湖体水位代表站点，

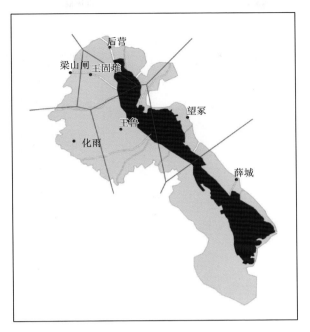

图 3-11　降雨站控制面积图

各站点模拟水位过程率定结果如图 3-12 所示，各站点模拟水位过程与实测水位过程变化趋势基本一致，误差较小，说明选用的相关参数合理。

选用 2008 年 7 月 1 日～7 月 26 日作为模型的验证时段，各入湖河道上边界输入对应测站的实测流量过程，下边界与湖泊内水体耦合，湖泊上级湖初始水位为 2008 年 7 月 1 日南阳、马口、二级坝闸（下）和微山站实测水位，下级湖靠近二级坝附近为二级坝闸（下）实测水位，湖泊最南部为微山站实测水位。模型中输入 6 个雨量站实测降雨过程（逐日日降雨量），采用泰森多边形法确定各雨量站控制面积。上述 2008 年实测数据皆由《中华人民共和国水文年鉴》查得。

湖泊流域风力、蒸发等气象数据从中国气象数据网上下载得到。湖泊水位过程是研究问题的重点，模型率定共选取南阳、马口、二级坝闸（下）和微山站作为湖体水位代表站点，验证期湖泊控制站实测水位与模拟值如图 3-13 所示，各站点模拟水位过程与实测水位过程变化趋势基本一致，误差较小，验证结果较好。说明所构建的南四湖滨湖区一、二维耦合水动力模型具有较好的精度，能够模拟研究区内滨湖区抽排、河水入湖的水量及湖内水位变动过程。

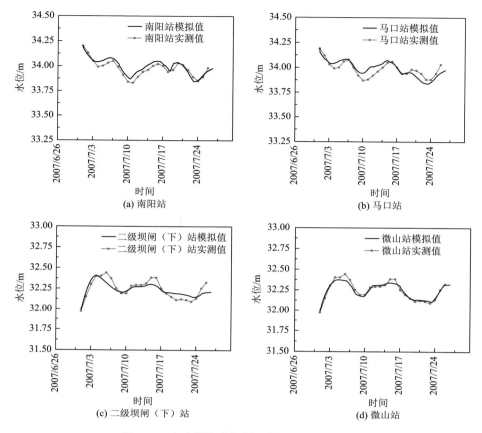

图 3-12　率定期湖泊控制站实测水位与模拟值

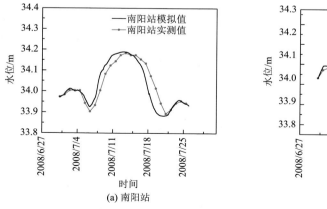

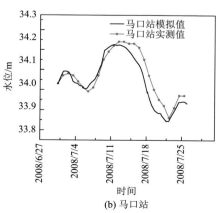

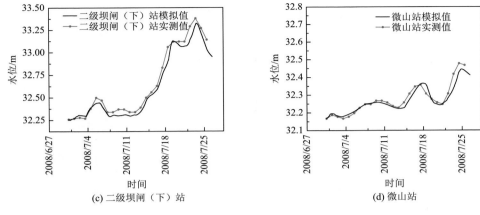

图 3-13　验证期湖泊控制站实测水位与模拟值

3.3　湖泊水位与滨湖洼地洪涝灾害的响应关系

南四湖滨湖地区地势平坦低洼，其中湖西地区为黄泛平原，地面高程在 33～60 m，西高东低，滨湖洼地区域地面高程在 33～36.79 m。而南四湖上级湖正常蓄水位为 34 m，汛期运行水位常在 34.2 m 以上，受湖水侧渗影响，滨湖区地下水位保持在地面高程以下 0.2～0.3 m，有些地区甚至在地面高程以上。而滨湖地区入湖河道众多，河道比降在 1/20 000～1/5000，流速缓慢，排水困难，而入湖段河道汛期水位常在湖泊水位以下，受湖水倒灌影响，河道水位常居高不下，严重影响洼地内涝水外排。南四湖为典型的浅水湖泊，正常蓄水位下湖泊平均水深为 1.5 m，湖泊水位是防洪调度的关键因子。湖泊高水顶托对排涝区的影响越来越受到相关学者的关注（王腊春等，2000；卢少为等，2009；郭华和张奇，2011）。南水北调东线工程对南四湖的直接影响是抬升了南四湖湖泊运行水位，研究湖泊水位变动对滨湖区受涝影响，为后续研究南水北调东线工程对南四湖水文效应奠定了基础。

3.3.1　方案设置

目前南四湖滨湖区排涝标准为 3～5 年一遇，根据现在正在实施的南四湖滨湖洼地治理项目规划，未来流域内排涝能力将提高到 5 年一遇，部分地区可达 10 年一遇标准，为探究湖泊水位变动对不同量级降雨下的涝灾影响，考虑 5 年一遇、10 年一遇和 20 年一遇三种降雨条件，降雨时长为三日。共选取了梁山闸、后营、化雨、望冢、王鲁、薛城和王固堆 7 个雨量站作为研究区降雨量的控制站点，各个站点有 30～50 年的实测日降雨量记录，统计了各站点年最大三日降雨量，采用 P-III 曲线对各站点最大三日降雨量进行拟合，推求出各雨量站设计 5 年一遇、10 年一遇和 20 年一遇三日降雨量，设计降雨结果和资料年限见表 3-3。

表 3-3　各雨量站设计降雨量　　　　　（单位：mm）

站名	日降雨资料起止时间	设计三日降雨		
		5 年一遇	10 年一遇	20 年一遇
梁山闸	1966～2008 年	157.02	188.34	217.91
后营	1951～2008 年	154.67	188.07	220.11
化雨	1967～2009 年	141.74	164.42	184.77
望冢	1957～2009 年	148.14	175.87	202.17
王鲁	1967～2009 年	139.31	167.49	194.40
薛城	1960～1992 年	172.49	226.80	282.11
王固堆	1962～2009 年	150.08	177.29	201.82

南四湖上级湖正常蓄水位为 34 m，设计洪水位为 36.5 m，死水位为 32.8 m；下级湖正常蓄水位为 32.3 m，设计洪水位为 36 m。为定量研究南四湖湖泊水位变动对滨湖洼地涝灾影响，设置了上级湖初始水位 33 m、33.5 m 和 34 m，与之对应的下级湖水位分别为 31.3 m、31.8 m 和 32.3 m，研究遭遇 5 年、10 年、20 年一遇设计暴雨时的洪涝淹没情况。

3.3.2　湖泊水位变动对滨湖区的涝灾影响

据统计，滨湖区高程为 36.79 m 以下总面积为 3017.4 km^2，耕地面积为 1159.33 km^2，为控制和减少农业面源对南四湖水体的污染，确保南四湖水质达到南水北调要求（三类水），山东省自 21 世纪以来开始优化调整种植结构。到 2004 年，经济作物与粮食作物比例达 45.1∶54.9，其中占比较大的农产品有小麦 23.40%、玉米 10.78%、花生 6.49%、水稻 4.20%、大豆 2.79%、西瓜 2.73%、甘薯 2.57%、马铃薯 1.30%（林治安等，2007）。汛初（5～6 月）是冬小麦的收割期，若此时发生涝灾会影响冬小麦的收割，7～8 月是棉花、大豆、水稻等夏季作物的生长关键时期，此时发生涝灾将严重影响上述农作物的收成。根据相关文献得到水稻、棉花、玉米、大豆这 4 种农作物的耐淹历时与耐淹水深，具体见表 3-4（王友贞，2015）。

表 3-4　农作物受涝影响参数表

作物	耐淹历时/h	耐淹水深/m
水稻	72	0.5
棉花	24	0.1
玉米	24	0.1
大豆	48	0.1

对上述各组合情景下的二维结果进行统计，考虑到南四湖滨湖区主要农作物组成，分别统计研究区内淹没水深大于 10 cm 和 50 cm 区域面积来反映滨湖区受涝程度，统计结果见表 3-5。

表 3-5　不同情景下的淹没信息统计

情景 1：上级湖初始水位 33 m，下级湖水位 31.3 m

设计降雨	平均水深/m	最大水深/m	淹没水深大于 10 cm 的面积 /km²	面积占比/%	淹没水深大于 50 cm 的面积 /km²	面积占比/%
5 年一遇	1.41	4.76	777.87	22.45	44.41	1.28
10 年一遇	1.45	4.85	875.54	25.27	126.20	3.64
20 年一遇	1.48	4.92	965.00	27.85	200.08	5.77

情景 2：上级湖初始水位 33.5 m，下级湖水位 31.8 m

设计降雨	平均水深/m	最大水深/m	淹没水深大于 10 cm 的面积 /km²	面积占比/%	淹没水深大于 50 cm 的面积 /km²	面积占比/%
5 年一遇	1.75	5.08	790.54	22.81	60.45	1.74
10 年一遇	1.79	5.15	889.27	25.66	140.25	4.05
20 年一遇	182	5.21	978.51	28.24	213.96	6.17

情景 3：上级湖初始水位 34 m，下级湖水位 32.3 m

设计降雨	平均水深/m	最大水深/m	淹没水深大于 10 cm 的面积 /km²	面积占比/%	淹没水深大于 50 cm 的面积 /km²	面积占比/%
5 年一遇	2.11	5.68	817.70	23.60	91.29	2.63
10 年一遇	2.15	5.69	915.44	26.42	171.50	4.95
20 年一遇	2.16	5.68	1001.73	28.91	242.03	6.98

由表 3-5 可以知，当湖泊初始水位条件相同时，滨湖区受涝面积随设计暴雨量级增大而增加。就情景 1 而言，滨湖区遭遇 10 年一遇暴雨相较于 5 年一遇暴雨情景，淹没水深大于 10 cm 的面积增加了 97.67 km²，淹没面积占滨湖区总面积比

增加了 2.82%；淹没水深大于 50 cm 的面积增加了 81.79 km^2，面积占比增加了
2.36%。而 20 年一遇暴雨情景相较于 10 年一遇暴雨情景，淹没水深大于 10 cm 的
面积增加了 89.46 km^2，淹没面积占滨湖区总面积比增加了 2.58%；淹没水深大于
50 cm 的面积增加了 73.88 km^2，面积占比增加了 2.13%。可知，湖泊水位不变情况
下，滨湖洼地区受涝面积随降雨量的增加而增加，其中大部分地区受涝区域的淹没
水位在 10～50 cm，将会对大豆、棉花等作物的生长产生影响。涝水深度超过 50 cm
的区域相对较少，但涝水深度大，损失更加严重，将会影响水稻等作物的生长。当
降雨量级相同时，滨湖区淹没水深大于 10 cm 和 50 cm 的面积均随着湖泊水位的增
加而增加。例如，降雨量为设计 5 年一遇暴雨，湖泊水位为情景 2 时研究区内淹没
水深大于 10 cm 的面积相较于湖泊水位为情景 1 时增加了 12.67 km^2，淹没水深大
于 50 cm 的面积增加了 16.04 km^2，而情景 3 相较于情景 2 淹没水深大于 10 cm 和
50 cm 的面积又分别增加了 27.16 km^2 和 30.84 km^2，其他两种设计暴雨情景下有类
似规律，可见湖泊水位变动对滨湖区排涝影响明显。

为进一步分析湖泊水位变动对滨湖涝灾的影响规律，对比了降雨量相同时湖
泊水位变动引起滨湖区淹没面积等参数的变化规律，统计了湖泊初始水位由情景
1 变为情景 2，以及由情景 2 变为情景 3 时滨湖区淹没面积的增加量和淹没面积的
相对增加量（表 3-6）。由表 3-6 可知，相同降雨条件下，受涝面积随湖泊水位上
升而增大，但湖泊水位由情景 2 上升到情景 3 所引起的滨湖区受涝面积变化，明
显大于湖泊水位由情景 1 上升到情景 2 时的受涝面积变化，表明湖泊水位变动相
同（50 cm）时滨湖区淹没面积的增加量会随着湖泊水位的增高而增大，即滨湖区
受涝面积对湖泊高水位响应更为剧烈。例如，降雨量为 5 年一遇暴雨时，湖泊初
始水位由情景 1 变为情景 2 时，淹没水深大于 10 cm 的区域面积增加了 12.67 km^2，
相对增加量为 1.63%，淹没面积占滨湖区总面积比增加了 0.37%；淹没水深大于
50 cm 的区域面积增加了 16.04 km^2，相对增加量为 36.12%，面积占比增加了
0.46%。湖泊初始水位由情景 2 变为情景 3 时，当发生 5 年一遇设计暴雨时，淹没
水深大于 10 cm 的区域面积增加了 27.16 km^2，相对增加量为 3.44%，淹没面积占
滨湖区总面积比增加了 0.78%；淹没水深大于 50 cm 的区域面积增加了 30.84 km^2，
相对增加量为 51.02%，面积比增加了 0.89%。

表 3-6　湖泊水位与涝淹没灾面积增幅的关系

设计降雨	湖泊水位由情景 1			升高到情景 2		
	淹没水深大于 10 cm 的增加面积/km^2	相对增加量/%	面积比增加/%	淹没水深大于 50 cm 的增加面积/km^2	相对增加量/%	面积比增加/%
5 年一遇	12.67	1.63	0.37	16.04	36.12	0.46
10 年一遇	13.73	1.57	0.40	14.05	11.13	0.41
20 年一遇	13.51	1.40	0.39	13.88	6.94	0.40

续表

设计降雨	湖泊水位由情景 2			升高到情景 3		
	淹没水深大于 10 cm 的增加面积/km²	相对增加量/%	面积比增加/%	淹没水深大于 50 cm 的增加面积/km²	相对增加量/%	面积比增加/%
5 年一遇	27.16	3.44	0.78	30.84	51.02	0.89
10 年一遇	26.17	2.94	0.76	31.25	22.28	0.90
20 年一遇	23.22	2.37	0.67	28.07	13.12	0.81

此外，观察表 3-6 数据还可发现：相同降雨和相同湖泊水位变幅条件下，淹没水深大于 50 cm 区域的面积增加量远大于淹没水深大于 10 cm 区域的面积增加量，可知湖泊水位变动对淹没水深较大区域（淹没水深大于 50 cm）的面积影响更为显著。例如，设计 5 年一遇降雨情景下，湖泊水位由情景 1 上升至情景 2 时，淹没水深大于 10 cm 区域面积增加了 12.67 km²，相对增加量为 1.63%，而淹没水深大于 50 cm 区域面积增加了 16.04 km²，相对增加量为 36.12%。

图 3-14（a）为 5 年一遇设计暴雨，上级湖初始水位 33 m，下级湖水位 31.3 m 情景下淹没水深大于 10 cm 的区域分布。相对于湖东区域，湖西周边洼地受涝更为严重，而上级湖湖西地区受涝面积分布较广，涝水呈零星点状分布，主要是上级湖湖西地区地形平坦，合理开挖排涝渠道，是解决该地区受涝的有效方法。下级湖湖西地区因入湖河道与排水泵站很少，淹没面积比较大，由于区域内地形变化大，涝水主要汇聚于低洼处，呈面状分布。整体上看，复新河、东鱼河、万福河及洙赵新河之间区域涝灾最为严重，受涝率大，需提高区域内排涝能力。图 3-14（b）为淹没水深大于 50 cm 的区域分布，可以看出，5 年一遇暴雨情况下滨湖区内受淹范围较小。

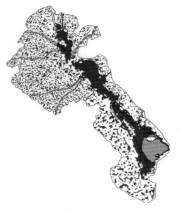 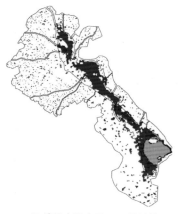

(a) 淹没水深大于10 cm的区域　　　　　　(b) 淹没水深大于50 cm的区域

图 3-14　5 年一遇降雨与情景 1 条件下滨湖区淹没面积

　　经上述模拟分析南四湖流域发生 5 年、10 年和 20 年一遇暴雨条件下湖泊水位与滨湖区受涝面积的关系,结果表明:滨湖区受涝面积对湖泊高水位的响应明显,即湖泊水位变幅相同时,初始水位越高,滨湖区受涝面积越大;滨湖区淹没深度大的区域(淹没水深大于 50 cm)较淹没深度小的区域(淹没水深大于 10 cm)面积增加更加显著;从淹没区域分布上看,南四湖湖西滨湖区较湖东地区受涝面积对湖泊水位变动的响应更加敏感。

3.3.3　入湖河流洪水受湖泊水位的顶托效应分析

　　为了解湖泊水位对滨湖区入湖河道的顶托作用,提取了设计暴雨为 5 年一遇,上级湖初始水位为 34 m,下级湖水位为 32.3 m 情景下,河道不同里程处水位过程线,其中湖西提取了东鱼河、万福河和洙赵新河水位过程线,湖东提取了泗河水位过程线,并在二维模型的计算结果中提取了上述河道入湖口处湖泊水位过程线,本次模拟时长共 72 个小时。

　　图 3-15(a)为东鱼河不同里程处水位与入湖口处湖泊水位对比图,其中“东鱼河 0”为模型中东鱼河上边界,“东鱼河 37 000”为东鱼河入湖口处河道断面,数字表示该断面距河道上边界的距离(单位为 m),“南四湖与东鱼河耦合处”代表东鱼河入湖口处湖泊水位过程(下同)。由图可知,东鱼河水位受南四湖水位顶托严重,东鱼河距入湖口 33 000 m 处水位与湖泊水位变化过程完全一样,湖泊水位在 33.9 m 以上时,湖泊水位将顶托到距入湖口约 37 000 m,湖泊水位较低时影响河段长度略有降低。设计暴雨为 5 年一遇,上级湖初始水位为 34 m,下级湖水位为 32.8 m 情景下,万福河不同里程处水位变化过程如图 3-15(b)所示,可见模拟时段内万福河水位变化与湖泊水位变化基本保持一致,河段受湖泊水位影响严重,湖泊水位顶托距离约为 34 000 m。设计暴雨为 5 年一遇,上级湖初始水位为 34 m,下级湖水位为 32.8 m 情景下,洙赵新河不同里程处水位变化过程如图 3-15(c)所示,可见模拟时段内洙赵新河河水位变化与湖泊水位变化基本保持一致,河段受湖泊水位影响严重,湖泊水位顶托距离约为 24 000 m。设计暴雨为 5 年一遇,上级湖初始水位为 33.5 m,下级湖水位为 31.8 m 情景下,泗河不同里程处水位变化过程如图 3-15(d)所示,图中“泗河 65 000”为入湖口处河道断面,可见泗河对受湖泊水位变动影响很小,模拟时段内只有距入湖口 4000 m 以内的河道水位变化与湖泊水位相同,河段受湖泊水位影响严重,湖泊水位顶托距离约为 4000 m。

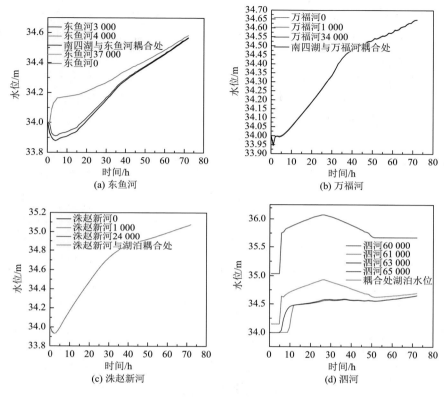

图 3-15　不同位置的水位过程

通过对河道不同断面处水位过程对比，湖西河道受南四湖水位变动影响明显，东鱼河、万福河、洙赵新河距其入湖口 37 000 m、34 000 m、24 000 m 以内的河段水位受湖泊水位控制。湖东河道坡降大，距入湖口 4000 m 以内的河段水位受湖泊水位控制。这是导致湖西受涝面积对湖泊水位响应更加明显的主要原因。

3.4　调水扰动的湖泊流域水文效应研究

前已述及，尽管按照南水北调东线一期工程规划南水北调东线工程调水时间为非汛期，但南四湖除了自身是受水区外，还肩负着为华北和山东半岛输水的重任，由于近年来连年大旱，汛期调水已有先例，如 2003 年、2014 年和 2015 年汛期接连紧急调水，或对南四湖进行生态补水，或东送至山东半岛（李素，2015）。况且，随着经济社会的进一步发展，山东省特别是半岛地区水资源日益紧张，仅在非汛期调水已远不能满足山东省用水需求。因此，本节分汛期应急调水和非汛期正常调水两种不同情景，研究南水北调东线工程对南四湖流域的水文效应。

　　水闸
　　南水北调东线泵站
■　湖面
　　36.79 m 等高线以下滨湖洼地

图 3-16　模型中调水泵站示意图

南水北调东线工程一期入南四湖下级湖水量多年平均为 29.70 亿 m^3，入上级湖水量多年平均为 17.52 亿 m^3，调水扰动可能会影响南四湖水位、湖泊面积及湖泊流速场分布。本节在前述已建的南四湖滨湖易涝区水动力模型中加入 4 个泵站，分别模拟韩庄运河闸处、蔺家坝闸处、二级坝枢纽处与上级湖处泵水过程。泵站采用 MIKE 21 模型中的点源（sources）来模拟，根据南水北调东线工程一期规划设置流量，即韩庄运河闸处进水 125 m^3/s、蔺家坝闸处进水 75 m^3/s、二级坝枢纽处从下级湖向上级湖提水 125 m^3/s，上级湖北送水 100 m^3/s，各调水泵站位置如图 3-16 所示。

3.4.1　汛期应急调水对南四湖滨湖区受涝影响

1. 方案设置

选取 2003 年作为典型年，研究南水北调东线工程应急调水对南四湖滨湖区可能造成的影响，该年属于典型的先旱后涝的旱涝急转年份。图 3-2 显示了 2003 年南四湖流域内降雨及上、下级湖水位过程（王鲁站为降雨代表站，南阳站和微山站分别作为上、下级湖水位代表站）。2003 年上半年流域内降雨量接近于 0，4～6 月甚至出现干湖情况（上级湖水位为 31.5 m 表示湖干）。7 月虽有降雨，但降雨量不大，在 8 月 22 日上、下级湖水位保持在死水位运行。到 8 月 22 日以后流域内开始连续降雨，湖泊水位陡涨。南水北调东线工程建成后，再遇 2003 年旱情，汛期调水是极有可能的，且根据资料记载（徐志侠等，2006），2003 年南四湖流域启动了应急调水，以解决流域内缺水状况。

为研究南水北调东线工程应急调水可能造成的影响，运用所建立的南四湖洪涝易感区水动力模型模拟了 2003 年南四湖滨湖区应急调水与否两种情景下的洪涝过程。该模型中河道流量过程为各入湖河道流量站的实测流量，降雨文件输入的是各代表站实测降雨过程，蒸发、风场等资料是中国气象数据网提供的气象数据。模拟时段为 2003 年 8 月 22 日～9 月 2 日，假设应急调水在降雨来临之前结束，模拟期间调水工程不工作，即两次模拟的不同仅体现在湖泊初始水位上。

　　情景 1 湖泊初始水位为 2003 年 8 月 22 南四湖内南阳、马口、二级坝闸（下）及微山 4 个水位站的实测水位，不考虑南水北调应急调水的情景。

　　情景 2 考虑南水北调东线应急调水，假设应急调水到 2003 年 8 月 2 日结束，按规划上级湖初始水位设为正常蓄水位 34 m，下级湖在输水期蓄水位为 32.8 m，但考虑到汛期防洪要求设汛期应急调水上限水位为 32.3 m。

　　2. 计算结果比较分析

　　本书统计了滨湖区淹没水深大于 10 cm 与 50 cm 区域的总面积，结果见表 3-7。

表 3-7　南四湖滨湖区受涝信息统计结果

2003 年涝灾模拟	湖内水深统计		淹没水深大于 10 cm		淹没水深大于 50 cm	
	平均水深/m	最大水深/m	总面积/km²	面积占比/%	总面积/km²	面积占比/%
实际淹没	2.47	5.96	1126.59	32.51	383.68	11.07
应急调水	2.80	6.14	1160.85	33.50	434.77	12.55

　　由表 3-7 中统计结果可知，2003 年 8 月 22 日～9 月 2 日的降雨造成南四湖滨湖区内淹没水深大于 10 cm 的区域面积达 1126.59 km²，淹没水深大于 50 cm 的区域面积达 383.68 km²。据历史资料，调查范围内 36.79 m 等高线以下，2003 年总受涝面积达 1284.21 km²（192.63 万亩）。模拟结果略小于调查结果，因本次模拟时段较短，并未模拟流域内全年受涝过程，9 月 22 日以后流域内仍有降雨，可认为模拟结果是合理的。由表 3-8 中对比分析数据可知，汛期采用南水北调东线工程应急调水为南四湖增补水源，如遇旱涝急转情景，抬升的湖泊水位将增大南四湖滨湖区内涝强度。其中，淹没水深大于 10 cm 的区域面积增加了 34.26 km²，相较于不调水的情景淹没面积增加了 0.99%；淹没水深大于 50 cm 的重灾区面积增加 51.09 km²，相较于不调水的情景淹没面积增加了 13.32%。由于两种方案只改变了内涝开始前的湖泊水位，其影响规律与 3.3 节湖泊水位抬升对滨湖区受涝影响规律相似。

表 3-8　南四湖滨湖区受涝计算结果

对比分析	淹没水深大于 10 cm 区域			淹没水深大于 50 cm 区域		
	面积增加/km²	相对增加量/%	面积比增加/%	面积增加/km²	相对增加量/%	面积比增加/%
变化量	34.26	3.04	0.99	51.09	13.32	1.47

　　相较于南四湖滨湖区 2003 年内涝，启用应急调水方案为南四湖补水，导致模拟时段内滨湖区淹没区域增加了 34.26 km²，相对增加了 3.04%，相对增加量不大。其中，淹没水深大于 50 cm 区域的面积较不调水情景下增加了 51.09km²，相对增

加了 13.32%,变化量较大。对比图 3-17(a)与图 3-17(b)可知,应急调水引起的淹没面积增加主要是在东鱼河与万福河之间的金乡县与鱼台县,调水对其他地区排涝的影响相对小。

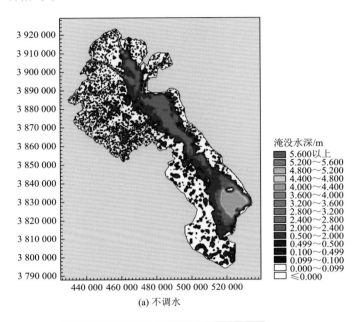

(a) 不调水

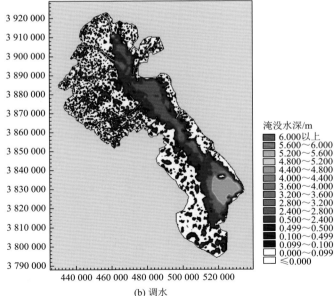

(b) 调水

图 3-17 南四湖滨湖区 2003 年内涝模拟

由图 3-18 可以看出，两种不同情景下上级湖马口站水位变化过程，可知内涝过程中上级湖水位在内涝前期差别较大，由于二级坝枢纽的调控，水位差越来越小。汛期调水抬高了湖泊初始水位，但模拟期间调水已经停止，降雨过程中湖泊水位增加，调水情景下上级湖水位率先达到二级坝枢纽下泄水位，且随着水位升高，二级坝下泄流量越来越大，很好地调节了湖泊水位（图 3-19）。

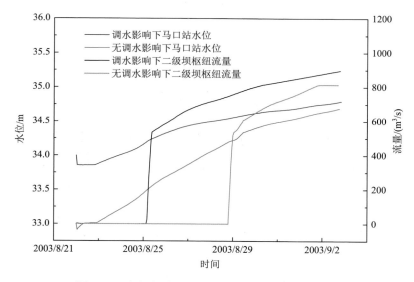

图 3-18　上级湖马口站水位及二级坝枢纽流量对比

综上所述，汛期应急调水在一定程度上增加了南四湖滨湖受涝面积，对于南四湖防洪调度影响较大，受调水前期抬升湖泊水位影响，模拟时段内二级坝枢纽提前 4 天开始下泄洪水，二级坝下泄洪水总量增加约 2.49 亿 m³，若遇更大洪水，二级坝的调度能力将受到考验。调水对降雨初期湖泊水位影响较大，后期经二级坝枢纽调控，约 4 天后上级湖水位基本接近不调水的情景。南四湖湖西金乡县与鱼台县地区地势低洼，该地区排涝受调水影响较大，是内涝防治的重点区域，需增加泵站排涝能力。

3.4.2　正常调水条件下南四湖滨湖区洪涝风险

1. 方案设置

按照南水北调工程规划，南四湖为南水北调东线工程的调蓄水库之一，工程输水期下级湖水位将达到 32.8 m，较正常蓄水位高 0.5 m；上级湖水位保持不变，为 34 m。而南四湖非汛期湖泊水位多年以来持续偏低，下级湖输水期湖泊平均水位为 31.8 m，上级湖输水期多年平均水位为 33.5 m，均未达到其正常蓄水位（李贵清等，2004）。南水北调东线工程按规划运行时，南四湖上级湖水位较多年平均水位升高 0.5 m，下级湖水位较多年平均水位高 1.1 m。

为探究输水期南水北调东线工程对南四湖滨湖区可能造成的影响，利用构建的耦合模型，模拟不同降雨量及工程运行情况下的南四湖滨湖区涝灾过程，具体方案设置如下。

（1）湖泊初始水位：①输水期多年平均水位，即上级湖水位为 33.5 m，下级湖水位为 31.8 m；②南水北调东线工程规划的南四湖上、下级湖蓄水位，即上级湖水位为 34 m，下级湖水位为 32.8 m。

（2）设计降雨：发生 5 年、10 年及 20 年一遇设计 3 日暴雨情景。各站点不同设计频率下的降雨量及降雨过程同表 3-3，模型相关参数设置同 3.4.1 节。

当初始水位为①时，湖泊洪涝易感区水动力学模型中用于模拟南水北调东线工程的各个泵站关闭，湖泊初始水位为多年平均水位，模拟滨湖区遭遇不同频率设计暴雨的受涝情景。初始水位为②时，模型中用于模拟南水北调东线工程的各个泵站打开，且按南水北调东线一期工程规划进行调水，以模拟南水北调东线工程调水时流域内遭遇不同强度设计暴雨所造成的涝灾。两种工况的模拟结果对比，反映出南水北调东线工程的运行对流域内输水期受涝特征的改变。

2. 计算结果比较分析

不同频率设计降雨下滨湖区受涝面积，见表 3-9 和表 3-10。由图 3-19 和表 3-11 可知，南水北调东线工程的运行对南四湖滨湖区受涝面积有一定程度的影响，其中对重涝区面积（淹没水深大于 50 cm 的区域）影响更为显著。例如，5 年一遇设计暴雨时调水影响最大，滨湖区内淹没水深大于 10 cm 的区域相对于不调水情景下增加了 1.63%，淹没水深大于 50 cm 的区域相对于不调水的情况下增加了 36.12%；相同降雨量情况下，相较于南水北调工程未运行，调水情况下滨湖区受涝面积增加量在 1.40%～1.63%，重涝区面积相对增加量在 6.94%～36.12%。

不同设计降雨下，调水对南四湖上级湖马口站水位影响过程如图 3-20 所示。调水显著增加了输水期南四湖上级湖水位，按规划调水期上级湖水位将抬升 0.5 m，两种情景下湖泊水位变动趋势基本一致。随着暴雨重现期的增加，两种情景下湖泊水位差越来越小，这与表 3-11 中滨湖区受涝面积增加量随暴雨重现期增加而减小的趋势相一致。

表 3-9 南水北调东线工程不调水，上级湖水位为 **33.5 m**，下级湖水位为 **31.8 m** 计算结果

设计降雨	湖内水深统计		淹没水深大于 10 cm		淹没水深大于 50 cm	
	平均水深/m	最大水深/m	总面积/km²	面积占比/%	总面积/km²	面积占比/%
5 年一遇	1.53	5.04	793.75	22.91	60.63	1.75
10 年一遇	1.56	5.13	907.85	26.20	159.98	4.62
20 年一遇	1.87	5.41	1002.05	28.92	240.54	6.94

表 3-10 南水北调东线工程调水，上级湖水位为 **34 m**，下级湖水位为 **32.8 m** 计算结果

设计降雨	湖内水深统计		淹没水深大于 10 cm		淹没水深大于 50 cm	
	平均水深/m	最大水深/m	总面积/km²	面积占比/%	总面积/km²	面积占比/%
5 年一遇	2.13	5.62	816.02	23.55	86.77	2.50
10 年一遇	2.15	5.64	926.4	26.74	181.73	5.24
20 年一遇	2.17	5.68	1016.68	29.34	260.76	7.53

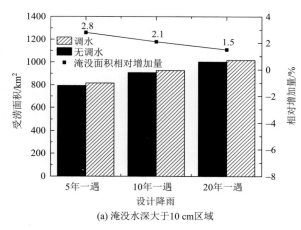

(a) 淹没水深大于 10 cm 区域

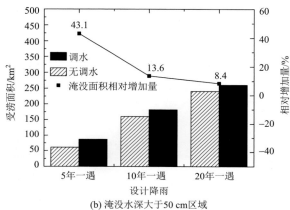

(b) 淹没水深大于 50 cm 区域

图 3-19 淹没面积对比

表 3-11　淹没面积变化

设计降雨	淹没水深大于 10 cm 区域			淹没水深大于 50 cm 区域		
	面积增加/km²	相对增加量/%	面积比增加/%	面积增加/km²	相对增加量/%	面积比增加/%
5 年一遇	22.27	2.8	0.64	38.72	43.1	0.75
10 年一遇	18.55	2.1	0.54	37.52	13.6	0.63
20 年一遇	14.63	1.5	0.42	19.11	8.4	0.58

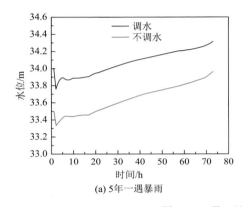 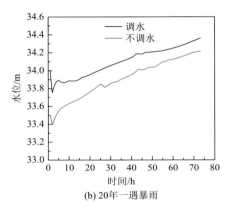

(a) 5年一遇暴雨　　　　　　　　　　　(b) 20年一遇暴雨

图 3-20　马口站水位过程对比

给模型赋予 5 年一遇设计暴雨，调水情景下，降雨在进行到第 8 个小时滨湖区开始出现淹没水深大于 50 cm 的地区；未调水情景下降雨在进行到第 9 个小时滨湖区开始出现淹没水深大于 50 cm 的地区。最终时刻，淹没水深大于 50 cm 区域的增加主要在湖西东鱼河与万福河之间的滨湖区，如图 3-21 所示。这说明该地区内涝对调水响应比较敏感。

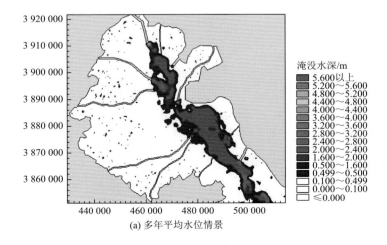

(a) 多年平均水位情景

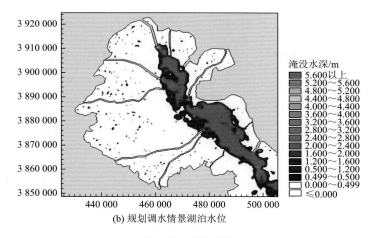

(b) 规划调水情景湖泊水位

图 3-21　5 年一遇暴雨南四湖滨湖区受涝淹没范围

3.4.3　应急补水的南四湖水文生态效应

1. 方案设置

南四湖流域降水年内分布不均，汛期降雨集中、涝灾多发，非汛期缺水严重。随着流域内社会经济的快速发展，工农业及生活需水不断增加，水资源供需矛盾日益突出，近年来流域内出现干旱缺水的情况越加频繁，2002 年甚至出现干湖现象，对湖内生态环境造成了毁灭性打击，2003 年、2014 年、2015 年都曾启动紧急调水为南四湖进行生态补水（李素，2015）。南水北调东线工程一期工程规划每年非汛期（10 月至次年 6 月）调水 29.73 亿 m³ 入南四湖，增加生态水量。研究南水北调东线工程调水对南四湖非汛期湖泊水位、湖泊流场和流速的影响，对全面了解调水引起的湖泊水文效应意义重大。本节以 2001 年为典型枯水年份，模拟期从每年 10 月开始调水至次年 6 月，分析评价南水北调东线工程泵站开启与关闭情况下的南四湖水位、湖泊水位及湖泊流场的变化过程。

2. 计算结果比较与分析

调水对南四湖水位的影响分析。已有研究认为南四湖上、下级湖区最低生态水位分别为 33 m 和 31.38 m，输水期上级湖多年平均水位为 33.5 m，下级湖为 31.8 m，马口站与微山站是上、下级湖区的代表性水位站点（徐志侠等，2006；孙逢立等，2010）。本书分别提取了马口站和微山站的水位过程，分析南水北调东线工程对南四湖 2001 年 10 月水位的影响。调水与无调水情景下上级湖马口站水位过程如图 3-22（a）所示，可知没有南水北调工程对南四湖进行补水的情况下，南四湖上级湖水位呈逐日下降趋势。2001 年 10 月 4 日起上级湖湖泊水位开始低于非汛期多年平均水位，到 2001 年 10 月 31 日，上级湖水位较多年平均水位低约 0.2 m，仅比上级湖最低生态水位高 0.3 m。南水北调东线工程调水泵站运行以后，南四湖上级湖水位呈逐日上升状态，随着水位上升，湖泊面积越来越大，上升速度逐渐下降。整个 10 月上级湖水位始终处于多年平均水位以上，南水北调东线工程运行 1 个月以后上级湖水位较不调水情况下高 0.46 m，显著改善了上级湖水资源及生态状况。

调水与无调水情景下，下级湖马口站水位过程如图 3-22（b）所示，可知没有南水北调工程对南四湖进行补水的情况下，南四湖下级湖水位呈逐日下降趋势，10 月中旬下降速度最快。整个 10 月南四湖水位始终低于非汛期多年平均水位，10 月 16 日起至 10 月 31 日南四湖下级湖水位始终低于其最低生态水位，对南四湖生态环境影响严重。南水北调东线工程调水泵站运行以后，南四湖下级湖水位呈逐日上升趋势，随着湖水位增高，湖泊面积逐日增大，湖泊水位上升速度下降。10 月下级湖水位始终高于多年平均水位，南水北调东线工程运行 1 个月以后，下级湖水位较不调水情况下高 0.7 m。南水北调工程运行，2001 年 10 月南四湖下级湖水位低于最低生态水位的天数将减少 16 天，显著改善了下级湖水环境状况，避免了下级湖出现水生态危机。

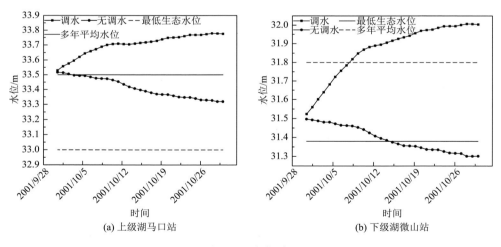

(a) 上级湖马口站　　　　　　　　　　　　　(b) 下级湖微山站

图 3-22　水位过程

南水北调东线工程调水对南四湖水面分布的影响分析。南水北调东线工程的运行对南四湖 2001 年 10 月的水位变化产生了巨大影响，扭转了其水面持续下降威胁湖内生态的形势，为进一步了解南水北调东线工程调水对南四湖生态及水质可能造成的影响，对模型计算的南四湖水位、湖泊水面及流速分布时空变化过程进行分析，以全面而具体地了解南水北调东线工程对南四湖水体的影响过程。

对比图 3-23（a）可以看出，2001 年 10 月，南四湖水面面积萎缩严重，其中上级湖南阳湖与独山湖连接处湖面萎缩明显，下级湖昭阳湖与微山湖连接处水面萎缩最为明显。对比图 3-23（b）可以看出，通过南水北调东线工程 1 个月的补水，南四湖水面面积不减反增，相较于不调水情景下，10 月末上级湖南阳湖与独山湖连接处、下级湖昭阳湖与微山湖连接处水面都显著增加，水环境改善明显。

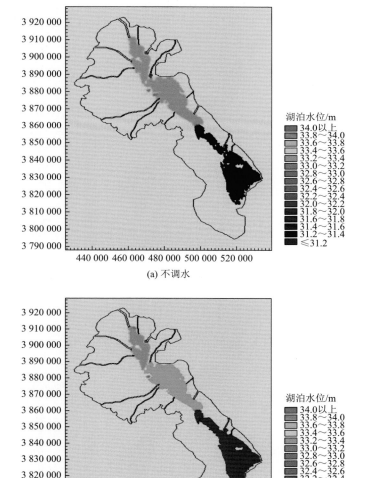

图 3-23　湖泊水面高程

　　南水北调东线工程调水对南四湖流速分布影响分析。提取计算结果中不同时段南四湖流速场分布状态，以分析南水北调东线工程对南四湖流速分布的影响。图 3-24 为计算时段第 2 天不调水状态下的南四湖流速分布，流速较高的区域出现在南阳湖与独山湖、微山湖与昭阳湖连接处。其中，微山湖与昭阳湖连接处流速较大，最大流速达 0.05 m/s，主要是该处湖面狭窄所致。南阳湖与独山湖连接处流速较小，在 0.024 m/s 左右。由于 2001 年为缺水年份，二级坝闸和韩庄闸

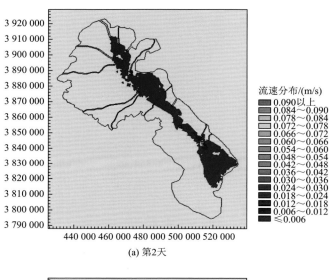

(a) 第2天

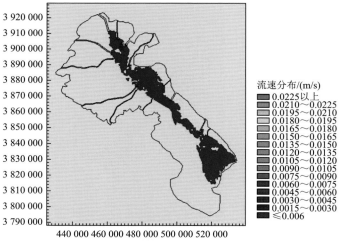

(b) 第28天

图 3-24　不调水湖泊流速分布

整个 10 月都未曾下泄水流，所以湖泊内水流运动速度慢。而到了 10 月末，受洸府河与泗河来水影响，湖内流速较大处则分布在上级湖洸府河与泗河入湖口处。总体来说 2001 年 10 月南四湖湖泊水体运动少，不利于湖泊水体更新，水质下降。图 3-25 为南水北调东线工程运行情况下南四湖流速场变化过程，调水工程运行初期，调水对各个调水泵站进、出水口附近水流流速影响较大，最大流速为 0.1 m/s，上级湖接近二级坝枢纽处湖面狭窄，调入上级湖的水流对该区域流速影响大。调水进行一周以后，湖内流速场分布已比较稳定，湖内流速较大的区域主要集中在

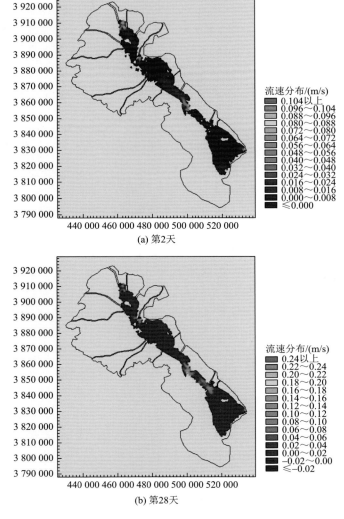

(a) 第2天

(b) 第28天

图 3-25　调水条件下湖泊流速分布

昭阳湖及南阳湖主航道附近，流速在 0.02～0.24 m/s，该结果与武周虎等（2014）的模拟结果接近。到 10 月末，随着湖泊水位的抬升，流速较大区域的面积减小。

相对于不调水情况，南水北调东线工程的运行显著提升了南四湖水体的流动速率，有利于其水质提升，改善最为明显的区域为南阳湖、昭阳湖主航道及各进、出水口附近水域，对微山湖与独山湖水面开阔处影响相对小。

3.5　本　章　小　结

（1）建立了南四湖洪涝易感区水动力模拟模型。模型较好地反映了滨湖区涝水经泵站提排入河，再由入湖河道进入南四湖的过程，亦能很好地模拟流域内不同水工建筑物的调度过程。利用研究区内 2007 年与 2008 年 7 月降雨及气象数据对模型进行了率定与验证，将模拟得到湖泊水位过程与南四湖内南阳、马口、二级坝闸（下）和微山 4 个水位站的实测水位过程进行对比验证，表明了模拟的合理性和模型的可用性。

（2）依托南四湖洪涝易感区水动力模拟模型，考虑 5 年、10 年、20 年一遇三种降雨情景，设置三种湖泊水位（①上级湖初始水位 33 m，下级湖水位 31.3 m；②上级湖初始水位 33.5 m，下级湖水位 31.8 m；③上级湖初始水位 34 m，下级湖水位 32.3 m）。对湖泊水位变动引起的内涝变化进行了模拟与分析，得出如下结论：遭遇相同量级设计暴雨情景下，湖泊初始水位越高，滨湖区淹没面积越大；湖泊水位变幅相同时，初始水位越高，滨湖区受涝面积变化越大，即滨湖区受涝面积对湖泊高水位响应更加明显；湖西滨湖地区受涝影响对湖泊水位的响应更加敏感，东鱼河与万福河之间的地区是内涝防治的重点区域。

（3）以 2003 年为旱涝急转典型年份，研究了南水北调东线工程汛期应急调水对南四湖流域洪涝灾害的影响。结果表明，汛期应急调水提高了南四湖初始水位，对滨湖区淹没水深大于 50 cm 的重涝区面积影响较大。受二级坝枢纽调度影响，内涝过程中调水对湖泊水位影响呈下降趋势，应急调水情景下，二级坝枢纽提前 4 天开始下泄，枢纽需多下泄水量 2.49 亿 m³。因此，提高降雨预报精度及增加预见期是保障调水安全的重要手段。

（4）以南水北调东线工程输水期（10 月至次年 6 月）多年平均水位作为不考虑调水时南四湖初始水位，以南水北调东线工程规划南四湖调蓄水位作为调水情景初始水位，模拟了遭遇不同设计暴雨条件下内涝过程。结果表明，滨湖区受涝面积增加量在 1.40%～1.63%，重涝区面积相对增加量在 6.94%～36.12%。受调水影响，研究区内提前 2 小时出现重涝，给滨湖区排涝系统提出了考验。

（5）以 2001 年为典型枯水年，模拟了南水北调东线工程按规划输水，南四湖水位、湖泊面积、流速变化过程。结果表明：南水北调东线工程的补水，逆转了2001 年 10 月南四湖水面逐日下降的趋势，调水进行 1 个月后，上级湖水位较不调水情况下提升了 0.46 m，使上级湖水位高于多年平均水位的天数增加了 28 天；南四湖下级湖水位较不调水情况下增加了 0.7 m，水位低于最低生态水位的天数减少了 16 天。南水北调东线工程对南阳湖及昭阳湖航道附近流速增加较大，流速在0.02～0.24 m/s，对南阳湖与独山湖、昭阳湖与微山湖连接处水面面积及流速影响最为显著。

在此需指出以下几点。

（1）受模型模拟尺度、地形与水文等资料的精度影响，模型中概化的地方较多，虽然对本书研究内容影响不大，但若要更加精细化的研究泵站排涝、洪水调度等问题，还需进一步收集大量资料，今后需要补充完善。

（2）目前的模拟是基于典型年或典型洪水过程的，模拟时段较短，若能对比模拟南水北调东线工程前后连续多年的洪涝与水文过程，将能更加全面地理解调水对南四湖流域的水文效应，但这对模型的构建及计算条件提出了挑战，是今后需要借助计算机科学发展而努力的方向之一。

（3）本书选取了淹没水深和淹没面积作为内涝特征指标，如果能考虑承灾体的易损性，增加人口、GDP 等信息，进而与内涝特征复合得到涝灾损失信息，会进一步完善反映研究区内涝风险，对于湖泊流域受涝影响的评估将更具说服力。

（4）运用模型对南四湖非汛期进行模拟时，对流域用水量模拟比较概括，目前湖泊洪涝易感区水动力模型在不同用户消耗水量的模拟上关注较少，今后需要补充完善。

（5）虽然本书对南水北调东线工程引起的南四湖水位、湖面面积及流速场做了相关模拟和定量分析，但这些变化将怎样影响南四湖水质及生态环境则未涉及，这将是今后需要研究的内容。

第4章　湖泊流域洪水资源适度利用理论方法及应用

4.1　概　　述

南四湖流域属于水资源严重短缺地区，随着经济社会发展，水资源供需矛盾将进一步加剧，水资源短缺已成为制约经济社会发展的关键因素。《山东省水资源综合利用中长期规划》和《淮河流域综合规划（2012—2030）》中，把暴雨洪水资源利用作为缓解未来水资源短缺矛盾的一项重要措施而提出。但是尚未对有哪些可行的利用方式、可以挖掘多少潜力等问题都做出回答。从洪水特性来看，南四湖流域处于我国典型的暖温带季风气候区，流域暴雨洪水具有明显的季节性规律，年内分配极不均匀，汛期降水量占全年降水量的70%以上，而这70%以上的降水量中，又往往表现为汛期的一两场降水过程。南四湖流域多年平均（1956~2000年）下泄水量超过17.2亿 m^3，并以汛期集中泄洪形式排泄。这是南四湖流域开展洪水资源利用研究和实践的资源基础。从工程条件来看，随着新一轮防洪规划工程的建设完成，南四湖流域防洪能力显著提高。在湖西平原，基本形成了由拦河闸（坝）、分洪闸（坝）、河道堤防等工程构成的、具有一定洪水控制能力的防洪工程体系；在湖东区，形成了由山丘区水库、平原河网水闸控制枢纽等构成的防洪工程体系。目前南四湖流域内骨干河道均能达到10年一遇防洪标准；南四湖本身防洪标准可达到20年一遇标准，随着湖区堤防的加固完成，可达到50年一遇防洪标准。现有防洪工程体系既是流域防洪减灾的基本支撑，也是洪水资源利用的工程基础。从科技条件来看，我国在暴雨洪水预报技术、实时监测技术、洪水调度模拟等方面显著提高的方法技术，以及在我国其他流域洪水资源利用研究中所形成的成功经验和技术，可供南四湖流域借鉴和参考。

历经20余年的发展，洪水资源利用研究取得了一批成果，但在如下几个方面尚需进一步展开。

（1）流域洪水资源利用的理论基础。对于洪水资源利用的内涵和范畴，至今仍未完全形成清晰一致的认识，尚存在一定争论，需要深入总结和梳理，统一认识；流域洪水资源利用，适度性条件是什么，如何描述等问题需要从理论上加以论证和解析。

（2）目前研究主要集中在水库等单项工程的洪水资源调控技术和措施方面，针对流域层面的洪水资源联合调度的研究尚不多见，针对流域水利工程的布局特点，加强对流域洪水资源利用关键技术的综合集成研究是必要的。

（3）洪水具有经济、生态、环境等多重资源属性，不同地区各洪水利用措施之间存在一定的竞争性，以往研究主要从"如何有效控制洪水"这一层面出发，研究洪水调控技术，今后还应当进一步从"如何合理利用洪水"这一层面研究，通过寻求风险-效益平衡点，获得适宜的洪水资源利用策略和方式。

为此，本书在总结以往研究的基础上，从洪水资源利用的概念形成与定量化描述出发，辨析相关概念，力图建立概念体系、潜力评价、利用方式、风险评估于一体的流域洪水资源利用理论方法框架和应用模式，并将其应用于南四湖流域，以期为类似研究提供借鉴和参考。

4.2　湖泊流域洪水资源适度利用数学描述

4.2.1　洪水资源利用定义

在保障防洪安全和不破坏河流健康的前提下，以流域内现有水利工程体系为依托，通过科技进步来优化提高洪水资源调控利用能力，进而对目前尚未控制利用的那部分洪水实施开发利用，增加可供河道外利用的水资源量、提高水资源利用效率。

洪水资源利用的定义，首先明确了流域洪水资源利用的约束条件，即以保障防洪安全与河流健康为前提。前者是洪水资源利用的基本前提，后者则强调了洪水资源利用的可持续性。洪水资源利用不是"吃光用光"，维持下游河流生态环境系统不再恶化或保障良好的河流健康所需要的基本水量是必需的。其次指明了洪水资源利用的努力方向，即提高洪水资源调控利用能力。最后界定了洪水资源利用的研究范畴和利用方式，通常指的是非工程措施，即利用一切可以利用的信息，优化水利工程（水库、湖泊、蓄滞洪区、拦河闸坝等）的调度运行方式；而通过兴建水利工程来提高洪水资源调控利用能力的工程措施，不是洪水资源利用研究讨论的重点，这一点主要为了与一般意义上的水资源开发利用进行区分。

4.2.2　流域洪水资源利用概念性模型

不失一般性，作为蓄水系统，流域洪水期（或汛期）水量平衡方程可以描述为

$$I - O = W \tag{4-1}$$

式中，I 为洪水期系统输入（进入系统的水量）；O 为系统输出；$W = f(x)$，为系

统蓄水变量，即系统在洪水期存蓄、利用和消耗的水量，x 为系统的洪水调控利用能力，指在保证防洪安全的前提下，洪水期所能调蓄和利用的最大洪水资源量。显然，系统蓄水变量 W 是 x 的函数，在一定的范围内，x 越大，W 越大。

根据洪水资源利用的定义，实施洪水资源利用的目的就是在保证防洪安全和下游河流健康的前提下，通过提高系统的调控利用能力 x，合理调配出境水量 O。基于此，流域（区域、水库等）洪水资源利用的概念性模型可描述为

$$\max_{x} \Delta W = f(x) - f(x_0) = W - W_0$$

$$\min_{x} \Delta R = r(x) - r(x_0) = R - R_0 \tag{4-2}$$

$$\text{s.t. } O(x) \leqslant \overline{O} \quad \text{and} \quad O(x) \geqslant \underline{O}$$

式中，$\overline{O}$ 为系统安全泄量，即为保障流域出口断面以下防洪安全所允许下泄的最大流量；$\underline{O}$ 为保证下游河流健康及其他用水需求所要求的最小下泄量；$f(x_0)$ 为现状或常规洪水利用方式下（洪水资源调控利用能力为 x_0 时）的系统洪水期存蓄、利用和消耗的水量；$r(x)$ 为对应 x 的风险。式（4-2）的意义在于：通过提高洪水资源调控利用能力 x，在现有基础上最大化附加效益（增加效益）且最小化附加风险，显然这清晰地描述了洪水资源利用的直接目的和实现手段。

4.2.3　流域洪水资源适度利用的最优性条件

假定洪水资源利用对象是被限定在一定范围内，利用过程中不存在人员伤亡，那么可以用 $B(x)$ 和 $L(x)$ 分别表示对应调控利用能力 x 时的效益与损失，这样式（4-2）可等价地描述净效益最大的优化问题为

$$\max_{x} \text{netBenefit} = B(x) - B(x_0) - [L(x) - L(x_0)] \tag{4-3}$$

$$\text{s.t.} \quad O \leqslant \overline{O} \quad \text{and} \quad O \geqslant \underline{O}$$

将式（4-3）转化为最小化模型：

$$\min_{x} f(x) = [L(x) - L(x_0)] - [B(x) - B(x_0)]$$

$$\text{s.t.} \quad \begin{aligned} g_1(x) &= O(x) - \overline{O} \leqslant 0 \\ g_2(x) &= \underline{O} - O(x) \leqslant 0 \end{aligned} \tag{4-4}$$

显然，式（4-4）是一个含有不等式约束的非线性最优化问题，可以通过求解 KKT（Karush-Kuhn-Tucker）条件

$$\begin{cases} \nabla f(X^*) + \sum_i \lambda_i \nabla g_i(X^*) = 0 \\ \forall i : \lambda_i g_i(X^*) = 0 \\ \forall i : \lambda_i \geqslant 0 \\ i = 1, 2 \end{cases} \tag{4-5}$$

来获得流域洪水资源适度利用的最优性条件，其通式为

$$\begin{cases} L'(x^*) - B'(x^*) + \lambda_1 O'(x^*) - \lambda_2 O'(x^*) = 0 \\ \lambda_1 [O(x^*) - \overline{O}] = 0 \\ \lambda_2 [\underline{O} - O(x^*)] = 0 \\ \lambda_1, \lambda_2 \geqslant 0 \end{cases} \tag{4-6}$$

式中，λ_1、λ_2 为 KKT 参数，下面进行讨论。

情景 1：约束条件 g_1 和 g_2 均不受限，即 $\lambda_1 = \lambda_2 = 0$，那么由式（4-6）能获得最优性条件：

$$L'(x^*) = B'(x^*) \tag{4-7}$$

为使洪水资源利用的边际损失等于边际效益，流域出口断面泄流应处于下游基本需水和防洪安全泄量之间。

情景 2：约束条件 g_1 受限，但约束条件 g_2 不受限，即 $\lambda_1 \neq 0$，$\lambda_2 = 0$，那么式（4-6）被写成：

$$\begin{cases} L'(x^*) + \lambda_1 O'(x^*) = B'(x^*) \\ O(x^*) = \overline{O} \\ \lambda_1 > 0 \end{cases} \tag{4-8}$$

这属于发生较大量级洪水可能遇到情景，流域出口按照安全泄量泄水，根据符号的物理意义可知 $O'(x^*) \leqslant 0$，$\lambda_1 O'(x^*) \leqslant 0$，也即此情景发生时，洪水边际风险损失大于边际效益，应着手关注防洪风险，最优的泄水策略宜按照安全泄量放水。

情景 3：约束条件 g_1 不受限，g_2 受限，即 $\lambda_1 = 0$，$\lambda_2 \neq 0$，式（4-6）可被写成：

$$\begin{cases} L'(x^*) = B'(x^*) + \lambda_2 O'(x^*) \\ O(x^*) = \underline{O} \\ \lambda_2 > 0 \end{cases} \tag{4-9}$$

这属于发生小洪水的情景，如前所述，此时 $O'(x^*) \leqslant 0$，$\lambda_2 O'(x^*) \leqslant 0$，洪水资源蓄水的边际效益大于边际洪水损失，最优泄水策略为按照下游基本需水过程放水。

此外，从数学角度看，按照 KKT 条件讨论的完备性，还有约束条件 g_1 和 g_2 同时受限的情景，但是从流域洪水资源利用的现实来看，这种情景是不存在的。

基于湖泊流域洪水资源利用的概念性模型及其适度利用的最优性条件，给洪水资源利用决策者和管理者的启示如下。

（1）流域洪水资源利用行为决策的选择，需平衡风险与效益综合权衡。

（2）基于现有水利工程体系挖掘洪水资源利用潜力，需承担适度风险。

4.3　湖泊流域洪水资源利用潜力评价方法及应用

针对一个流域进行洪水资源利用，首先要回答的一个问题是"有多少洪水资源利用潜力可挖"，这是一个基础的但又是一个复杂的问题，目前仍没有统一的计算方法，甚至相关名词的定义也尚未统一。从对待洪水观点的发展历程来看，这应该是一个新的研究热点，目前国内已经有很多关于洪水资源利用潜力的研究成果，但对于其中一些概念和具体计算方法并没有规范性的文件，从而造成了对同一个问题有不同的解读，较为混乱（王宗志等，2014a；Ye et al.，2019）。本书针对南四湖流域的具体特点，在系统梳理洪水资源安全利用相关概念的基础上，综合以往研究思路和成果，提出了南四湖流域洪水资源利用潜力估算的具体步骤和方法，并重点估算了南四湖流域的洪水资源利用潜力。

4.3.1　相关概念辨析

对于任意的洪水资源调控利用能力 x，洪水资源量可划分为"可利用"和"不可利用"两部分。"可利用"部分，通常称为洪水资源可利用量，为洪水调控利用能力的函数（x 越大，洪水资源可利用量就越大）；"不可利用"部分又包括受调控利用能力所限"不能够被利用"及为满足流域出口断面以下基本用水需求所"不允许利用"这两部分（胡庆芳等，2010）。基于上述认识推理分析如下。

1. 洪水资源可利用量

定义时段 t 对应洪水调控利用能力 x 的流域洪水资源可利用量为 $Q_a^x(t)$：

$$Q_a^x(t) = Q_1(t) - g(Q_4(t), Q_u^x(t)) \tag{4-10}$$

式中，$Q_1(t)$ 为时段 t 的天然河川径流量；$Q_4(t)$ 为"不允许利用"的部分；$Q_u^x(t)$ 为受调控利用能力 x 所限"不能够被利用"的洪水资源量；$g(Q_4(t), Q_u^x(t))$ 为对应 x 的流域洪水资源不可利用量，通常取 $Q_4(t)$ 与 $Q_u^x(t)$ 的外包，即 $g(Q_4(t), Q_u^x(t)) = \max(Q_4(t), Q_u^x(t))$。

式（4-10）两边同时对 $x \rightarrow +\infty$ 取极限，即随着洪水调控利用能力 $x \rightarrow +\infty$，"不能够被利用"的洪水资源量 $Q_u^x(t) = 0$ 成立，那么 $g(Q_4(t), Q_u^x(t)) = Q_4(t)$，则洪水资源可利用量 $Q_a(t)$（称为洪水资源理论可利用量）为

$$\begin{aligned} Q_a(t) &= \lim_{x \to \infty} Q_a^x(t) = \lim_{x \to \infty}(Q_1(t) - g(Q_4(t), Q_u^x(t))) \\ &= Q_1(t) - Q_4(t) \end{aligned} \tag{4-11}$$

同时，记在现有水利工程条件下，适当采取了某种经济、技术可行的洪水资源利用方式后（洪水资源调控利用能力为 x^*）的洪水资源可利用量

$$Q_a^{x^*}(t) = Q_1(t) - g(Q_4(t), Q_u^{x^*}(t)) \qquad (4\text{-}12)$$

2. 洪水资源利用潜力

由洪水资源利用的概念性模型可知，洪水资源利用潜力为洪水资源调控利用能力由现状 x_0 提高到 x 所增加的洪水资源量，即可描述为

$$\begin{aligned} Q_p^x(t) = Q_a^x(t) - Q_a^{x_0}(t) &= (Q_1(t) - g(Q_4(t), Q_u^x(t))) - (Q_1(t) - g(Q_4(t), Q_u^{x_0}(t))) \\ &= g(Q_4(t), Q_u^{x_0}(t)) - g(Q_4(t), Q_u^x(t)) \end{aligned} \qquad (4\text{-}13)$$

然而，由于在实际运行调度中，存在行政干预、水雨情判断偏差等不确定因素，水利工程的运行调度很难保证按照给定调度规则不偏不倚地运行，因此 $Q_a^{x_0}(t)$ 通常用洪水资源实际利用量 $Q_r(t)$ 进行近似代替，因此式（4-13）可表示为

$$Q_p^x(t) = Q_a^x(t) - Q_r(t) \qquad (4\text{-}14)$$

式中，流域洪水资源实际利用量 $Q_r(t)$ 为天然流量过程 $Q_1(t)$ 与现状利用水平下的出境水量 $Q_2(t)$ 之差，如式（4-15）所示：

$$Q_r(t) = Q_1(t) - Q_2(t) \qquad (4\text{-}15)$$

将式（4-15）和式（4-10）代入式（4-14）并整理得

$$Q_p^x(t) = Q_2(t) - g(Q_4(t), Q_u^x(t)) \qquad (4\text{-}16)$$

从式（4-16）可以看出，相对于调控利用能力 x 的流域洪水资源利用潜力，为流域现状洪水期出境水量与不可利用量之差。此外，也通过对比 $g(Q_4(t), Q_u^{x_0}(t))$ 与 $Q_2(t)$ 或者 $Q_a^{x_0}(t)$ 与 $Q_r(t)$ 的差异性，对洪水资源利用的现状进行评价。

式（4-16）两边同时对 $x \to \infty$ 取极限，显然随着调控利用能力 $x \to \infty$，有 $Q_u^x(t) = 0$、$g(Q_4(t), Q_u^x(t)) = Q_4(t)$，称洪水调控利用能力趋向于无穷大时的洪水资源利用潜力为洪水资源理论利用潜力 $Q_p(t)$：

$$\begin{aligned} Q_p(t) = \lim_{x \to \infty} Q_p^x(i) &= \lim_{x \to \infty}(Q_2(t) - g(Q_4(t), Q_u^x(t))) \\ &= Q_2(t) - Q_4(t) \end{aligned} \qquad (4\text{-}17)$$

式（4-17）的意义在于，通过无限提高流域洪水资源调控利用能力，流域洪水资源利用潜力达到最大（称为洪水资源理论利用潜力），为现状利用水平下的出境水量与本流域所"不允许利用"部分之差。

同时，定义现有水利工程条件下，适当采取了某种经济、技术可行的洪水资

源利用方式（洪水资源调控利用能力为 x_*）对应的洪水资源利用潜力 $Q_p^{x_*}(t)$ 为洪水资源现状利用潜力，记

$$Q_p^{x_*}(t) = Q_2(t) - g(Q_4(t), Q_u^{x_*}(t)) \qquad (4\text{-}18)$$

假定某流域在尚未大规模建设蓄水工程之前（认为是天然条件下），出口断面的流量过程为 $Q_1(t)$，$t \in [t_0, t_T]$；随着洪水资源调控利用能力的提高，流域出口断面的流量过程线变得越来越低，记现状利用水平下的流量过程为 $Q_2(t)$，$t \in [t_0, t_T]$；记采取了洪水资源利用方式的出口断面流量过程为 $Q_3(t)$，$t \in [t_0, t_T]$；记为保证洪水期流域出口断面以下基本用水需求的流量过程为 $Q_4(t)$，$t \in [t_0, t_T]$。$Q_1(t)$、$Q_2(t)$、$Q_3(t)$ 和 $Q_4(t)$ 分别标记为①、②、③和④号线，如图 4-1 所示。

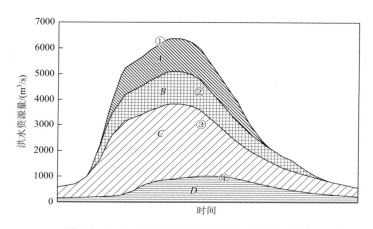

图 4-1　与洪水资源利用相关的若干概念关系图

由问题实际背景可知，现状水利工程条件下采取了洪水资源利用方式的出口断面流量过程为 $Q_3(t)$，满足 $Q_3(t) = g(Q_4(t), Q_u^{x_0}(t))$。这样从图 4-1 可以直观地看出洪水资源量、洪水资源理论可利用量、洪水资源适宜可利用量、洪水资源理论利用潜力、洪水资源适宜潜力等概念之间的定量关系。在洪水期 $[t_0, t_T]$ 上，洪水资源量为①号线与横坐标围成的面积，记为 $W_T = A + B + C + D$；洪水资源理论可利用量为①号线与④号线围成的面积，记为 $W_{AT} = A + B + C$；洪水资源现状可利用量为①号线与③号线围成的面积，记为 $W_{AF} = A + B$。洪水资源理论利用潜力为②号线与④号线围成的面积，记为 $W_{PT} = B + C$；洪水资源现状利用潜力为②号线与③号线围成的面积，记为 $W_{PF} = B$。

从图 4-1 可以看出，流域洪水资源利用的过程，就是如何把出口断面的流量过程从②号线变成③号线，并逐步接近④号线的过程。

4.3.2　洪水资源利用现状与潜力评价方法

从 4.3.1 节推理分析过程可知，评价洪水资源利用潜力，首先要做如下工作：①进行洪水期划分；②进行洪水资源还原计算获得 $Q_1(t)$；③确定流域现状水利工程条件下的洪水调控利用能力 x_*；④计算流域出口断面以下必要的生活、生产和生态需水过程 $Q_4(t)$。

1. 洪水资源利用现状评价方法

利用式（4-15）计算各时段流域洪水资源实际利用量 $Q_r(t)$，利用式（4-12）计算流域洪水资源现状可利用量 $Q_a^{x_0}(t)$。评价 $Q_a^{x_0}(t)$ 的关键是计算 $Q_u^{x_0}(t)$，$Q_u^{x_0}(t) = \max(Q_1(t) - x_0, 0)$。根据 $Q_a^{x_0}(t)$ 与 $Q_r(t)$ 的大小关系，判断现状条件下洪水资源利用的合理性。若 $Q_a^{x_0}(t) > Q_r(t)$，表明基于现有工程体系，通过优化调控还有进一步挖掘潜力的空间；反之则表明系统已经满负荷运转，甚至可能存在因流域用水过度，出现破坏生态环境、影响流域下游基本用水的现象。采用流域洪水资源利用率 $\eta = \sum Q_r(t) / Q_a^{x_0}(t) \times 100\%$，综合判断流域洪水资源现状利用的相对水平。

2. 洪水资源利用潜力和可利用量评价方法

利用式（4-17）和式（4-18），分别计算得到各个时段内的洪水资源理论利用潜力 $Q_p(t)$ 和洪水资源现状利用潜力 $Q_p^{x_*}(t)$，然后将各个时段计算结果累加，计算洪水资源理论利用潜力 $W_p(i)$ 和现状利用潜力 $W_p^{x_0}(i)$，点绘历年洪水资源量 W_T 与洪水资源理论利用潜力 W_{PT} 关系曲线，以及历年洪水资源量 W_T 与现状利用潜力 W_{PF} 关系曲线，明确洪水资源利用对象和可能进一步挖掘的潜力。

利用式（4-11）计算洪水资源理论可利用量，并在同一张图上点绘历年洪水资源量 W_T 与理论可利用量 W_{AT}，以及历年洪水资源量 W_T 与现状可利用量 W_{AF} 的关系曲线，进一步明晰在保障防洪安全和生态安全前提下，可以利用的洪水资源理论最大量和现状可能的最大量。

4.3.3　南四湖流域应用实例

在推求韩庄运河的防洪设计标准时，参考了山东省淮河流域水利管理局编制的《山东省淮河流域综合规划报告》。在计算河道适宜生态需水量时，收集到了南四湖流域成武、后营、微山等 20 个雨量站的 1962～2005 年逐日雨量资料，以及出口控制站韩庄运河韩庄闸站 1962～2005 年逐日流量资料。根据《山东省淮河流域综合规划报告》，南四湖流域已基本建成较完善的现代化流域防洪除涝减灾体系，南四湖近期防洪标准达到 50 年一遇，远期防洪标准已达到 100 年一遇（相当于能防御 1957 年洪水）；韩庄运河近期防洪标准也为 50 年一遇，远期防洪标准也已达到 100 年一遇。

　　水文资料系列选择 1975～2005 年共计 31 年的水位资料历年流量资料。应用水文统计法进行兴利分析计算时，一个重要前提是水文资料系列应具有一致性。其中，气候条件变化极为缓慢，一般可以不考虑。人类活动影响下垫面的改变，有时却很显著，是影响资料一致性的主要因素，需要重点考虑。经调研知，本流域自 20 世纪 50～70 年代修建的大中小水库等水利工程较多，所以本次选取 1975～2005 年的水文资料系列。由于南四湖洪水资源利用主要针对的是汛期洪水资源量，因此具体计算时将"洪水期"界定为南四湖流域主汛期 6～9 月，认为主汛期天然洪水径流量即为洪水资源总量，计算的时间为整个主汛期。

　　目前，用于计算河道生态需水方法很多，本书采用 Tennant 法计算流域出口控制站韩庄运河韩庄闸河道内生态流量过程。在 Tennant 法中，以预先确定的多年平均流量百分数为基础，将保护水生态和水环境的河流流量推荐值分为最大允许极限值、最佳范围值、极好状态值、很好状态值、良好状态值、一般或较差状态值、差或最小状态值和极差状态值等 1 个高限标准、1 个最佳范围标准和 6 个低限标准。在上述 6 个低限标准中，又依据水生生物对环境的季节性要求不同，分为 4～9 月鱼类产卵育肥期和 10 月至翌年 3 月一般用水期。经分析确定最小生态流量：非汛期（11 月至翌年 6 月）取多年平均月流量的 10%、汛期（7～10 月）取多年平均月流量的 30%；河道内的适宜生态流量：非汛期（11 月至翌年 6 月）取多年平均月流量的 20%，汛期（7～10 月）取多年平均月流量的 40%，计算结果见表 4-1。

表 4-1　韩庄运河逐月多年平均流量及最小和适宜生态流量过程（单位：m^3/s）

项目	1 月	2 月	3 月	4 月	5 月	6 月	7 月	8 月	9 月	10 月	11 月	12 月
多年平均月流量	4.90	1.72	1.22	1.14	2.98	4.37	47.15	109.98	117.93	56.67	11.99	10.93
最小生态流量	0.49	0.17	0.12	0.11	0.30	0.44	14.15	32.99	35.38	17.00	1.20	1.09
适宜生态流量	0.98	0.34	0.24	0.23	0.60	0.87	18.86	43.99	47.17	22.67	2.40	2.19

　　汛期不可控洪水径流量和洪水资源调控利用能力的确定是洪水资源可利用量计算的又一关键之处，目前在确定洪水资源调控利用能力时，比较简便的方法：对于现状水资源开发利用程度较高的流域水系，选取近十年来流域汛期调控耗用水量的"最大值"，并适当调整作为流域洪水资源调控利用能力。这也是目前全国

水资源综合规划所采用的方法，可简称为"最大值法"。

本书认为，对于南四湖流域而言，采用"最大值法"确定洪水资源调控利用能力（W_F^D）是基本合理的，但应进一步结合流域洪涝灾害数据，经过综合分析确定。因为发生重大洪涝灾害（尤其是流域性洪涝灾害）的年份，流域汛期调蓄耗用的洪水径流量也往往很大，但这些年份洪水径流实际调控耗用量很可能超出流域现有或规划的标准，不宜代表流域洪水资源调控利用能力。所以，采用"最大值法"确定洪水资源调控利用能力不尽合理。本书认为不能盲目选择"最大值"，而应选择现阶段或近十年流域洪水径流调控耗用水量的"较大值"，经综合比较后作为流域洪水资源调控利用能力，这样可以防止过度夸大流域洪水资源调控利用能力（胡庆芳等，2010；王宗志等，2014a）。

经计算，南四湖流域洪水期多年平均入湖水量 21.262 亿 m³、洪水期多年平均实际利用洪水量为 6.624 亿 m³、流域出口生态环境需水量为 2.805 亿 m³，多年平均不可控的洪水资源量为 10.583 亿 m³、多年平均洪水资源可利用量为 7.874 亿 m³，现阶段可以挖掘的洪水资源利用潜力为 2.509 亿 m³（表 4-2）。

表 4-2　南四湖流域洪水资源利用潜力相关计算量

年份	洪水资源总量/亿 m³	洪水资源实际利用量/亿 m³	洪水资源利用率/%	不可控洪水径流量/亿 m³	生态环境需水量/亿 m³	洪水资源可利用量/亿 m³	洪水资源利用潜力/亿 m³
1975	37.192	7.440	20.006	25.043	3.744	8.405	0.965
1976	28.399	7.820	27.535	16.249	2.768	9.381	1.562
1977	18.276	8.172	44.714	6.126	1.797	10.352	2.180
1978	30.009	1.896	6.318	17.860	2.622	9.527	7.631
1979	28.834	1.020	3.539	16.685	3.576	8.573	7.553
1980	33.675	13.568	40.291	21.526	2.629	9.520	0.000
1981	18.878	8.035	42.562	6.728	1.755	10.394	2.359
1982	21.528	7.587	35.242	9.379	1.755	10.394	2.807
1983	16.658	8.306	49.865	4.508	1.755	10.394	2.088
1984	27.986	9.773	34.920	15.836	1.895	10.254	0.481
1985	26.709	9.193	34.418	14.560	3.856	8.293	0.000
1986	11.386	8.263	72.570	0.000	1.755	9.631	1.368
1987	11.560	6.527	56.465	0.000	1.755	9.805	3.277
1988	4.535	5.546	122.293	0.000	1.755	2.780	0.000
1989	4.595	4.775	103.914	0.000	1.755	2.840	0.000
1990	19.722	8.240	41.779	7.572	1.755	10.394	2.154
1991	20.462	10.607	51.838	8.312	1.801	10.348	0.000
1992	6.816	3.097	45.438	0.000	1.755	5.061	1.964

续表

年份	洪水资源总量/亿 m³	洪水资源实际利用量/亿 m³	洪水资源利用率/%	不可控洪水径流量/亿 m³	生态环境需水量/亿 m³	洪水资源可利用量/亿 m³	洪水资源利用潜力/亿 m³
1993	27.079	4.300	15.880	14.930	2.546	9.604	5.303
1994	16.267	7.082	43.536	4.118	1.755	10.394	3.312
1995	22.809	4.436	19.451	10.659	2.690	9.459	5.023
1996	13.104	6.381	48.694	0.955	1.755	10.394	4.013
1997	5.219	12.149	232.769	0.000	1.755	3.464	0.000
1998	35.738	8.331	23.312	23.589	4.588	7.561	0.000
1999	8.459	11.606	137.195	0.000	1.755	6.704	0.000
2000	9.252	2.116	22.870	0.000	1.755	7.497	5.381
2001	13.706	5.793	42.269	1.557	1.755	10.394	4.601
2002	1.940	3.436	177.150	0.000	1.755	0.184	0.000
2003	33.717	−2.256	−6.691	21.568	4.148	8.001	10.258
2004	56.501	13.428	23.766	44.352	10.256	1.893	0.000
2005	48.110	−1.312	−2.727	35.960	9.948	2.202	3.513
平均	21.262	6.624	31.156	10.583	2.805	7.874	2.509

注：表中洪水资源利用率的平均值，是先计算多年洪水资源实际利用量和洪水资源总量，然后再相除得到的，而不是各年洪水资源利用率的平均数。

4.4　滨湖反向调节洪水资源利用方法

在保障防洪安全与不再进一步损害河湖生态健康的前提下，利用泵站择机抽提本已入湖且要下泄的洪水，反向（与天然洪水入湖方向相反）蓄至平原水库、煤矿塌陷区等湖泊周边的可能蓄水空间，以供非汛期使用的洪水资源开发活动，称为滨湖反向调节洪水资源利用方式。这种方式一方面可为沿湖周边地区提供必要的生产、生活和生态用水，另一方面又可能有效降低湖泊行洪风险，是浅水湖泊洪水资源利用的常用方式（王宗志等，2020）。

4.4.1　滨湖反向调节洪水资源利用模型

滨湖反向调节洪水资源利用是采用水库预报调度原理，通过把上级湖"预泄"洪水反向调节泵给滨湖平原区蓄水体，然后分配给潜在用户，为沿湖周边地区提供必要的生产用水，并有效降低湖泊行洪风险、充分利用汛期湖泊弃水的一种湖泊流域洪水资源利用的新方式。滨湖反向调节洪水资源利用模型旨在回答和解决什么时候开始抽，抽多少的问题？它是一个模拟和优化相结合的模型，具体包括模拟规则和优化模型两部分，模型结构如图 4-2 所示。图 4-2 表明，首先利用 m 个泵站，从具有 k 条入流（$Q_1, Q_2, \cdots, Q_k$）的湖泊中抽取洪水资源，并蓄至相应的 m 个区域蓄水体；再把储存在 m 个蓄水体的水资源供给 N 个用水户当前及未来一段时间使用。

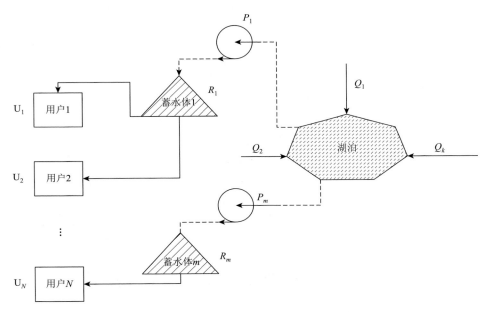

图 4-2　滨湖反向调节洪水资源利用模型示意图

1. 模拟规则

规定：①计算时间尺度为日；②起调时段为 6 月 1 日（汛期开始）；③泵站启动水位为低于汛限水位某一深度的湖泊水位（对应库容为 S_c），所谓泵站启动水位，即当湖泊水位高于该水位，泵站启动抽水；否则泵站不工作；④湖泊末库容 S_e 与初始库容 S_0 相等。模拟规则主要包括抽水泵站运行规则和区域蓄水体供水规则两部分。

1）泵站运行规则

（1）如果湖泊洪水资源可利用量 $S + Q\Delta t < S_c$，S 为湖泊时段初库容，Q 为时段 Δt 入湖平均流量，即图 4-2 中从 Q_1 至 Q_k 的所有入流之和，Δt 为计算时段长，S_c 为启动库容。此时湖泊不具备洪水资源利用条件，泵站停止运行，泵站时段抽水量 $W_p = 0.0$。

（2）如果湖泊洪水资源可利用量 $S + Q\Delta t \geqslant S_c$，并且 $S + Q\Delta t < S_{ub}$，S_{ub} 为湖泊汛限

水位或正常高对应的库容，那么泵站时段抽水量 $W_p = aP_c\Delta t$，其中 $a = \dfrac{(S + Q\Delta t) - S_c}{S_{ub} - S_c}$，$P_c$ 为泵站抽水能力。

（3）如果湖泊洪水资源可利用量 $S + Q\Delta t \geqslant S_{ub}$，那么泵站时段抽水量为 $W_p = P_c\Delta t$。泵站启停运行规则如图 4-3（a）所示。

2）区域蓄水体供水规则

（1）如果区域蓄水体可利用水量（$SR_0 + W_p$），满足 $0 \leqslant SR_0 + W_p < W_d$，其中 W_d 为时段内河道外需水量，那么外供水量 $W_s = SR_0 + W_p$。

（2）如果区域蓄水体可利用水量（$SR_0 + W_p$），满足 $W_d \leqslant SR_0 + W_p \leqslant W_d + SR_c$，那么可供水量 $W_s = W_d$；

（3）如果区域蓄水体可利用水量 $SR_0 + W_p \geqslant W_d + SR_c$，那么 $W_s = W_d$，蓄水体弃水 $W_q = SR_0 + W_p - W_d - SR_c$。

区域蓄水体供水规则类似于水库的供水标准规则（standard operation policy，SOP）（Loucks and van Beek，2017；Oliveira and Loucks，1997），如图 4-3（b）所示。

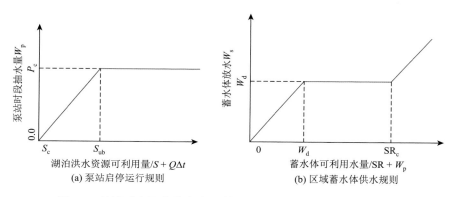

(a) 泵站启停运行规则   (b) 区域蓄水体供水规则

图 4-3   滨湖反向调节洪水资源利用中泵站抽水与蓄水体供水规则

2. 优化模型

决策变量为湖泊抽水临界库容 S_c，抽水能力 P_c，区域外蓄水体积 SR_c。

1）目标函数

（1）区域缺水量最小。

$$\min \sum_{t=1}^{T} \sum_{i=1}^{M} (W_{i,t}^d - W_{i,t}^s) \qquad (4\text{-}19)$$

式中，$W_{i,t}^d$ 为时段 t 第 i 个用户的需水量；$W_{i,t}^s$ 为蓄水体时段 t 向第 i 用户的供水量；T 和 M 分别为计算时段和用户数目。

（2）区域蓄水体弃水量最小。

$$\min \sum_{t=1}^{T} \sum_{j=1}^{N} W_{j,t}^{q} \tag{4-20}$$

式中，$W_{j,t}^{q}$ 为蓄水体 j 时段 t 的弃水量；N 为区域蓄水体数目。

2）约束条件

（1）时刻 t 供水量不大于抽水能力。

$$\sum_{i=1}^{N_k} W_{k,i,t}^{p} \leqslant P_k^{c} \tag{4-21}$$

式中，$W_{k,i,t}^{p}$ 为时刻 t 泵站 k 向蓄水体 i 用户的供水量；N_k 为泵站 k 服务的蓄水体数目；P_k^{c} 为泵站 k 的时段抽水能力。

（2）供水量不大于区域河道外需水量。

$$W_{i,t}^{s} \leqslant W_{i,t}^{d} \tag{4-22}$$

式中，$W_{i,t}^{s}$ 和 $W_{i,t}^{d}$ 分别为时刻 t 向蓄水体 i 用户的供水量和需水量。

（3）所有变量非负。

3. 模型求解

浅水湖泊洪水资源适度开发规模优选模型是一个模拟与优化相结合的复杂非线性多目标优化模型，常规方法求解十分困难。非支配排序遗传算法（non-dominated sorting genetic algorithm，NSGA-Ⅱ）是目前使用最为广泛的智能优化算法，它降低了非劣排序遗传算法的复杂性，具有运行速度快，收敛性好等优点（Srinivas and Deb，1994；Yang et al.，2016；Lei et al.，2018），已在多个水资源工程中得到成功应用。为此，本书采用 NSGA-Ⅱ 进行求解，它可以比较方便地分析泵站启动水位-泵站抽水能力-区域蓄水体容积-区域洪水资源供水量之间的动态博弈关系。

4.4.2　滨湖反向调节供水区需水与蓄水空间

1. 用水需求分析

经过多次调研和专家咨询确定了可能采用滨湖反向调节方式实施洪水资源利用的区域，具体包括嘉祥县、高新区（任城区、市中区）、兖州区、邹城市、滕州市、沛县、鱼台县、金乡县、巨野县等，如图 4-4 所示。经预测滨湖供水区现状年（2020 年水平年）50%和 75%条件下需水量分别为 13.48 亿 m³ 和 15.08 亿 m³，规划水平年 2025 年需水量分别为 14.75 亿 m³ 和 16.44 亿 m³，具体过程见表 4-3。事实上，要满足这些用水需求，除滨湖反向调节利用湖泊水之外，还需要当地地表水、地下水、引黄水、引江水及非常规水，仅依靠滨湖反向调节是无法满足的。但在本书中，我们旨在获得不受需求约束下的滨湖反向调节方式的最大可供水量，对于本次调节计算而言，需水过程的形状比数量大小更为重要。因此，我们可以选择上述任何一个过程，作为模型的用水需求输入。

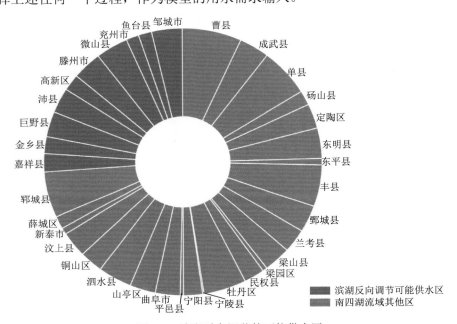

图 4-4　滨湖反向调节的可能供水区

表 4-3　滨湖反向调节可能供水区的用水需求　　　（单位：万 m³/d）

月份	2020 年		2025 年	
	50%	75%	50%	75%
1	462.72	462.72	561.45	561.45
2	1 102.38	1 081.02	1 385.01	1 297.5
3	1 016.52	946.05	1 340.13	1 253.67
4	2 645.67	2 596.83	2 219.13	2 291.13
5	462.72	1 327.47	561.45	1 416.96
6	1 744.83	1 890.18	1 920.6	2 002.56
7	1 200.45	988.02	1 184.49	1 037.19
8	1 515.09	2 256.99	1 655.01	2 393.49
9	1 550.13	1 660.02	1 691.37	1 810.26
10	850.8	946.05	1 110.45	1 253.67
11	462.72	462.72	561.45	561.45
12	462.72	462.72	561.45	561.45
合计	13 476.75	15 080.79	14 751.99	16 440.78

2. 蓄水空间调查分析

南四湖流域矿藏资源丰富，特别是煤炭资源分布面大，储量多，且煤种齐全，埋藏集中，煤质好，便于大规模开采。煤炭分布面积为 392 000 hm²，煤层赋存较厚，大部分厚度达 8~12 m，累计探明煤炭资源储量 151 亿 t。煤炭常年开采导致大量土地塌陷，使得耕地不断减少，农业经济损失巨大。目前南四湖流域煤矿塌陷区总面积为 511.04 hm²，其中积水面积为 7847.00 hm²。煤矿塌陷区目前每年以 2000.00 hm² 的速度增加，2020 年总塌陷面积为 76 953.85 hm²，其中常年积水面积将达到 10 462.37 hm²。南四湖蓄滞洪区内分布着泗河煤矿、新安煤矿等矿井，煤矿塌陷区面积约为 278 hm²，占滞洪面积的 1.1%。2020 年煤矿塌陷区面积为 428 hm²，占滞洪面积的 1.7%。采煤塌陷严重破坏了生态环境，造成了诸如河道断流、地下水系破坏等现象。泗河—青山滞洪区内分布着泗河煤矿、济宁三号井煤矿，煤矿塌陷区面积为 2.54 km²，占本段滞洪区面积的 1.7%，2020 年，煤矿塌陷区面积将增加到 3.77 km²，占本段滞洪区面积的 2.6%（图 4-5）。

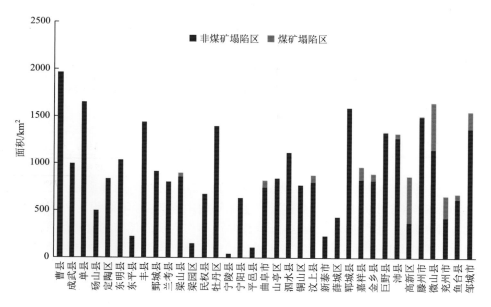

图 4-5　2020 年南四湖流域主要煤矿塌陷区分布

界河—城郭河滞洪区内分布着新安煤矿、级索煤矿等，煤矿塌陷区面积为 0.37 km²，占本段滞洪区面积的 0.32%，2020 年煤矿塌陷区面积增加到了 3.77 km²，占本段滞洪区面积的 0.49%。南四湖蓄滞洪区内分布着泗河煤矿、新安煤矿等矿井，目前滞洪区内煤矿塌陷区总面积为 2.78 km²，大面积的粮田成为沼泽水域，杂草丛生，荆棘遍地，生态环境恶化，人民的正常生产和生活受到重大影响。为了改善这种状况，以"宜种则种，宜养则养，宜渔则渔，宜林则林，宜用则用"为原则，对塌陷地进行全面治理、综合利用。本书收集了南四湖周边主要煤矿（不含江苏）如表 4-4 所示。

表 4-4　南四湖周边主要煤矿统计表

市（县/区）	名称
梁山县	杨营煤矿
嘉祥县	彭庄煤矿、梁宝寺煤矿、龙祥矿业、红旗煤矿
汶上县	李官集铁矿、义桥煤矿、唐阳煤矿、鲁西煤矿、阳城煤矿
金乡县	金桥煤矿、花园煤矿、霄云煤矿
兖州市	鲁西矿业、新驿煤矿、大统矿业、兴隆庄煤矿、杨村煤矿、田庄煤矿、何岗煤矿、鲍店煤矿
曲阜市	单家村煤矿、古城煤矿、星村煤矿、兴隆庄煤矿、东滩煤矿
邹城市	东滩煤矿、鲍店煤矿、横河煤矿、太平煤矿、南屯煤矿、北宿煤矿、落陵煤矿、唐村煤矿
济宁市区（任城区）	葛亭煤矿、运河煤矿、何岗煤矿、岱庄煤矿、许厂煤矿、唐口煤矿、新河二号煤矿、济宁二号煤矿、济宁三号煤矿、泗河煤矿、王楼煤矿、鹿洼煤矿
滕州市	滨湖煤矿、新安煤矿、岱庄生建煤矿、湖西矿井、龙东煤矿
微山县	蔡园生建煤矿、姚桥煤矿、柴里煤矿、崔庄煤矿、蒋庄煤矿、徐庄煤矿、高庄煤矿、田陈庄煤矿、岱庄生建煤矿、欢城煤矿、付村煤业、三河口煤矿、七五生建煤矿、孔庄煤矿、金源煤矿、昭阳煤矿

根据《济宁市采煤塌陷地治理规划（2016—2030 年）》及煤矿分布图统计，截至 2020 年济宁市共有 56 个煤矿已产生塌陷地，煤矿总塌陷面积为 769.54 km²，除部分经治理变为耕地外，394.34 km² 塌陷区可作为反向调节的蓄水场所，储存雨洪水。采煤塌陷严重破坏了生态环境，造成了诸如河道断流、地下水系破坏等现象，但为雨洪水集蓄提供了空间。南四湖煤矿塌陷区分布如图 4-5 所示。《济宁市采煤塌陷地治理规划（2016—2030 年）》明确塌陷区设计水深为 2~3 m，蓄水养鱼、供水为宜，据此核算南四湖流域内煤矿塌陷区反调节蓄水容积为 7.89 亿~11.83 亿 m³。此外，济宁市现有中小型水库总库容约为 2.88 亿 m³，总兴利库容约为 1.78 亿 m³，加上即将建成的孟宪洼水库库容为 0.0987 亿 m³，可用于滨湖反向调节的总蓄水容积为 9.67 亿~13.61 亿 m³。

4.4.3　结果分析与讨论

从模型建立过程可知，南四湖洪水资源潜力挖掘多少取决于：①泵站抽水能力 P_c；②泵站抽水时机，即湖泊启动抽水位 H_c（对应蓄水量 S_c）；③区域蓄水体积 SR_c；④河道外需水量 W_d。前已述及模型中输入的需水过程远远大于实际情况，故决定河道外可供水量的制约因素在于前三个因素。为直观分析泵站抽水能力 P_c、湖泊启动抽水位 H_c 和区域蓄水体容积 SR_c 对河道外供水的制约关系，分别进行如下模拟。

（1）保持泵站启动水位不变，分析区域蓄水体容积、泵站抽水能力与可供水量、弃水量和湖泊弃水量的响应关系。设置上级湖泵站启动水位 33.7 m（汛限水位为 34.2 m），上级湖泵站启动水位为 33.0 m（汛限水位 32.5 m）；泵站抽水能力从 0 到 150 m³/s，每隔 5 m³/s 取一个数据，区域外蓄水体容积从 0 到 15 亿 m³，每隔 0.5 亿 m³ 设置一个方案。采用 1962 年 1 月 1 日～2005 年 12 月 31 日逐日入湖数据连续模拟。模拟结果如图 4-6 所示，随着泵站抽水能力 P_c、区域外蓄水体容积 SR_c 增大，区域蓄水体可供水量并不是呈线性增加关系，而是在蓄水容积约为 4.5 亿 m³ 存在一个明显的平面，泵站抽水能力在 50 m³/s 时存在明显的拐点。

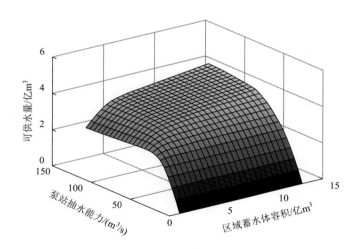

图 4-6　固定泵站启动水位，泵站抽水能力、区域蓄水体容积与可供水量的关系

图 4-7 反映了泵站启动水位固定（上级湖 33.7 m，下级湖 33.0 m）时，区域蓄水体弃水随泵站抽水能力和启动水位的关系，从该图可以明显看出，当泵站抽水达到一定量级时，区域蓄水体存在明显的弃水现象，产生能源浪费。

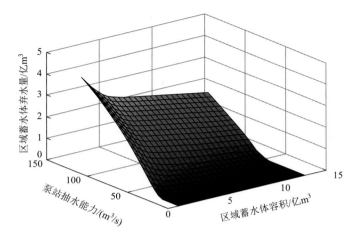

图 4-7 固定泵站启动水位，区域蓄水体弃水量、泵站抽水能力与区域蓄水体容积的关系

（2）保持区域蓄水体容积不变，分析泵站启动水位、泵站抽水能力与区域蓄水体供水量、弃水量与湖泊弃水量的响应关系。设置区域蓄水体容积为 5 亿 m³，泵站启动的湖泊水位从 33.7 m 到 34.2 m（汛限水位），每隔 0.02 m 作为一个方案；泵站抽水能力从 0 到 150 m³/s，每隔 5 m³/s 取一个数据。采用 1962 年 1 月 1 日～2005 年 12 月 31 日逐日入湖数据连续模拟。模拟结果如图 4-8 所示，随泵站抽水能力和启动水位变化，蓄水体年均供水量存在明显的平台效应，此时区域蓄水体年均供水量约为 3.6 亿 m³、泵站抽水能力为 50 m³/s，泵站启动水位为 33.9 m。图 4-9 反映了区域蓄水体和南四湖上级湖弃水，随泵站抽水能力和启动水位的变化关系，从该图可以明显看出，当泵站抽水达到一定量级时，区域蓄水体存在明显的弃水现象，这表明泵站启动水位、泵站抽水能力和区域蓄水体容积存在一个合理区间。

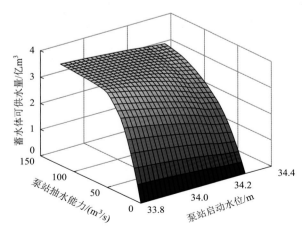

图 4-8 蓄水容积为 5 亿 m³ 时，泵站抽水能力、泵站启动水位与蓄水体可供水量的关系

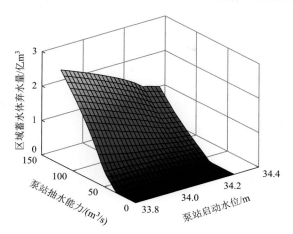

图 4-9　蓄水体容积为 5 亿 m^3 时，区域蓄水体弃水量、泵站抽水能力与泵站启动水位关系

（3）多目标综合分析。采用 1962～2005 年长系列逐日入湖资料，利用建立的浅水湖泊洪水资源适度开发规模优选模型进行综合分析。区域缺水量最小与区域蓄水体弃水量最小两个目标函数之间的竞争关系如图 4-10 所示。当年均缺水量为 2.25 亿 m^3 和蓄水体弃水量为 0.175 亿 m^3 时，目标函数加权平均最小，可认为是最适宜规模，此时泵站启动水位为 33.75 m、泵站抽水能力为 48 m^3/s、区域蓄水体容积为 4.8 亿 m^3。图 4-11 为该条件下 1962～2005 年来水情况下的全年和汛期供水量年际变化图，从该图可以看出湖泊供水年际差异大，最大值可到 6.2 亿 m^3，但有的年份则取不到水或取到很少的水，如枯水年组 1987～1989 年、2000～2002 年等，年均供水量为 3.63 亿 m^3，汛期多年平均供水量为 1.56 亿 m^3，相当于超过 2 年一遇以上降水条件发生时才能取到水。

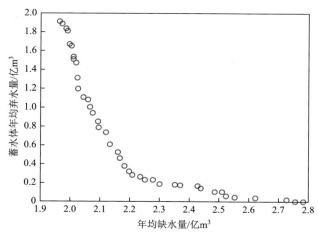

图 4-10　区域缺水量最小与区域蓄水体弃水量最小两个目标函数之间的竞争关系

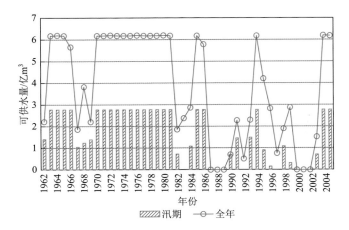

图 4-11　逐年汛期和全年洪水资源可利用量

通过本节研究，可以得出如下结论。

（1）评价了南四湖滨湖区可用于反向调节利用洪水的蓄水体分布与容积，容积总量为 9.67 亿～13.61 亿 m^3，包括煤矿塌陷区容积 7.89 亿～11.83 亿 m^3，中小型水库兴利库容为 1.8787 亿 m^3（总库容 2.97 亿 m^3）。

（2）调查了南四湖滨湖地区潜在用水户分布，并对 2025 年需水量进行了预测。50% 和 75% 条件下需水量分别为 14.75 亿 m^3 和 16.44 亿 m^3，这些需求由当地地表水、地下水、引黄水、引江水与湖泊水等多水源共同提供。

（3）利用 1962～2005 年长系列逐日入湖资料，模拟了湖泊洪水资源开发规模（河道外可供水量）与工程建设规模（泵站抽水能力、区域蓄水体容积）的互动关系，发现之间并不呈现线性增长关系，存在明显的阈值效应。

（4）泵站启动水位为 33.75 m（上级湖）、抽水能力为 48 m^3/s、区域蓄水体容积为 4.8 亿 m^3 时，利用规模最为适宜，多年平均全年供水量为 3.63 亿 m^3、汛期为 1.56 亿 m^3，相当于超过 2 年一遇以上降水条件发生时才能取水，否则可能会影响下游生态与供水安全。

通过实例研究，对流域洪水资源利用实践得到的启示如下。

（1）对于水资源条件特定流域的洪水资源开发利用程度，在工程建设规模、区域用水需求和河流生态安全之间存在一个平衡点，建立"适度"开发利用的理念是必要的。

（2）对于调蓄能力不高且与周边水量交换频繁的浅水湖泊，如南四湖、太湖、鄱阳湖、洞庭湖等，滨湖反向调节挖掘汛期洪水资源利用潜力，既具有普遍性，也是安全高效的，但在实施中也要加强水文预报与精细化调度研究，既要充分利用好本应下泄的入湖洪水，也要防止因过多占用滨湖区"防洪库容"而造成的内涝风险。

4.5 湖西平原水系沟通互济洪水资源利用

南四湖流域湖西地区属于黄泛平原区，中华人民共和国成立以前水系紊乱，坡水不能入河，河水难以入湖，汛期河湖水位壅高不下，堤防决口漫溢，积水成灾。20 世纪 50、60 年代，人们对南四湖流域进行整治，统一规划与管理，对原有多数河流截断、废弃，开挖新河道。之后的多年治水实践中，一直围绕着堤防加固、河道清淤、顺直、渠化等开展防洪减灾的水利工作，目前南四湖湖西平原区已形成以梁济运河、洙赵新河、东鱼河、复新河、大沙河和新（老）万福河等为骨干河道，拦河闸、拦河坝和防洪堤镶嵌其中的防洪工程体系。经过调整后，上游河道来水加快，迅速入湖，同时上级湖的低调蓄能力使得南四湖水位在大洪水时居高不下，中小洪水迅速流失。经过 50 余年的经济社会发展，湖西平原区河道外用水（耗水）较之过去大幅度增加，原来以"高水高排、低水低排"为理念的河道水系治理思路，开始显示出缺陷性。因此，在现有防洪工程体系的基础上，通过建立闸坝工程将已废弃的河道与现有河道相连，形成连通性更好的河网水系，是南四湖湖西平原洪水资源利用的重要举措和战略思考。在此基础上，通过联合利用拦河闸、分洪闸坝，达到河道内有效蓄洪，河道间相互调剂，改变洪水的空间分布，延长洪水在区域的滞留时间，既可以充分补充地下水，恢复河流生态，增加水资源供给，同时又可以适当转移防洪压力的目的。

基于上述考虑，提出了面向洪水资源利用的南四湖湖西水系沟通建设思路：①通过实地调查、专家咨询等方式，设计湖西河道恢复经济可行的重建方案；②分别建立现状工况和重建方案下的集河道演进、闸坝联合调控于一体的河网洪水调控模拟模型；③从全流域角度，建立利用效果评估指标，评价其合理性。

4.5.1 考虑河床下渗的河网洪水行为模拟模型

1. 考虑河床下渗的圣维南方程组推导[①]

假定下渗率为河道水面宽度的函数，以一般天然河道为例，采用微元法推导考虑河道下渗的连续性方程。设 A 为普通河道 x 断面处的横截面积，河面宽度为 B 时的下渗率为 S，亦即单位面积，单位时间内的下渗量 S 可表示为

$$S = \frac{\Delta W}{\Delta A \cdot \Delta t} = \frac{\Delta W}{\Delta x \cdot B \cdot \Delta t} \qquad (4\text{-}23)$$

记 Q 为一般河道 x 断面处的流量。根据质量守恒定律，t 时刻微元水体内所含水

---

① 引自王宗志等（2015）。

量 $A \cdot \Delta x$，加上$[t,\ t+\Delta t]$时段内流入微元水体内的水量 $Q \cdot \Delta t$，减去$[t,\ t+\Delta t]$时段内流出微元水体内的水量$\left(Q+\dfrac{\partial Q}{\partial x} \cdot \Delta x\right) \cdot \Delta t$，再减去$[t,\ t+\Delta t]$时段内微元水体因下渗而损失的水量 $\Delta W = S \cdot B \cdot \Delta x \cdot \Delta t$，应等于 $t+\Delta t$ 时刻微元水体内所含水量$\left(A+\dfrac{\partial A}{\partial t} \cdot \Delta t\right) \cdot \Delta x$，这一过程可表示为

$$\left(A+\frac{\partial A}{\partial t} \cdot \Delta t\right) \cdot \Delta x \approx A \cdot \Delta x + Q \cdot \Delta t - \left(Q+\frac{\partial Q}{\partial x} \cdot \Delta x\right) \cdot \Delta t - S \cdot B \cdot \Delta x \cdot \Delta t \quad (4\text{-}24)$$

式（4-24）两边同除以 $\Delta x \cdot \Delta t$，并令 $\Delta x \rightarrow 0$，$\Delta t \rightarrow 0$，等式两边取极限，整理得

$$\frac{\partial Q}{\partial x}+\frac{\partial A}{\partial t}+S \cdot B = 0 \quad (4\text{-}25)$$

显然，若考虑区间入流 q_s，则式（4-25）变为

$$\frac{\partial Q}{\partial x}+\frac{\partial A}{\partial t}+S \cdot B = q_s \quad (4\text{-}26)$$

理论上，在考虑河道沿程发生渗漏损失的情况下，因水流下渗形成的阻力，会产生一定的能量损失，影响洪水演进，但考虑到下渗速度相对于断面的平均流速要小得多，计算时可忽略不计。为此，本书推导的考虑下渗的河道水体连续性方程，连同动力方程，便构成了考虑河道下渗的一维圣维南方程组守恒形式：

$$\begin{cases} \dfrac{\partial A}{\partial t}+\dfrac{\partial Q}{\partial x}+S \cdot B = q_s \\[3mm] \dfrac{\partial Q}{\partial t}+\dfrac{\partial}{\partial x}\left(\beta \dfrac{Q^2}{A}\right)+gA\left(\dfrac{\partial Z}{\partial x}+S_f\right)+L = 0 \end{cases} \quad (4\text{-}27)$$

式中，Q、Z 分别为流量和水位；x 为沿河水流方向；A 为断面过水面积；q_s 为侧向地表入流；β 为动量修正系数；S_f 为摩阻比降；L 为侧向水流引起的动量变化。

有限差分格式是最早被提出的，也是目前最为经典和最成熟的离散求解圣维南方程组的途径，其中由于 Preissmann 四点隐式格式在理论上对时间步长没有要求，稳定性较好，因此成为目前最受欢迎的方法。在求解区域 $x\text{-}t$ 平面内，按 Preissmann 四点隐式格式离散方程组：

$$\begin{cases} f \big| m = \dfrac{\theta}{2}\left(f_{j+1}^{n+1}+f_j^{n+1}\right)+\dfrac{(1-\theta)}{2}\left(f_{j+1}^n+f_j^n\right) \\[3mm] \dfrac{\partial f}{\partial x}\big| m = \theta\left(\dfrac{f_{j+1}^{n+1}-f_j^{n+1}}{\Delta x}\right)+(1-\theta)\left(\dfrac{f_{j+1}^n-f_j^n}{\Delta x}\right) \\[3mm] \dfrac{\partial f}{\partial t}\big| m = \dfrac{f_{j+1}^{n+1}+f_j^{n+1}-f_{j+1}^n-f_j^n}{2\Delta t} \end{cases} \quad (4\text{-}28)$$

式中，f 可以为流量、水位、流速、河宽等；θ 为权重系数，$0 \leqslant \theta \leqslant 1$。为使差分方程保持无条件稳定，满足 $\theta \geqslant 0.5$。$i+1/2$ 表示取该函数在 i 及 $i+1$ 断面处的平均值。

2. 河道下渗模拟

对比了霍顿下渗公式、Green-Ampt 公式和达西定律 3 种方法在洪水演进中下渗计算的适应性，分析发现霍顿下渗公式为式（4-29）时，因其具有参数确定相对简单、物理意义清晰，以及易于与河网洪水模拟模型耦合等特点，而被遴选为模拟河道下渗行为的方法（Cheng et al.，2015）。

$$f_{p,t} = f_0 + (f_c - f_0)e^{-kt} \tag{4-29}$$

式中，$f_{p,t}$ 为 t 时刻下渗率；f_c 为稳定下渗容量；f_0 为最大下渗容量，也称为初始下渗容量；k 为与土壤特性相关的经验常数。

下渗模型参数计算及与河网模型其他模块的耦合计算过程如下：①河道下渗参数，根据河床岩性和初始地下水埋深等情况，由确定的下渗参数地区规律查算；②时段下渗流量计算时，所采用的河道水面宽取时段初上下断面的水面宽均值；③将河道下渗流量处理成区间出流，在连续性方程中予以处理；嵌入所建立的通用一维河网模型中。河道下渗与河网模型的耦合过程图如图 4-12 所示。

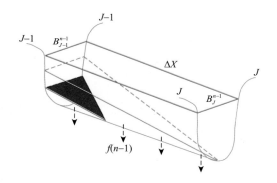

图 4-12　河道下渗流量的计算示意图

假如 $n-1$ 时刻，长为 L 的河段 $J-1$ 的上、下断面水面宽分别为 B_{J-1}^{n-1} 和 B_J^{n-1}，$n-1$ 时刻实际下渗率为 $f(n-1)$，则下渗流量等于

$$Q_{J-1}^{n-1} = \frac{1}{2}(B_{J-1}^{n-1} + B_J^{n-1})Lf(n-1) \tag{4-30}$$

经过 Δt 时间后，时刻 n 上、下断面的水面宽度分别为 B_{J-1}^n 和 B_J^n，实际下渗率为 $f(n)$，则下渗流量为 $Q_{J-1}^n = \frac{1}{2}(B_{J-1}^n + B_J^n)Lf(n)$。那么，在 Δt 时间段内总的下渗量 $W(n)$ 为

$$W(n) = \frac{1}{4}[(B_{J-1}^{n-1} + B_J^{n-1})f(n-1) + (B_{J-1}^n + B_J^n)f(n)]L\Delta t \qquad （4-31）$$

从式（4-31）可知，B_{J-1}^{n-1}、B_J^{n-1}、B_{J-1}^n 是已知的，计算时段 Δt 内下渗量 $W(n)$ 需要获知 B_J^n，而 B_J^n 的计算需要将 $W(n)$ 代入河网洪水模拟模型中才能得出，因此这是一个迭代计算过程。为了简化计算，当时间步长 Δt 不是很长时，本书认为 $f(n) \approx f(n-1)$、$B_{J-1}^n \approx B_{J-1}^{n-1}$、$B_J^n \approx B_J^{n-1}$，则

$$W(n) \approx \frac{1}{2}(B_{J-1}^{n-1} + B_J^{n-1})f(n-1)L\Delta t \qquad （4-32）$$

根据式（4-32）可得单位时间河段均匀出流，即下渗流量为

$$q_{J-1}^{n-1} = \frac{W}{\Delta tL} \approx \frac{1}{2}(B_{J-1}^{n-1} + B_J^{n-1})f(n-1) \qquad （4-33）$$

这样就实现了河道下渗与河网洪水演进模型的耦合。

3. 初边界条件处理

初始条件通常是指非恒定流起始时刻的水流条件。一般情况下，初始条件可以是非恒定流过程中，人们需要着手开始计算的任何指定时刻的水流条件。因此，明渠非恒定流的初始条件可以表示为某一初始时刻 t_0 时所研究河段各断面的水位和流量，即

$$\begin{cases} Z_{t=t_0} = Z(x) \\ Q_{t=t_0} = Q(x) \end{cases} \qquad （4-34）$$

一般情况下有以下两种方法给出计算初始条件。

方法 1：首先进行河段恒定非均匀流水面线的计算，即以某初始的典型流量，计算出各计算断面在恒定非均匀流时的水位，并将以此水位值作为各计算断面的计算初值，进行非恒定流计算。

方法 2：借助与河渠恒定均匀流的计算公式即谢才公式，计算各计算断面的水位，并以此作为计算的初值。

边界条件是指非恒定流发生过程中，河渠两端断面应该满足的水力条件，包括上游边界条件、下游边界条件及内部边界条件。上游边界条件可设置为流量过程，也可设置为水位过程；下游边界条件包括单值流量-水位关系、流量过程、水位过程、水位-流量绳套曲线、动力单值水位流量关系及临界流。内部边界条件包括河道汊点，主要有三岔和四岔两类（后者与两条河相交，或两个三岔口十分接近），目前一维河网通常采用隐式计算，能自动调节汊点的水位。水利工程设施，本书采用美国陆军工程师兵团 Cooper 等 1998 年利用的公式，可以模拟坝、闸、桥梁、泵站等水工或交通建筑物及有旁侧入流（出流）建筑物的水动力过程（US Hydrologic Engineering Center，1989）。

4.5.2　模型结构与初边界条件

通过多次现场调研,本书重点考察了中华人民共和国成立初期治水时被废弃的河道,兼顾经济与技术可行的原则,认为可通过疏通废弃河道,连接现有河道,在南四湖湖西地区重新构建河网,并初步确定了湖西平原河网重建的基本方案。南四湖湖西平原河网主要河道行洪能力布局图见图 4-13。

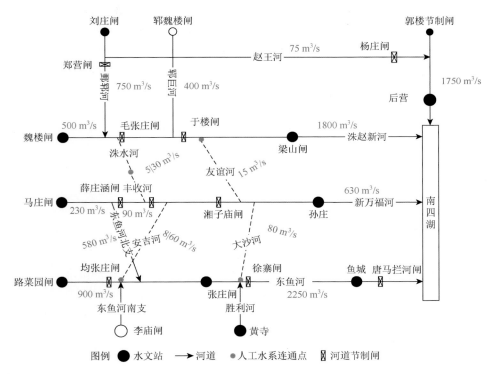

图 4-13　南四湖湖西平原河网主要河道行洪能力布局图

据此,南四湖流域湖西平原地区依据原有的旧河道,将现有的骨干河道进行了连接,可构成互通互联的河网,对提高区域的水资源调控能力具有重要意义,但其运用效果如何,须通过建立水动力学仿真模型进行详细计算。

A:高水线路,具体路线为东鱼河新城闸→安吉河→万福河→丰收河→洙水河→洙赵新河(毛张庄闸上游)→鄄郓河(郑营闸)→赵王河→梁济运河。

B:低水线路,具体路线为东鱼河徐寨闸→大沙河→万福河→友谊河→幸福沟→洙赵新河(于楼闸)→郓巨河→赵王河→梁济运河。

由图 4-13 所示，模型上边界包括刘庄闸、郓魏楼闸、魏楼闸、马庄闸、路菜园闸，28 个河段，8 个水闸，4 个下边界，东鱼河南支和胜利河 2 个侧边界。

4.5.3　模型率定与验证

南四湖湖西河网洪水模拟模型，旨在概化现实防洪系统的前提下，将洪水运动描述为服从带有经验糙率系数的非恒定流浅水运动方程组，来揭示洪水运动规律的过程，提出更为合理的工程运行方案。由于模型的这种经验属性，必须通过模型率定和检验，来反映和了解模型算法内部逻辑的正确性和模型对实际防洪系统之间的逼近程度。模型率定是通过配准模型结构与调整模型糙率系数，使模型最大限度地重现历时洪水的过程。模型检验，则是选择一场或几场实测洪水过程，在不改变模型结构和糙率的前提下，验证模型适用性和有效性的过程。如果模型经过了严格的率定和检验，那么从基于严格逻辑和客观经验事实的意义上说，模型才具有了应用价值。

本书利用 1993 年 8 月 4 日~8 月 14 日一场洪水和 1998 年 8 月 21 日~8 月 29 日的一场洪水对模型进行率定，模型的下边界区采用同期南阳站和马口站的水位过程资料。空间步长参数取 0.50，时间步长取 3 min。在模型率定过程中，遵循"先上游后下游""先局部后整体""先结构配准后参数率定"的原则，逐步逐段反复校验模型。然后以 2004 年 8 月 27 日~9 月 2 日共 156 h 的洪水过程进行验证。模型率定和验证的边界条件及空间断面流量过程如下。

经统计可能影响 1993 年 8 月 4 日~8 月 14 日这场洪水过程的降水（1993 年 8 月 1 日~8 月 14 日），面平均降水量为 179.5 mm。湖西河网上游，如曹县、成武等地是暴雨中心，如图 4-14 所示，模型的下边界条件如图 4-15 所示。

南四湖湖西河网洪水模拟模型利用同期的南阳和马口站过程资料作为下边界，赵王河和洙赵新河的下边界为南阳站水位过程，万福河与东鱼河下边界采用马口站水位过程。

南四湖湖西河网洪水模拟模型上边界条件为刘庄闸、魏楼闸、马庄闸、路菜园闸、郓魏楼闸的流量过程。其中，郓魏楼闸由刘庄闸流量过程的面积修正值代替，上边界条件如图 4-16 所示。

经调研有数据资料可以用来进行模型检验的水文站有 4 个，分别为洙赵新河上的梁山闸、新万福河上的孙庄闸、东鱼河上的张庄闸和鱼城闸。经反复调整水闸的运行规则（主要开闸水位和关闭水位）与河道糙率，得到相应站点的水文过程，具体如图 4-17 所示。

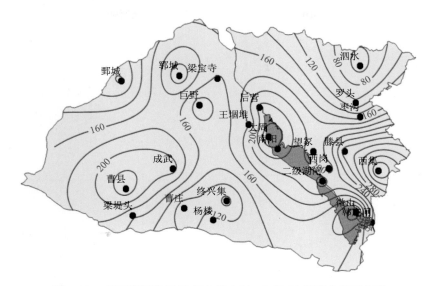

图 4-14　南四湖流域 1993 年 8 月 1 日～8 月 14 日降水空间分布

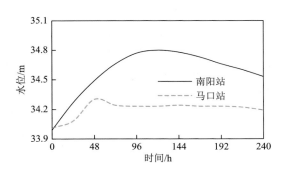

图 4-15　模型下边界南阳、马口站水位过程

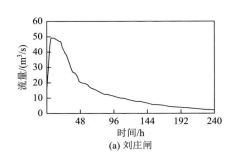

(a) 刘庄闸

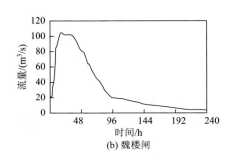

(b) 魏楼闸

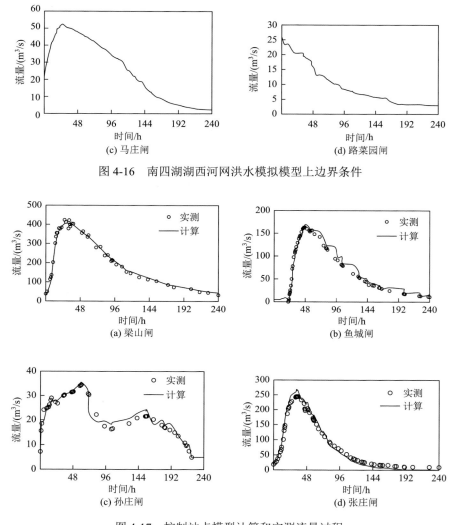

图 4-16 南四湖湖西河网洪水模拟模型上边界条件

图 4-17 控制站点模型计算和实测流量过程

同理，采用 1998 年 8 月 15 日～8 月 29 日一场洪水对模型进行进一步率定，采用 2004 年 8 月 27 日～9 月 2 日的洪水进行验证。从率定和验证多个站点的峰、量过程来看，峰峰相对、谷谷相应，模拟计算误差在 10%以内，满足模型的应用条件。

4.5.4 河网中主要河道行洪能力评估

洙赵新河河长约 10 km，河床土质为粉细砂，河道蜿蜒曲折，堤距宽窄不一。

按照南四湖湖西河网洪水模拟模型率定的糙率，河道断面适当向上延伸，以保证水量归槽，计算不同流量下的河道水面线（图 4-18）。

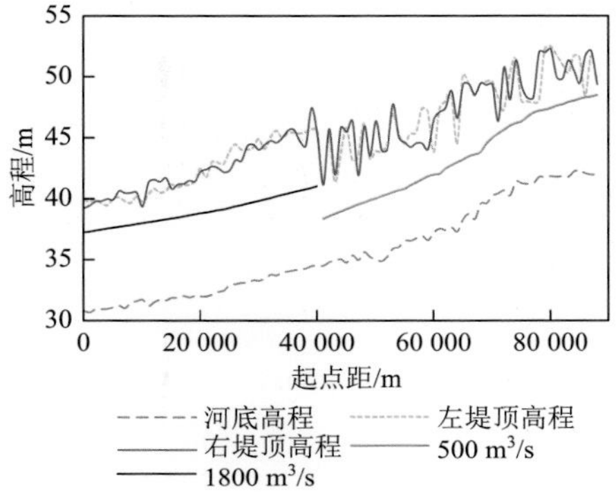

(a) 洙赵新河

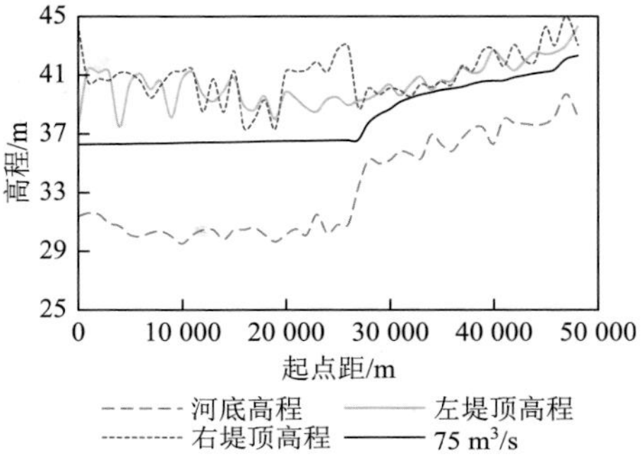

(b) 赵王河

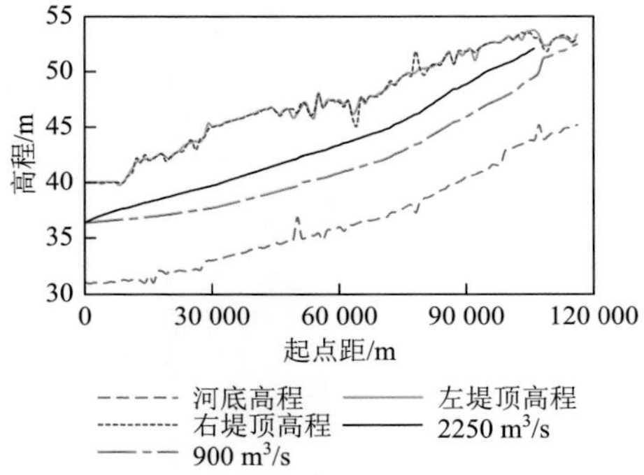

(c) 东鱼河

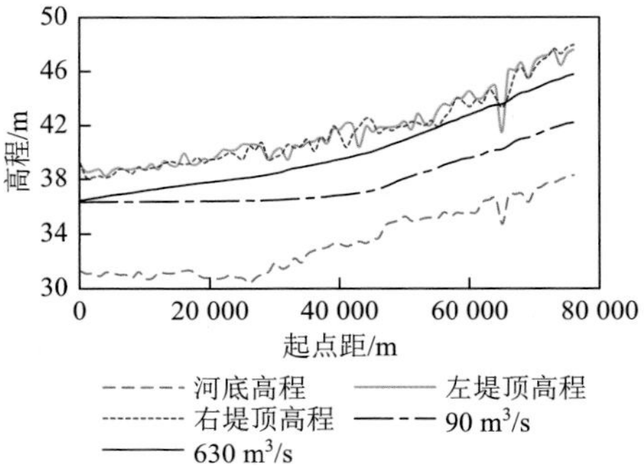

(d) 新万福河

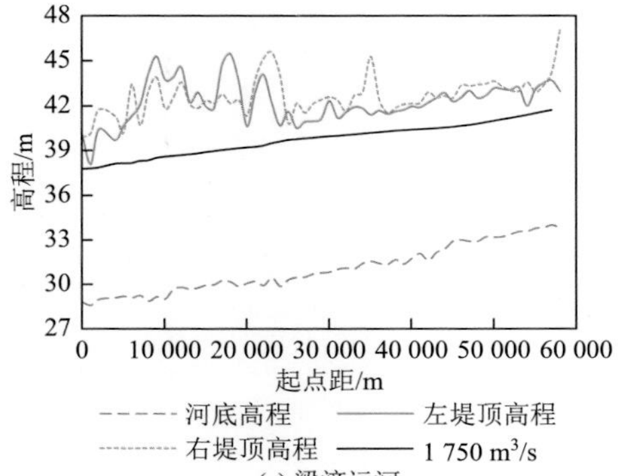

(e) 梁济运河

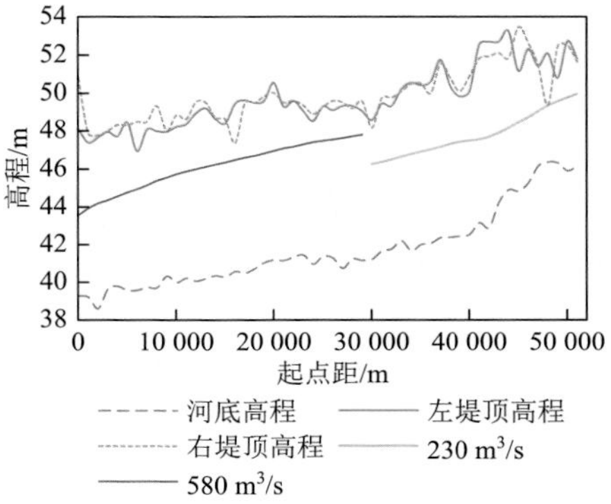

(f) 东鱼河北支

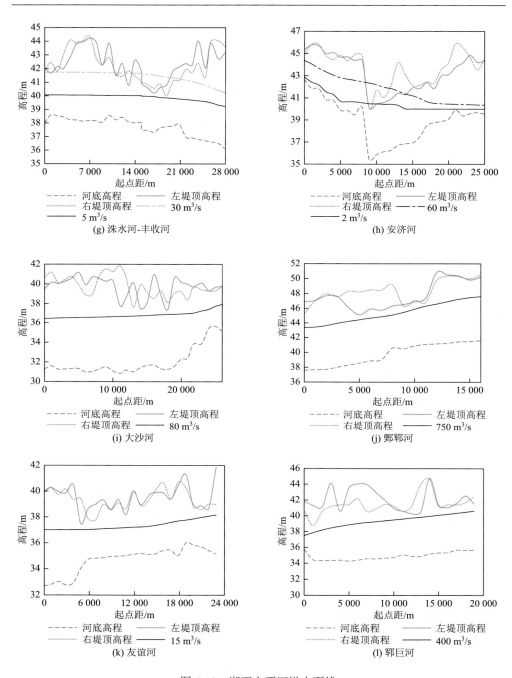

图 4-18　湖西主要河道水面线

由以上计算分析结果可以看出，南四湖湖西河网中洙赵新河、东鱼河、梁济运河的河道行洪能力较大，且自上游向下游依次增大；连接大河的南北向河流行洪能力偏小，尤其是洙水河-丰收河，安济河行洪能力非常低，如高水线路中的洙水河-丰收河结合处，行洪能力不足 5 m^3/s，安济河行洪能力不足 8 m^3/s；高水线路中的友谊河行洪能力不足 15 m^3/s。但经分析，由于洙水河-丰收河河底较好，通过工程规模不大的堤防整理加固抬高，便可达到 30 m^3/s 的过流能力，安济河可通过提高加固与河底的平顺治理，便可较容易地达到 60 m^3/s。

4.5.5 湖西河网优化调控方案模拟研究

南四湖湖西河网降水分布不均匀与河道泄洪滞洪能力不同，是河网区实施洪水资源利用的必要条件。南四湖湖西河网平原区洪水资源利用的可行途径是改善河道行洪条件，加强水系连通，联合调控闸坝群，达到合理调节降水地区分布不均、洪水资源合理分配的目的。工程调度方式设计原则如下。

（1）保障防洪安全，即要以不突破水利工程体系的现有防洪标准为洪水资源利用方案制定的前提，增加蓄水、改善生态环境。这里以设计水面线和相应的行洪能力分别作为工程运行调度方式判断的上限。实现上述功能参与调节计算的闸坝工程主要包括如下几个：毛张庄闸、于楼闸、湘子庙闸、徐寨闸、张庄闸、梁山闸。

（2）充分利用洙赵新河、东鱼河和新万福河之间的槽蓄作用，尽可能多蓄洪水，调节洪水的时间分布；同时通过闸群的联合调控，发挥洙赵新河和东鱼河蓄洪能力较大的优势，通过如下两条线路调蓄洪水：①高水线路：东鱼河新城闸→安济河→万福河→丰收河→洙水河→洙赵新河（毛张庄闸上游）→鄄郓河（郑营闸）→赵王河→梁济运河；②低水线路：东鱼河（徐寨闸）→大沙河→万福河→友谊河→幸福沟→洙赵新河（于楼闸）→郓巨河→赵王河→梁济运河。

实现河系间的互济运用，减少北运河下游和蓟运河中上游的防洪压力，合理转移防洪风险。

河道行洪条件改善方案。根据前面河道行洪能力的分析计算，考虑到经济可行等原则，提出的河道行洪能力的改善方案为安济河行洪能力由目前不足 8 m^3/s 提高到60 m^3/s，洙水河-丰收河由目前的 5 m^3/s 提高到 30 m^3/s。

控制性闸坝运行方式设计。建立的南四湖湖西河网洪水调控模型包括 7 个水闸，假设每个水闸存在 n 种可调方案，那么就有 n^8 种工程联合调度方案。从多目标决策理论的角度来看，需要通过综合比较 m 种组合洪水情景或实测洪水情景下的 n^7 个调度方案洪水仿真效果，方能选出满意的洪水资源利用的工程调度方式。显然，只要 n 不为1，遴选南四湖湖西地区洪水资源利用调度方式所需要的运算次数都是相当巨大的，况且对于考虑到每个方案，模型的运算时间都较长（每次约需 6 min），因此，通过构造一个优化问题、进而选择一种合适的优化方法来遴选合理方案，是非常困难的。

假设每座闸坝调整方案仅有 4 种，那么也存在 4^6（4096）个可选择方案，这个数字依然是庞大的。因此，我们在严格遵循南四湖湖西河网地区工程调度方式设计原则的前提下，在大量模拟试验的基础上，经验性地设计了 4 组可行的运行方案，如表 4-5 所示。需指出的是，这里的水闸调度规则，具体表现为开闸水位、关闸水位和初始开度。这里规定，初始开度所有闸门取 0.5 m，那么闸坝调度方式也就剩下开闸水位和关闸水位。

表 4-5　南四湖湖西地区主要控制性水闸运行方案设计　　　　（单位：m）

序号	水闸名称	方案 1		方案 2		方案 3		方案 4	
		开闸水位	关闸水位	开闸水位	关闸水位	开闸水位	关闸水位	开闸水位	关闸水位
1	梁山闸	33.8	33.5	34.2	34.0	34.2	33.8	35.0	34.7
2	于楼闸	34.5	34.2	34.0	33.8	35.0	34.5	35.0	34.3
3	毛张庄闸	36.0	35.5	36.5	36.0	36.0	35.8	36.8	36.5
4	湘子庙闸	35.0	34.5	34.5	34.3	34.0	33.8	34.0	33.5
5	张庄闸	36.5	36.2	37.0	36.5	37.2	36.8	37.2	37.0
6	徐寨闸	35.5	35.0	36.0	35.5	36.5	36.0	37.0	36.5

显然，这种采用半经验半理论方法确定的闸坝群调度方案不是最佳的，其最佳调度方案的确定需要借助未来高性能计算机与高效优化技术的出现来解决，尚需假以时日。

4.5.6　调度方案效果综合评价

工程的运行调度一方面可适当转移局部地区的防洪风险，提高流域整体的防洪能力，另一方面可通过增加洪水与河网（陆面）的接触时间，减少河道断流，增加有效水资源量，补给地下水。工程调度方案直接决定了洪水资源利用的效果，调度方案综合评价就是对多个方案从多个角度综合对比而获得满意方式的过程。调度效果是通过选择具体的指标来刻画的，因此评价指标的遴选是综合评估调度方案的关键。评价洪水资源利用方案的依据，包括风险和效益两个准则，刻画准则的指标有多项，具体采用"所有断面的计算水位超过设计水位的平均时间""超过设计水位断面的最长时间""超过设计水位的断面数目"3 个指标来刻画风险；选择"所有断面低于临界水深的平均滞蓄时间""低于临界水深断面的最长时间""低于临界水深的断面数目"3 个间接指标和"河道入渗水量"与"系统滞蓄水量"2 个直接指标来描述效益。详见表 4-6。

表 4-6   洪水资源利用调度方式综合评价指标体系

准则层 B	指标层 C	指标特性	计算方法
影响风险程度 B_1	所有断面的计算水位超过设计水位的平均时间 TW_z	⇩	式（4-35）
	超过设计水位断面的最长时间 TW_{max}	⇩	式（4-36）
	超过设计水位的断面数目 NW_z	⇩	式（4-37）
间接利用效益效果 B_2	所有断面低于临界水深的平均滞蓄时间 TC_z	⇩	式（4-38）
	低于临界水深断面的最长时间 TC_{max}	⇩	式（4-39）
	低于临界水深的断面数目 NC_z	⇩	式（4-40）
直接利用效益效果 B_3	河道入渗水量 W_g	⇧	式（4-41）
	系统滞蓄水量 ΔW	⇧	式（4-42）

注：⇩表示越小越优，⇧表示越大越优。

具体指标的计算方法如下。

（1）系统中所有断面的计算水位超过设计水位的平均时间 TW_z。

$$TW_z = \frac{\sum_{n=1}^{N_{cs}}\sum_{t=1}^{T}\text{sgn}(H_c(n,t)-H_w(n))\Delta t}{N_{cs}} \tag{4-35}$$

式中，Δt 为模型计算时间步长；T 为洪水总模拟时间；$\text{sgn}(*)$ 为符号函数，如果*大于零，其值为 1，否则其值为 0；N_{cs} 为河网断面数目；$H_c(n,t)$ 为断面 n 时刻 t 的计算水位；$\sum_{t=1}^{T}\text{sgn}(H_c(n,t)-H_w(n))\Delta t$ 表示断面 n 超出设计水位 $H_w(n)$ 的时间。

（2）系统中超过设计水位断面的最长时间 TW_{max}。

$$TW_{max} = \max_{n=1,2,\cdots,N_{cs}}\sum_{t=1}^{T}\text{sgn}(H_c(n,t)-H_w(n))\Delta t \tag{4-36}$$

（3）系统中超过设计水位的断面数目 NW_z。

$$NW_z = \sum_{n=1}^{N_{cs}}\sum_{t=1}^{T}\text{sgn}(H_c(n,t)-H_w(n)) \tag{4-37}$$

（4）系统中所有断面低于临界水深的平均滞蓄时间 TC_z。

$$TC_z = \frac{\sum_{n=1}^{N_{cs}}\sum_{t=1}^{T}\text{sgn}(-(H_c(n,t)-D_c(n)))\Delta t}{N_{cs}} \tag{4-38}$$

式中，$D_c(n)$ 为断面 n 的临界水深，其他意义同上。众所周知，临界水深作为效益指标的一个重要概念，它表示河流健康状况的一个临界值，河道水深低于该值意味着河流生态系统遭受到一定的破坏，理论上每个断面有一个特定值，但是这里只重视其相对性，为此在模型中统一取 0.5 m 作为临界水深值。

（5）系统中低于临界水深断面的最长时间 TC_{max}。

$$TC_{max} = \max_{n=1,2,\cdots,N_{cs}} \sum_{t=1}^{T} sgn(-(H_c(n,t) - H_w(n)))\Delta t \qquad (4\text{-}39)$$

（6）系统中低于临界水深的断面数目 NC_z。

$$NC_z = \sum_{n=1}^{N_{cs}} \sum_{t=1}^{T} sgn(-(H_c(n,t) - D_c(n))) \qquad (4\text{-}40)$$

（7）河道入渗水量。河道渗漏补给量的计算参考达西定律，其计算公式为

$$W_g = \sum_{t=1}^{T} \sum_{i=1}^{N_i} 2K_i A_i J_i L_i \Delta t_t \qquad (4\text{-}41)$$

式中，W_g 为河道渗漏补给量（m^3）；K_i 为第 i 个计算河段剖面位置的渗透系数（m/s）；J_i 为第 i 个河段垂直于剖面的水力坡度（无因次）；A_i 为第 i 个计算河段单位长度河道垂直于地下水流向的剖面面积（m^2/m）；L_i 为第 i 个计算河段的河段长度（m）；N_i 计算河段数目；Δt_t 为第 t 计算时段的时段长度（s）。

（8）河网滞蓄水量。根据水量平衡原理，把整个南四湖湖西地区平原区看作一个系统，河网系统的滞蓄水量为从外界进入系统的水量，加上系统的自产水量，扣除排出系统的水量。对于南四湖湖西地区河网模型而言，时段 T 内系统的滞蓄水量 ΔW 为

$$\Delta W = \frac{\Delta t}{2} \sum_{t=1}^{T} \left[\sum_{i=1}^{N_u}(Q_i^w(t) + Q_i^w(t+1)) + \sum_{j=1}^{N_j}(Q_j^L(t) + Q_j^L(t+1)) - \sum_{k=1}^{N_k}(Q_k^c(t) + Q_k^c(t+1)) \right] - W_g$$

$$(4\text{-}42)$$

式中，Δt 为 t 到时刻 $t+1$ 之间的时间步长；$Q_i^w(t)$ 为时刻 t 从外界 i 进入系统的流量，m^3/s；$Q_j^L(t)$ 为时刻 t 系统内区间 j 自产水流量；$Q_k^c(t)$ 为时刻 t 从下边界 k 排出系统的流量；N_u 为系统上边界数目；N_j 为系统侧边界数目；N_k 为系统下边界数目。

在给定的时间内，整个系统的滞蓄水量包括两部分，一部分渗入地下，一部分暂存在河网系统中。

南四湖湖西地区闸坝群调度方案综合评价，在这里亦可称为多目标方案优选，其方法有多种。从权重确定的角度来看，主要有主观法和客观法两类。客观法，不存在人为因素的干扰，仅依据数据本身的差异而给出综合评判，近年来越来越受到决策者的青睐。投影寻踪（projection pursuit，PP）综合评估方法是一类基于数据驱动的客观评估方法，它的基本原理是把高维数据通过某种组合投影到低维子空间上，对于投影到的构形，采用投影指标函数（目标函数），来描述投影暴露评价对象集中同类的相似性和异类的差异性结构，找出使投影指标函数达到最优的投影值，然后根据投影值的分布特征来分析原评价对象高维数据的分类结构特征。其中，投影指标函数的构造及其优化求解是 PP 方法成

功的关键，该问题一般非常复杂，常规方法难以有效求解，限制了 PP 的广泛应用。为此本书利用基于实码加速遗传算法的投影寻踪综合评价方法（PP-RAGA）（金菊良等，2004）。

以 1993 年 8 月 4 日~8 月 14 日一场洪水（简称 199308 洪水）为洪水情景，计算得出闸坝群不同联合调度方案下的指标值，见表4-7。其中，方案 0 为现状运行方案。

表 4-7 199308 洪水情景下闸坝群联合调度方案评估指标

编号	评价指标	方案 0	方案 1	方案 2	方案 3	方案 4
1	所有断面的计算水位超过设计水位的平均时间 TW_z/h	6.8	6.1	6.5	6.3	6.9
2	超过设计水位断面的最长时间 TW_{max}/h	13	23	25	20	31
3	超过设计水位的断面数目 NW_z	10	6	8	6	7
4	所有断面低于临界水深的平均滞蓄时间 TC_z/h	19.6	14.4	16.0	15.0	18.0
5	低于临界水深断面的最长时间 TC_{max}/h	12.0	10.8	7.8	10.2	6.6
6	低于临界水深的断面数目 NC_z	3	3	2	2	2
7	河道入渗水量 W_g/亿 m³	0.563	0.851	0.887	0.972	0.978
8	系统滞蓄水量 W_z/亿 m³	0.716	1.653	1.475	1.665	1.929

根据对不同方案的模拟结果，利用 PP-RAGA 对闸坝群联合调度方案进行优选。基于投影寻踪综合评价方法，得出投影向量为 a =（0.0284，0.0278，0.5671，0.3205，0.0153，0.5747，0.0189），投影值如图 4-19 所示。

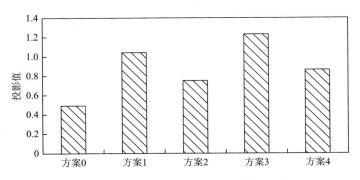

图 4-19 闸坝群联合调度不同方案的投影值

综合上述评价，方案 3 为最佳方案，为此我们认为该方案可作为 199308 洪水情景下闸坝群联合调度的合理方案。具体如下。

基于上述分析和模拟试验结果，我们提出北三河平原河网洪水资源利用闸坝群联合调控调度规则。其中，对于起主要控制作用的 9 个闸门，其调度规则如下。

（1）梁山闸开闸水位为34.2 m，关闸水位为33.8 m，闸门初始开度为0.1 m。

（2）于楼闸开闸水位为35.0 m，关闸水位为34.4 m，闸门初始开度为0.1 m。

（3）毛张庄闸开闸水位为36.0 m，关闸水位为35.8 m，闸门初始开度为0.1 m。

（4）湘子庙闸开闸水位为34.0 m，关闸水位为33.8 m，闸门初始开度为0.1 m。

（5）张庄闸开闸水位为37.2 m，关闸水位为36.8 m，闸门初始开度为0.1 m。

（6）徐寨闸开闸水位为36.5 m，关闸水位为36.0 m，闸门初始开度为0.1 m。

但须指出的是，这里所提洪水资源利用方案的局限性还要补充两点：一是这种方案是从有限可行方案中遴选出来的，方案的"满意"程度具有一定的相对性；二是方案选择是基于一种水文条件，其合理性和有效性还需多种水资源情景的检验，在具体使用时要针对当时的水雨工情进行科学分析。

综上所述，提出湖西平原水系优化沟通方案，配合闸坝群的联合调度，对于199308洪水情景，可在不增加防洪风险的前提下，增蓄水量1.358亿 m^3，其中河网下渗增蓄水为 0.972–0.563 = 0.409 亿 m^3，河网增蓄水为 1.665–0.716 = 0.949 亿 m^3。

4.6   湖泊分期汛限水位优化设计

"汛期"是一个相对比较模糊的概念，"汛"和"汛期"在《辞海》的定义："汛"是指"江河中由于流域内季节性降雨或融冰、化雪等而发生的定期涨水现象"；"汛期"是指"江、河、湖、水库中由于降雨、积雪融化、冰凌壅塞而引起的具有季节性的水位上涨时期"。在我国水利行业，长期以来一直沿用的汛期的概念是指"江河等水域汛水自始涨到回落的时期"。我国位于欧亚大陆的东南部、太平洋的西岸，具有明显的季风气候特点。由于受季风气候的影响，偏北干冷气流和偏南暖湿气流交绥而形成的雨带，在不同的地区和不同的年份出现的迟早和强弱不同，由此造成各河流定期涨水的特征不同，各河流的汛期迟早不一。我国水利部门传统的汛期确定方法多为定性分析方法，即根据水库防洪安全和兴利蓄水要求、下游防洪安全等，选取全流域某一量级暴雨量、水库入湖洪峰、某一关键河道断面洪峰、水位等作为描述"汛期"或"主汛期"开始与结束的指标。我国水利部门在目前进行的汛期分期工作中，多采用定性概念并部分结合统计分析（如统计发生频次、散布图等）的途径来进行，分期结果往往是一个比较粗略的区间。目前这种定性的或过于粗略的定量划分方法往往带有不确定性，因此需要用科学的定量分析手段来为汛期合理分期提供依据。汛期分期问题从数学角度来分析，其实质上是一个试验样本的聚类分析问题，因此可以依据统计数学分析的途径来进行分析（王宗志等，2007）。

4.6.1　流域汛期划分研究

1. 汛期划分方法

我国多数河流的洪水是暴雨所致，研究暴雨洪水发生的时程分布特征和变化规律，是进行流域汛期分期设计的基础。通过对汛期的成因分析，得知影响汛期的因素（如气象因素、自然地理因素等）是多方面的，因此对汛期分期就必须考虑多方面的因素，也就是说汛期分期是一个多因子控制的问题。汛期分期的方法通常是把汛期分成若干小分段，如 5 天为一段；然后依据历史资料，选择刻画汛期暴雨洪水的若干指标；最后选择模式识别方法进行遴选。常用的识别方法有系统聚类法、K 均值法、变点分析法、Fisher 最优分割法等。暴雨洪水的季节性变化规律十分复杂，应从多种途径来研究这种季节性变化规律，然后通过多种途经分析结果的相互比对，最终为汛期的合理分期提供更为科学、合理的依据。刘克琳等（2006）对这些方法的优缺点进行了对比，见表 4-8。

表 4-8　各种定量分析方法的分析对比

方法	应用情况	优点	缺点
系统聚类法	其他学科使用较多，水文上也有应用	避免选取指标阈值带来任意性，能采用多因子分析	计算较为烦琐，不能考虑样本系列时序上的连续性
K 均值法	水文上有应用	方法简单，特别适合利用计算机操作	有时会不收敛，因此对初始值要有较高的把握，只适合散点序列
变点分析法	水文上有应用	理论基础严密，适合时序性序列	需要严格的数学假定，变点个数、阈值的选取存在一些主观性
Fisher 最优分割法	其他学科使用较多，但水文上未见应用	数学概念清晰，时序性聚类，结果稳定、客观，采用多因子分析	计算较为烦琐

（1）基于多元统计分析的系统聚类法是目前国内外在进行聚类分析中使用较多的一种方法。该方法的优点在于：利用样本之间的距离最近原则进行聚类，排除了选取指标阈值带来的人为因素的影响，并能够采用多因子样本进行聚类。缺点是计算较为烦琐，不能考虑样本系列时序上的连续性。

（2）K 均值法是属于动态聚类法的一种基本算法。用系统聚类法聚类，样本一旦划到某个类以后就不变了，这要求分类的方法比较准确。动态聚类法最初是从迭代的思想得到启发而产生的一种方法，它的基本思想是先给一个粗糙的初始分类，然后用某种原则进行修改，直至分类合理为止。

（3）变点分析法具有较严密的理论基础，但它需要严格的数学假定，如对极值的描述等，这与实测数据可能会有所差别；而且变点个数、阈值的选取存在一些主观性。

（4）Fisher 最优分割法是一种对有序样本的分割方法，因此它的最大优点就是不破坏时间的连续性，且数学概念清晰，方法严谨，计算过程不需主观判断，因此结果稳定且客观，而且还能够采用多因子样本序列分析。缺点是计算较为烦琐。

考虑水文系列的时序连续性及暴雨洪水的季节性变化影响因子较多，因此推荐采用 Fisher 最优分割法进行定量计算。

2. 数据来源与方法

根据 1960～2005 年南四湖上级湖逐日入湖流量资料及南四湖流域面平均降雨量资料，统计出 8 个指标以用于汛期分期，指标分别为旬最大入湖流量、年最大入湖流量出现次数、旬最大三日径流量、年最大三日径流量出现次数、旬最大一日降水量、年最大一日降水量出现次数、旬最大三日降水量、年最大三日降水量出现次数，汛期分期指标特征值见表 4-9，其中出现次数为各站累加值。

表 4-9　南四湖汛期分期指标特征值

时段	旬最大入湖流量/(m³/s)	年最大入湖流量出现次数/次	旬最大三日径流量/亿 m³	年最大三日径流量出现次数/次	旬最大一日降水量/mm	年最大一日降雨量出现次数/次	旬最大三日降水量/mm	年最大三日降水量出现次数/次
6 月上旬	134.7	4	0.184	5	23.6	29	19.5	20
6 月中旬	431.7	8	0.359	7	52.2	45	61.1	48
6 月下旬	48.9	2	0.101	1	100.7	99	143.4	103
7 月上旬	1588.8	6	2.070	10	138.8	124	147.3	119
7 月中旬	659.9	24	1.296	25	129.3	126	189.2	154
7 月下旬	821.8	31	1.343	27	157.5	153	201.1	152
8 月上旬	917.6	40	1.893	34	175.0	148	188.3	140
8 月中旬	1215.3	44	2.177	48	99.9	99	147.2	111
8 月下旬	497.0	13	1.271	18	86.0	91	78.2	70
9 月上旬	302.3	13	0.566	11	52.2	53	34.0	29
9 月中旬	592.3	13	1.383	15	42.3	45	45.5	40
9 月下旬	111.6	4	0.001	1	6.6	9	3.5	4

从表 4-9 中可以看出指标特征值在汛期的过程线呈单峰型分布，7 月上旬～8 月中旬相对其他各旬特征值较大，因此可以从定性上认为是主汛期，而 6 月上旬～6 月下旬为前汛期，8 月下旬～9 月下旬为后汛期。该结论是采用较定性方式给出，下面将利用科学的汛期分期方法，给出南四湖流域的汛期分期成果。

各种汛期分期方法得到的南四湖控制流域汛期分期结果见表 4-10。从表中可以看出，系统聚类法、K 均值法和 Fisher 最优分割法的结果完全一致，主汛期划定在 7 月 1 日～8 月 20 日，而变点分析法将其划定为 7 月 1 日～8 月 31 日，由于变点分析法存在变点不是全局最优解的不足，因此通过综合对比，选择较多的分期结果，即南四湖汛期分期结果为前汛期为 6 月 1 日～6 月 30 日，主汛期为 7 月 1 日～8 月 20 日，后汛期为 8 月 21 日～9 月 30 日。

表 4-10　南四湖不同定量分析方法汛期分期结果

分期方法	分期		
	前汛期	主汛期	后汛期
系统聚类法	6.1～6.30	7.1～8.20	8.21～9.30
K 均值法	6.1～6.30	7.1～8.20	8.21～9.30
变点分析法	6.1～6.30	7.1～8.31	9.1～9.30
Fisher 最优分割法	6.1～6.30	7.1～8.20	8.21～9.30

4.6.2　南四湖分期设计洪水计算

南四湖设计洪水曾有过两次成果。一次是 1965 年水利电力部淮河规划组成果，另一次是 1980 年水利部治淮委员会（现水利部淮河水利委员会）成果。后者的资料年限截止到 1974 年，成果一直沿用至今。本次将在 1980 年成果的基础上，将资料系列延长至 2008 年，并且在年最大成果的基础上，增加分期设计洪水成果。

1. 南四湖入湖洪水推求

由于湖泊、水库一般无入流监测站，或有监测站但其测量的流量远不能代表入流系列。因此，一般采用间接法还原入流径流。根据水量平衡法和直接推算法，综合确定南四湖入湖最大洪量系列。在 1980 年成果的基础上，将年最大洪量系列延长至 2008 年，见表 4-11，表中 W7、W15 和 W30 分别为年最大 7 日洪量、年最大 15 日洪量和年最大 30 日洪量。

表 4-11　南四湖年最大入湖洪量系列（1921～2008 年）　（单位：亿 m³）

年份	W7	W15	W30	年份	W7	W15	W30
1921	40.20	63.00	70.00	1978	13.44	24.00	33.50
1926	51.70	81.00	90.00	1979	8.67	15.06	24.47
1931	34.40	54.00	60.00	1980	6.95	11.10	16.69
1937	34.40	54.00	60.00	1981	4.15	6.07	7.21
1951	18.40	28.80	32.00	1982	6.93	10.35	18.83
1952	4.02	6.30	7.00	1983	3.44	4.73	6.45
1953	23.50	36.90	41.00	1984	9.01	10.64	13.89
1954	15.50	24.30	27.00	1985	8.88	13.34	19.10
1955	9.18	14.40	16.00	1986	5.50	6.88	9.19
1956	12.10	18.90	21.00	1987	2.76	3.91	5.47
1957	66.80	106.30	114.00	1988	2.36	3.72	4.37
1958	37.30	48.00	52.00	1989	4.13	4.81	7.91
1959	2.77	3.90	6.01	1990	7.14	9.24	14.60
1960	18.50	29.30	33.00	1991	7.74	12.77	16.52
1961	7.09	11.00	13.00	1992	5.63	9.26	10.44
1962	16.10	28.70	34.00	1993	16.54	23.21	31.31
1963	29.62	39.01	53.06	1994	8.89	13.40	18.59
1964	21.42	32.04	55.92	1995	9.83	18.26	28.71
1965	14.99	27.37	44.59	1996	6.99	9.22	12.65
1966	8.04	10.29	12.71	1997	2.00	2.43	3.50
1967	15.82	20.21	31.47	1998	14.88	24.10	36.20
1968	3.15	4.74	6.19	1999	2.88	3.71	4.04
1969	6.87	10.35	14.90	2000	6.60	11.62	16.97
1970	12.70	24.30	32.80	2001	13.81	16.91	20.11
1971	18.99	29.41	41.47	2002	1.90	3.00	3.89
1972	13.04	19.44	25.16	2003	21.39	32.60	41.22
1973	12.86	16.98	29.56	2004	25.44	41.58	52.77
1974	22.40	35.84	48.85	2005	27.67	38.44	42.96
1975	8.05	11.47	17.84	2006	19.53	20.87	24.47
1976	11.47	14.43	21.08	2007	9.81	15.13	25.72
1977	8.44	14.25	20.36	2008	9.54	12.65	20.39

2. 洪量频率计算

根据文献记载，1730 年为自 1703 年以来的最大洪水，1703 年、1957 年洪分别按 1703 年以来的第二位和第三位洪水考虑，因此 1957 年洪水重现期为 102 年一遇。采用 1957 年、1921 年、1926 年、1931 年、1937 年、1958 年共 6 年历史洪水与 1951～2008 年实测洪水资料，采用 P-Ⅲ型曲线目估适线，合理选定参数，则频率计算成果见表 4-12。根据表 4-12，经计算本次最大 7 日、15 日、30 日洪量设计成果，比 1980 年成果在均值上分别减小 21.8%、26.4%、15.8%，可见设计洪水减小幅度较大。这是由于本次延长的 1975～2008 年系列洪水明显偏小。

表 4-12　本次南四湖年最大入湖洪量计算成果与原成果对比

统计值	成果	均值	Cv	Cs/Cv	重现期 p/%								
					0.1	0.2	0.5	1	2	5	10	20	50
W7	1980 年成果	17.0	0.80	2.5	97.3	87.9	75.5	66.0	56.6	44.1	34.7	25.2	12.8
	本次成果	13.3	0.95	2.5	94.1	84.2	71.0	61.2	51.4	38.7	29.3	20.1	8.9
W15	1980 年成果	27.3	0.80	2.5	156.3	141.2	121.2	106.0	90.9	70.9	55.8	40.5	20.6
	本次成果	20.1	0.98	2.5	147.9	131.9	111.1	95.4	79.9	59.7	44.8	30.5	13.1
W30	1980 年成果	31.0	0.80	2.5	177.5	160.3	137.6	120.4	103.2	80.5	63.3	46.0	23.4
	本次成果	26.1	0.83	2.5	156.2	139.2	120.4	105.0	89.7	69.4	54.2	39.0	19.3

3. 南四湖分期设计洪水计算

对于 1963～2008 年具有入湖日径流过程的部分，为保证洪水的完整性，在分期洪水选样时，采取跨期选样的方式（前后各延长 5 天），统计得到南四湖分期最大入湖洪量系列（前汛期汛限水位调整意义较小，因此将前汛期合并至主汛期）。此外，根据 1980 年设计洪水成果，由于 1921～1962 年的年最大系列均发生在主汛期，因此该年份主汛期最大洪量采用年最大值。根据最大洪量统计成果，在主汛期中，1957 年为 1921～2008 年最大洪水，重现期为 89 年一遇。故主汛期采用 1957 年、1921 年、1937 年共 3 年历史洪水及 1951～2008 年共 58 年实测洪水资料，后汛期采用 1951～2008 年共 58 年实测洪水资料，采用 P-Ⅲ型曲线进行目估适线，合理选定参数，则主汛期、后汛期频率计算成果如图 4-20 所示。从图中可知：主汛期和后汛期洪水均小于年最大洪水，其中主汛期 50 年一遇最大 30 日洪量比年最大偏小 10%，后汛期比年最大偏小 46%。

将年最大、主汛期、后汛期频率曲线绘制同一张图上，检查频率分析成果的合理性，通过绘图检查，年最大洪水大于主汛期和后汛期，三线不存在交叉，如图 4-20 所示。故本次频率分析具有一定合理性。

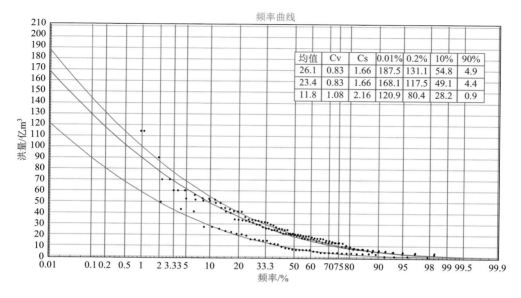

频率曲线

均值	Cv	Cs	0.01%	0.2%	10%	90%
26.1	0.83	1.66	187.5	131.1	54.8	4.9
23.4	0.83	1.66	168.1	117.5	49.1	4.4
11.8	1.08	2.16	120.9	80.4	28.2	0.9

图 4-20　南四湖年、主汛期、后汛期最大 30 日入湖洪量频率曲线对比

　　设计洪水过程线采用骆马湖设计洪水中南四湖发生与骆马湖同频率洪水时，南四湖部分的洪水过程线，即根据 1980 年沂沭泗流域骆马湖以上设计洪水过程，当暴雨中心在南四湖时，将南四湖流域概化为梁济运河、洸府河、泗河、洙赵新河、万福河、白马河、东鱼河、复兴河、城郭河、十字河、丰沛地区 11 个分区和三湖湖面 3 个分区，共计 14 个分区，以 1957 年洪水过程为典型年，14 条典型过程线作为南四湖典型入湖过程线，然后按照最大 7 日、最大 15 日、最大 30 日同频率放大方法，得到不同设计频率的南四湖入湖设计过程线，各频率放大系数见表 4-13。

表 4-13　不同设计频率下放大系数

统计量	放大时段	p/%								
		0.1	0.2	0.5	1	2	5	10	20	50
1980 年成果年最大	W7	1.70	1.54	1.32	1.16	0.99	0.77	0.61	0.44	0.22
	W15～W7	1.21	1.10	0.94	0.82	0.71	0.55	0.43	0.31	0.16
	W30～W15	3.53	3.19	2.74	2.40	2.05	1.60	1.26	0.92	0.47
本次年最大	W7	1.65	1.47	1.24	1.07	0.90	0.68	0.51	0.35	0.16
	W15～W7	1.11	0.98	0.82	0.70	0.59	0.43	0.32	0.21	0.09
	W30～W15	1.39	1.20	1.56	1.60	1.63	1.62	1.56	1.42	1.03

续表

统计量	放大时段	p/%								
		0.1	0.2	0.5	1	2	5	10	20	50
本次主汛期	W7	1.59	1.42	1.20	1.03	0.87	0.65	0.49	0.34	0.15
	W15~W7	0.87	0.78	0.65	0.56	0.46	0.34	0.25	0.17	0.07
	W30~W15	1.18	1.25	1.33	1.38	1.42	1.40	1.37	1.25	0.92
本次后汛期	W7	0.85	0.76	0.64	0.55	0.46	0.35	0.26	0.18	0.07
	W15~W7	0.46	0.41	0.35	0.30	0.25	0.19	0.14	0.09	0.04
	W30~W15	3.13	2.83	2.43	2.13	1.82	1.40	1.08	0.78	0.35

4.6.3　南四湖汛限水位分期运用方案优选

1. 风险分析

设置不同汛限水位调整方案,采用"三湖两河模型"计算相应风险指标。首先模拟 1980 年设计洪水成果下汛限水位从 34.2~34.5 m 每 0.05 m 为一个方案,共计 7 个方案的风险指标,这一方面可以用来验证本书所建立的洪水模拟模型,另一方面也将其作为标准,与汛限水位调整后的风险指标进行比较,分析评估汛限水位调整带来的额外风险。模拟结果见表 4-14 和表 4-15。

表 4-14　1980 年成果 20 年一遇洪水各汛限水位方案下调洪演算结果

方案	H_0	H_A	H_B	H_C	W_A	W_B	W_C	T_A	T_B	T_C
1	34.20	36.978	36.702	35.492	29 614.72	44 438.79	9 180.03	0	4	3
2	34.25	36.987	36.711	35.512	29 600.36	44 431.72	9 180.03	0	4	3
3	34.30	36.991	36.711	35.525	29 592.21	44 427.95	9 180.03	0	4	3
4	34.35	36.997	36.717	35.551	29 577.89	44 418.89	9 180.03	0	4	3
5	34.40	36.999	36.723	35.569	29 566.68	44 414.09	9 180.03	0	4	3
6	34.45	37.007	36.727	35.578	29 553.91	44 395.59	9 180.03	1	4	3
7	34.50	37.017	36.728	35.587	29 551.94	44 392.75	9 180.03	0	4	3

表 4-15　1980 年成果 50 年一遇洪水各汛限水位方案下调洪演算结果

方案	H_0	H_A	H_B	H_C	W_A	W_B	W_C	T_A	T_B	T_C
1	34.20	37.421	37.252	36.571	37 158.05	56 458.61	11 742.65	9	12	5
2	34.25	37.431	37.247	36.576	37 148.62	56 453.97	11 741.37	9	12	5
3	34.30	37.425	37.259	36.589	37 138.01	56 444.75	11 738.60	9	12	5

续表

方案	H_0	H_A	H_B	H_C	W_A	W_B	W_C	T_A	T_B	T_C
4	34.35	37.444	37.260	36.614	37 106.39	56 427.25	11 734.13	9	12	5
5	34.40	37.438	37.263	36.622	37 095.64	56 419.58	11 733.03	9	12	5
6	34.45	37.437	37.269	36.628	37 089.56	56 415.85	11 732.53	9	12	5
7	34.50	37.440	37.265	36.628	37 090.15	56 415.45	11 732.48	9	12	5

表 4-14～表 4-15 中 H_0 指二级坝汛限水位，单位为 m；H_A、H_B 和 H_C 分别指 A、B 和 C 湖的调洪高水位，单位为 m；W_A、W_B 和 W_C 分别指 A、B 和 C 湖的直接入湖洪水洪量，即扣除滨湖入湖之后的洪量，单位为 $m^3/(s\cdot d)$；T_A、T_B 和 T_C 分别指 A、B 和 C 湖的机电排灌站提排时间，单位为 d。对表中结果进行分析得到如下结论。

（1）现有汛限水位方案下 B 湖 20 年与 50 年一遇的调洪高水位与设计防洪高水位（36.5 m）和校核防洪高水位（37.0 m）是一致的，也就说明南四湖洪水调控模型计算精度较高。

（2）随着汛限水位抬高，直接入湖洪水洪量（即 W_A、W_B 和 W_C）逐渐减小，说明湖泊水位对于直接入湖洪水顶托效果较为明显，也就是说汛限水位调整对于直接入湖河流防洪排涝有一定的影响，而且这种影响主要体现在 A 湖和 B 湖，对 C 湖之所以没有影响的主要原因是 C 湖的水位没有达到对入湖河流有顶托作用的临界水位。

（3）不同汛限水位方案下，滨湖区的机电排灌站将超过提排能力水量提排入湖的时间（即 T_A、T_B 和 T_C）变化不大，这说明汛限水位调整对于滨湖区排涝影响不明显。

（4）在抬高上级湖汛限水位的同时，C 湖即下级湖的调洪高水位随着汛限水位的抬高也逐渐上升，从 35.492 m 爬升至 35.587 m，抬高了接近 0.1 m，而此时 B 湖的调洪高水位仅从 36.702 m 升高至 36.728 m，仅上升了 0.026 m，这说明在现有的二级坝调度规则（敞泄规则）下，有更多的洪水下泄至 C 湖，二级坝汛限水位调整对下游的防洪影响较大，C 湖的调洪高水位是一个重要的描述下游防洪风险指标。

（5）随着汛限水位的抬高，调洪高水位的增幅由小变大，也就是说存在一个对防洪安全影响较小的汛限水位抬高方案。

主汛期各汛限水位方案的风险指标结果如表 4-16 和表 4-17 所示。在 20 年一遇设计防洪标准下，各汛限水位方案对应的 B 湖的调洪高水位 H_B 均未达到设计防洪高水位 36.5 m，但在 50 年一遇校核防洪标准下，当主汛期汛限水位为 34.2 m 时，调洪高水位 H_B 稍稍超过了校核防洪高水位 37.0 m，这说明主汛期的汛限水位不能超过 34.2 m。因此，主汛期汛限水位必须设定为 34.2 m，以确保不突破防洪标准。

表 4-16　本次年最大 20 年一遇洪水主汛期各汛限水位方案下调洪演算结果

方案	H_0	H_A	H_B	H_C	W_A	W_B	W_C	T_A	T_B	T_C
1	34.20	36.692	36.412	34.852	25 638.96	38 618.3	7 971.87	0	0	0
2	34.25	36.713	36.415	34.873	25 629.23	38 610.59	7 971.87	0	0	0
3	34.30	36.705	36.425	34.888	25 623.43	38 606.57	7 971.87	0	0	0
4	34.35	36.711	36.431	34.914	25 611.54	38 601.64	7 971.87	0	0	0
5	34.40	36.718	36.438	34.931	25 606.76	38 598.00	7 971.87	0	0	0
6	34.45	36.716	36.436	34.946	25 602.89	38 593.89	7 971.87	0	0	0
7	34.50	36.719	36.439	34.955	25 599.36	38 591.75	7 971.87	0	0	0

表 4-17　本次年最大 50 年一遇洪水主汛期各汛限水位方案下调洪演算结果

方案	H_0	H_A	H_B	H_C	W_A	W_B	W_C	T_A	T_B	T_C
1	34.20	37.272	37.009	36.044	32 523.04	49 405.32	10 220.78	2	1	4
2	34.25	37.269	37.014	36.059	32 509.86	49 398.22	10 220.78	2	1	4
3	34.30	37.276	37.017	36.072	32 505.88	49 393.52	10 220.78	2	1	4
4	34.35	37.278	37.026	36.096	32 485.78	49 378.23	10 220.78	2	1	4
5	34.40	37.289	37.025	36.111	32 474.83	49 368.77	10 220.78	2	1	4
6	34.45	37.290	37.028	36.122	32 466.16	49 360.57	10 220.78	2	1	4
7	34.50	37.291	37.030	36.127	32 462.27	49 355.74	10 220.78	2	1	4

后汛期各汛限水位方案的风险指标结果见表 4-18 和表 4-19。

表 4-18　后汛期 20 年一遇洪水各汛限水位方案下调洪演算结果

方案	H_0	H_A	H_B	H_C	W_A	W_B	W_C	T_A	T_B	T_C
1	34.20	35.518	35.213	32.849	13 830.2	20 919.33	4 382.84	0	0	0
2	34.25	35.530	35.225	32.870	13 830.2	20 919.33	4 382.84	0	0	0
3	34.30	35.537	35.232	32.885	13 830.2	20 919.33	4 382.84	0	0	0
4	34.35	35.564	35.259	32.939	13 830.2	20 919.33	4 382.84	0	0	0
5	34.40	35.575	35.274	32.967	13 830.2	20 919.33	4 382.84	0	0	0
6	34.45	35.583	35.281	32.980	13 830.2	20 919.33	4 382.84	0	0	0
7	34.50	35.586	35.285	32.988	13 830.2	20 919.33	4 382.84	0	0	0

表 4-19　后汛期 50 年一遇洪水各汛限水位方案下调洪演算结果

方案	H_0	H_A	H_B	H_C	W_A	W_B	W_C	T_A	T_B	T_C
1	34.20	35.985	35.680	33.510	18 344.09	27 761.64	5 809.86	0	0	0
2	34.25	35.992	35.687	33.524	18 343.37	27 761.64	5 809.86	0	0	0
3	34.30	35.998	35.693	33.541	18 342.69	27 761.64	5 809.86	0	0	0
4	34.35	36.019	35.714	33.586	18 332.43	27 761.64	5 809.86	0	0	0
5	34.40	36.024	35.719	33.600	18 330.68	27 761.64	5 809.86	0	0	0
6	34.45	36.027	35.722	33.611	18 329.85	27 761.64	5 809.86	0	0	0
7	34.50	36.027	35.722	33.621	18 329.77	27 761.64	5 809.86	0	0	0

在 20 年一遇设计防洪标准和 50 年一遇校核防洪标准下,各汛限水位方案对应的 B 湖的调洪高水位均未达到设计防洪高水位 36.5 m 和校核防洪高水位 37.0 m,这说明后汛期的汛限水位有很大的调整空间,从计算结果来看对防洪标准没有影响,也就是说不存在绝对风险(相对于防洪标准而言)。各方案所有的风险指标与汛限水位不调整时以及主汛期汛限水位调整方案的风险指标值对比可知,后汛期汛限水位调整方案不会带来额外的风险,只不过不同方案间对湖区淹没和入湖河流防洪排涝影响的风险(相对风险)不尽相同。也就是说若仅仅从防洪的标准出发,后汛期的汛限水位可以调整至 34.5 m,但若综合考虑汛期水位调整带来的效益及湖区淹没和入湖河流防洪排涝影响,则在 34.2～34.5 m 存在一个最优方案。

2. 效益分析

采用模拟分析的途径,以南四湖长系列逐旬和月平均入湖流量过程作为输入,针对汛限水位调整方案,进行长系列调度模拟,对汛限水位调整方案的长期效益做出评价。基于 1971～2001 年长系列逐旬入湖资料、供水过程,依据上述长系列防洪兴利调度原则和拟定的汛限水位调整方案,以旬作为计算时段,逐时段进行长系列调度仿真模拟,计算结果如表 4-20 所示。从表中可知:随着后汛期汛限水位的抬高,非汛期的蓄满率(指非汛期任意时段水位达到正常蓄水位 34.5 m)随之提高,水位达到死水位(33.0 m)的旬数随之降低,多年平均弃水量减少,可见后汛期汛限水位的抬高对增加兴利有显著作用。对比方案 6 和方案 0 可以看出,将后汛期汛限水位从 34.20 m 抬高至 34.50 m,则非汛期蓄满率从 3.70%提高至 25.93%,可显著增加非汛期的供水保证率,而水位达到死水位(主要为特枯年份的非汛期)的次数明显降低,从原来的 57 个旬降低至 39 个旬,说明了汛限水位抬高对水位的提升特别是防止干湖现象具有明显作用,多年平均弃水量从原来的 9.006 亿 m^3 减少至 8.801 亿 m^3,减少了不必要的弃水。

表 4-20 南四湖长系列调度仿真计算结果

方案	后汛期汛限水位/m	非汛期蓄满率/%	水位达到死水位的时段数/旬	多年平均弃水量/亿 m³
方案 0	34.20	3.70	57	9.006
方案 1	34.25	7.41	51	8.960
方案 2	34.30	7.41	48	8.915
方案 3	34.35	14.81	45	8.882
方案 4	34.40	18.52	39	8.848
方案 5	34.45	18.52	36	8.801
方案 6	34.50	25.93	33	8.801

本节将根据南四湖汛限水位调整的风险效益分析成果，采用多目标的模糊识别决策方法，优选汛限水位调整方案。

3. 风险-效益综合评价

南四湖二级坝在主汛期的汛限水位应该控制在原设计值 34.2 m，超过此值将会突破防洪设计标准。而后汛期具有上调汛限水位的空间，并且从洪水资源利用的角度来讲，抬高后汛期的汛限水位最为有利，处在汛期末期将会对接下来的非汛期兴利效益直接产生有利作用。因此，本次综合评价的方案将固定前汛期、主汛期汛限水位维持 34.2 m 不变，对后汛期汛限水位从 34.2~34.5 m 每 0.05 m 作为一个方案，通过权衡风险效益综合确定最优方案。

根据南四湖二级坝汛限水位调整的风险效益分析成果，建立综合评价指标体系。风险指标选择后汛期 20 年一遇和 50 年一遇 A、B、C 湖调洪高水位，效益指标选择非汛期蓄满率和多年平均弃水量，共组成 8 个指标。为体现风险和效益的均衡性，将风险和效益的权重均设定为 0.5。评价方案共有 7 个，其中方案 0 为汛限水位的现状方案。对于方案优劣评判而言，除了效益指标中的非汛期蓄满率越大越优，其余指标均为越小越优，不同汛限水位方案下的指标特征值见表 4-21。

表 4-21 南四湖汛限水位调整方案综合评价指标特征值

方案	后汛期汛限水位/m	非汛期蓄满率/%	多年平均弃水量/亿 m³	20 年一遇调洪高水位			50 年一遇调洪高水位		
				A 湖	B 湖	C 湖	A 湖	B 湖	C 湖
0	34.20	3.70	9.006	35.518	35.213	32.849	35.985	35.68	33.510
1	34.25	7.41	8.960	35.530	35.225	32.870	35.992	35.687	33.524
2	34.30	7.41	8.915	35.537	35.232	32.885	35.998	35.693	33.541
3	34.35	14.81	8.882	35.564	35.259	32.939	36.019	35.714	33.586

方案	后汛期汛限水位/m	非汛期蓄满率/%	多年平均弃水量/亿 m³	20 年一遇调洪高水位			50 年一遇调洪高水位		
				A 湖	B 湖	C 湖	A 湖	B 湖	C 湖
4	34.40	18.52	8.848	35.575	35.274	32.967	36.024	35.719	33.600
5	34.45	18.52	8.801	35.583	35.281	32.980	36.027	35.722	33.611
6	34.50	25.93	8.801	35.586	35.285	32.988	36.027	35.722	33.621

对目标特征值矩阵进行规格化处理，得到相对优属度矩阵 $\boldsymbol{R}$，采用二元比较法确定目标权向量 $\boldsymbol{w}$。

采用我国传统 5 级制识别标准（$c = 5$），即优（100 分）、良（80 分）、中（60 分）、差（30 分）、劣（0 分），则各目标相对优属度的标准值向量为

$$s = (1, 0.8, 0.6, 0.3, 0)$$

取距离参数 $p = 2$，则方案 j 与级别 h 间的广义权距离 $(d_{hj})_{c \times n}$，如表 4-22 所示。

表 4-22　方案相对级别的广义权距离矩阵

级别	方案 0	方案 1	方案 2	方案 3	方案 4	方案 5	方案 6
优	0.363	0.362	0.362	0.359	0.358	0.358	0.357
良	0.291	0.289	0.289	0.287	0.286	0.286	0.285
中	0.218	0.216	0.216	0.214	0.214	0.214	0.215
差	0.108	0.107	0.107	0.107	0.109	0.109	0.114
劣	0.001	0.010	0.010	0.031	0.041	0.041	0.061

取优化准则参数 $\alpha = 2$，根据模糊模式识别公式，目标相对优属度矩阵 $\boldsymbol{R}$，目标权向量 $\boldsymbol{w}$ 与各目标相对优属度标准向量 $\boldsymbol{s}$，得到 7 个汛限水位方案对于 1 至 5 级的相对优属度矩阵 $\boldsymbol{U}(u_{hj})_{c \times n}$，如表 4-23 所示。

表 4-23　方案相对级别的优属度矩阵

级别	方案 0	方案 1	方案 2	方案 3	方案 4	方案 5	方案 6
优	0.000	0.000	0.000	0.000	0.000	0.000	0.020
良	0.000	0.000	0.000	0.000	0.000	0.000	0.032
中	0.000	0.000	0.000	0.019	0.031	0.031	0.056
差	0.000	0.009	0.009	0.074	0.120	0.120	0.200
劣	1.000	0.991	0.991	0.907	0.849	0.849	0.692

利用级别特征值模型：

$$H = (1, 2, 3, 4, 5)\boldsymbol{U}$$

解得 7 个汛限水位方案的级别特征值，见表 4-24。

表 4-24　不同汛限水位抬升方案的级别特征值

后汛期汛限水位/m	34.20	34.25	34.30	34.35	34.40	34.45	34.50
H	5.000	4.991	4.991	4.889	4.818	4.818	4.511

级别特征值越小，则方案越优，根据表 4-24 结果显示，南四湖二级坝后汛期抬高汛限水位至 34.50 m 为最优方案，较现状抬高 30 cm，上级湖增加兴利库容 1.8 亿 m^3。

本次调整南四湖汛限水位，仅调整了后汛期（8 月 20 日～9 月 30 日）的汛限水位，而前汛期和主汛期均保持 34.20 m 不变。从一般意义上来讲，调整后汛期汛限水位是效果最明显而且冒风险最小的途径，这是由于前汛期抬高汛限水位所增加的蓄水，必然会在进入主汛期之前弃掉，而主汛期由于出现洪水的概率较大，若抬高其汛限水位则风险较大。抬高后汛期汛限水位的优势在于：一是后汛期是抓住洪水尾巴的关键时期，对提高后汛期结束后非汛期的蓄满率有重要意义，二是后汛期一般发生较大洪水的概率较小，从而降低防洪风险事件发生的可能性。

4.7　本　章　小　结

阐述了湖泊流域洪水资源利用的概念，建立了适度利用概念性模型，推导了适度利用的最优性条件。建立了南四湖流域洪水资源利用潜力计算模型，确定了相应的计算流程。经计算，南四湖流域洪水期多年平均入湖水量为 21.262 亿 m^3，洪水期多年平均实际利用洪水量为 6.624 亿 m^3、流域出口生态环境需水量为 2.805 亿 m^3，多年平均不可控的洪水资源量为 10.583 亿 m^3，多年平均洪水资源可利用量为 7.874 亿 m^3，现阶段可以挖掘的洪水资源利用潜力为 2.509 亿 m^3。

调查了滨湖平原区潜在的用水需求和可能的蓄水空间，指出滨湖平原区，利用煤矿塌陷区建设平原水库，择机抽取南四湖汛期弃水，是滨湖平原区反向调节洪水资源利用的重要方式之一。截至 2020 年济宁市共有 56 个煤矿已产生塌陷地，煤矿总塌陷面积为 769.54 km^2。按照塌陷地基本稳定、分布相对集中、采煤塌陷深度相近、基础条件较好、县级范围内打破乡级行政界限的原则，结合《济宁市采煤塌陷地治理规划》确定南四湖流域内煤矿塌陷区反调节蓄水总量在 7.89 亿～11.83 亿 m^3。加上现有中小型水库总库容约为 2.88 亿 m^3，总兴利库容约为 1.78 亿 m^3，根据规划将建成孟宪洼水库库容为 0.0987 亿 m^3，获得可以滨湖反向调节的总蓄水容积为9.67亿～13.61亿 m³。建立了滨湖平原区反向调节洪水资源利用两阶段模型,通过多方案比较分析,发现泵站启动水位为33.75 m、抽水能力为48 m³/s、区域蓄水体容积为4.8亿 m³时,综合目标函数最佳;通过1962～2005年长系列模拟发现滨湖反向调节洪水资源利用能力具有明显年际差异性,有的年份供水量很大,达到6.2亿 m³,有的年份则取不到水或取到很少的水,如枯水年组1987～1989年,2000～2002年等。总体来说,年均供水量为3.63亿 m³,汛期多年平均供水量为1.56亿 m³,相当于超过2年一遇以上的降水条件发生,才有可能取到水。

推导了考虑河床下渗的圣维南方程组,以此为控制方程,并采用霍顿下渗公式模拟河床下渗行为,建立了河网洪水行为模拟模型,提出了南四湖湖西水系沟通互济方案,配合闸坝群的联合调度,对于199308洪水情景,可在不增加防洪风险的前提下,增蓄水量1.358亿 m³,其中河网下渗增蓄水为0.972–0.563 = 0.409亿 m³,河网增蓄水为0.949亿 m³。

建立了涵盖汛期划分、分期设计洪水计算、基于风险与效益综合评价的湖泊汛限水位分期设计技术,给出了南四湖汛限水位分期方案。前汛期和主汛期均保持34.20 m不变,后汛期(8月20日～9月30日)汛限水位抬高0.30 m达到34.50 m。调整后汛期汛限水位是效果最明显而且冒风险最小的途径,这是由于前汛期抬高汛限水位所增加的蓄水,必然会在进入主汛期之前弃掉,而主汛期由于出现洪水的概率较大,若抬高其汛限水位则风险较大。抬高后汛期汛限水位的优势在于:一是后汛期是抓住洪水尾巴的关键时期,对提高后汛期结束后非汛期的蓄满率有重要意义,二是后汛期一般发生较大洪水的概率较小,从而降低防洪风险事件发生的可能性。

第5章　湖泊流域农业需水结构优化模型及应用

5.1　概　　述

根据《中国水资源公报 2018》，农业是我国水资源系统中最大的用户，占供水总量的 61.4%，其中北方 6 个水资源一级区达 73.5%，而水资源总量仅占全国水资源总量的 21.1%（中华人民共和国水利部，2019）。在水资源系统中，生活、工业需水与社会经济发展水平息息相关，受气候和来水条件影响较小，变化相对稳定，而农业需水受水文气象条件影响强烈，降水越少需水越多。农业用水的优先级通常低于其他用水户，因此在一定的水文气象条件下，当生活、工业等较为固定的需水与占比较小的生态需水满足之后，剩余可供水量可用于满足农业。随着经济社会发展与城市化进程加快，第二、第三产业需水呈刚性增长趋势，这对水资源消耗量最大的农业用户进行适应性调整提出了迫切需求。农业用水中又以灌溉用水为主，通常由灌溉耕地面积、作物种植结构、灌溉制度、当地水文气象条件和灌溉用水效率等因素共同确定。截至 2017 年底，全国已建成设计灌溉面积大于 2000 亩的灌区 22 780 处，耕地灌溉面积达 67 816 km^2，占全国耕地面积的 50.3%（中华人民共和国水利部，2018）。灌溉面积和种植结构决定了灌溉需水量的基数，灌溉制度一方面影响需水量大小，另一方面影响了作物产量，水文气象条件不仅影响了作物需水量的大小，同时决定了供给侧可供灌溉水量的基本情况。因此，在灌溉面积与灌溉用水效率基本不变的情况下，优化作物种植结构和灌溉制度，使之与当地水文气象条件相适应，是减少农业用水、缓解区域水资源短缺的重要手段。

本章旨在建立农业需水优化模型，为水资源总量受限条件下粮食安全保障提供依据，主要研究内容如下。

（1）作物需水量计算。根据研究区现状种植情况选取目标作物，包括小麦、玉米、水稻、棉花和大豆。选取在干旱区与湿润区都得到良好应用的 Penman-Monteith 模型，以气象条件和作物特性资料为输入计算不同时段内满足作物生长所需的水量。

（2）灌溉水量与最终产量关系构建。在可供灌溉水量有限的情况下，为了提高灌溉用水效益，基于非充分灌溉理论，尽量保证作物水分敏感阶段内的需水，适当减少非敏感时期的灌溉水量，实现作物灌溉制度的优化与需水量的减少。选取在国内外得到广泛应用的 Jensen 水分生产函数，基于土壤水分平衡条件构建不同时段灌溉水量与作物最终产量的关系,强化区域农业需水优化模型的物理机制,实现模型的"水-经济"联系。

（3）区域农业需水优化模型构建。以作物种植结构与不同时段分配给各作物的灌溉水量为模型决策变量,以种植净效益最大为目标函数;根据可持续发展原则、尊重现状原则、保证粮食需求与经济效益原则、符合相关国家政策原则及自然资源控制（水资源、耕地资源）来确定模型的约束条件;基于灌溉水量与最终产量的关系构建区域农业需水优化模型,选用遗传算法对模型进行求解。

（4）以南四湖流域为例开展实例研究。收集流域内气象、作物现状、作物水分敏感指数、作物系数、单位成本与效益、土壤特性参数、灌溉可供水量等相关资料,通过模型计算得到优化后的作物种植结构与灌溉制度,将优化后的效益、需水量、种植结构与现状情况进行比较,提出流域种植结构与灌溉制度调整建议。

5.2　依据的理论与方法

5.2.1　非充分灌溉理论

随着人口急剧增长与经济社会快速发展,用水需求显著增加与水资源时空分布不均,导致人类正在遭受日益严重的水资源危机。在逐年增长的用水需求中,工业用水和生活用水逐渐挤占了农业用水的比例,在农业可用水资源越来越有限的严峻形势下,自20世纪70年代,国内外开始了对非充分灌溉理论的探索与试验研究。传统的充分灌溉方式通过在天然来水不足时进行人工补偿灌溉,保证作物全生育期内的需水要求,使计划土壤湿润层内的土壤水分保持在作物生长所需的适宜湿度范围内,以此实现稳定高产的目标。与充分灌溉方式不同,非充分灌溉方式不以绝对产量最高为目标,而是通过适当的节水与科学的优化配水,达到用水效益最高的目的（李霆等,2005）。非充分灌溉的可实现性是基于作物对水分亏缺的适应机制,具体表现在作物的耐旱与逃旱。研究表明,受到水分胁迫的作物大都表现出脯氨酸（PRO）和脱落酸（ABA）的积累,前者对于调节植物的渗透性有重要作用,有利于保持水分和代谢过程（陈玉民等,1995;李霆等,2005）;后者的积累能够调节叶片气孔开度,减少蒸腾作用强度,有利于作物保持水分。在适度缺水的情况下,作物的有限缺水效应对缺水具有一定的适应和抵抗能力,不一定会造成产量的显著降低。甚至在经过短期适度的水分亏缺情况后,作物的补偿生长机制在补充灌溉水量后会使作物快速生长。植物的生长主要依靠蒸腾作用和光合作用,适度的缺水阻碍植物叶片生长扩张但不影响气孔开放,因此不会对光合作用产生明显影响，亦不会降低作物产量（Hanks，1974；陈亚新和康绍忠，1995）。此外，不同类型的作物对于水分亏缺的适应能力不同，同种作物在不同生育阶段对于水分亏缺引起的减产情况也不同。例如，多数作物在苗期和成熟期对水分亏缺更为敏感，同在成熟期内的水稻比玉米更为敏感。因此，基于非充分灌溉理论，作物种植结构优化模型利用作物适度缺水保持产量这一特性，同时优化作物种植面积，以及不同作物之间与同种作物不同生育期内的水量分配，尽可能地满足敏感作物敏感生育期内的需水要求，达到节水增效的目的。

5.2.2　作物水分生产函数

模拟水分亏缺对作物减产的影响可采用作物水分生产函数。作物水分生产函数是描述作物产量与耗水量关系的函数，根据是否跟踪作物生长发育过程可分为静态模型和动态模型两类。静态模型以作物耗水量或蒸腾量为自变量，反映作物产量与耗水间的关系；动态模型以农田水分情况为自变量，反映的是作物生长情况（干物质累积量）与水分的关系。其中，不同类别的模型又可按照时段划分为全生育期生产函数模型与分生育期生产函数模型。

全生育期生产函数模型模拟的是作物最终产量与作物蒸腾量的关系，常用的方法是通过经验系数构建作物产量与蒸腾量的函数关系，代表性全生育期静态模型如下。

（1）绝对值模型（陈玉民等，1995）。

$$Y = a_0 + b_0 \mathrm{ET_a} + c_0 \mathrm{ET_a^2} \tag{5-1}$$

式中，Y 为作物最终产量；$\mathrm{ET_a}$ 为作物实际蒸腾水量；a_0、b_0、c_0 为经验系数。

（2）Hanks 模型（Hanks，1974）。

$$\frac{Y}{Y_m} = \frac{\mathrm{ET_a}}{\mathrm{ET_m}} \tag{5-2}$$

式中，Y_m 为作物最大产量；$\mathrm{ET_m}$ 表示作物最大蒸腾量。

（3）Stewart 模型（Stewart and Musick，1982）。

$$1 - \frac{Y}{Y_m} = \beta\left(1 - \frac{\mathrm{ET_a}}{\mathrm{ET_m}}\right) \tag{5-3}$$

式中，β 为经验系数。

全生育期生产函数模型采用作物整个生长周期过程耗水量对实际产量进行模拟，其优点在于需要率定的参数数量较少，易于建立，但未考虑不同阶段缺水对作物的减产影响。同时，农作物产量受到作物品种与实验区气候、水分条件等多方面影响，以上全生育期生产函数模型中采用的参数多为经验参数，需通过对大量田间试验数据进行回归分析确定，模型使用受到较大的地域限制，不适合大范围使用。

　　分生育期生产函数模型根据作物在不同时期对于水分亏缺的敏感程度不同，进而反映在实际产量减少程度不同，将作物产量与水分间的关系分阶段考虑。分生育期生产函数模型可分为连加模型和连乘模型。其中，连加模型的代表模型如下。

　　（1）Blank 模型（Panda et al.，2004）。

$$\frac{Y}{Y_m} = \sum_{i=1}^{n} \lambda_i \left(\frac{ET_a}{ET_m} \right)_i \tag{5-4}$$

式中，n 为作物生育阶段数；λ_i 为第 i 个生育阶段作物水分敏感系数。

　　（2）Singh 模型（Singh et al.，1987）。

$$\frac{Y}{Y_m} = \sum_{i=1}^{n} \lambda_i \left(1 - \left(1 - \frac{ET_a}{ET_m} \right)^{a_0} \right) \tag{5-5}$$

式中，a_0 为经验系数。

　　连加模型将各生育阶段内受水分亏缺影响的作物产量进行简单相加，考虑了不同阶段缺水引起的减产，但此类模型忽略了本阶段的干旱对其他阶段作物生长的影响。同时，连加模型未考虑连续干旱情况下水分亏缺对作物产量造成的影响，因此此类模型较适用于湿润半湿润地区。与此相比，连乘模型将不同生育阶段内的耗水量进行累乘，考虑了不同阶段内水分亏缺情况对其他阶段作物生长的影响，得到的产量结果更为合理，比连加模型更适用于干旱半干旱地区。其中，比较有代表性的连乘模型如下。

　　（1）Jensen 模型。

$$\frac{Y}{Y_m} = \prod_{i=1}^{n} \left(\frac{ET_a}{ET_m} \right)^{\lambda_i} \tag{5-6}$$

　　（2）Minhas 模型（Minhas et al.，1974）。

$$\frac{Y}{Y_m} = \prod_{i=1}^{n} \left(1 - \left(1 - \frac{ET_a}{ET_m} \right)^2 \right)^{\lambda_i} \tag{5-7}$$

　　（3）Rao 模型（Rao et al.，1988）。

$$\frac{Y}{Y_m} = \prod_{i=1}^{n} \left(1 - K_i \left(1 - \frac{ET_a}{ET_m} \right) \right) \tag{5-8}$$

式中，K_i 为作物第 i 个生育阶段的缺水敏感系数。

　　以上连乘模型中在我国得到广泛应用的是 Jensen 模型，该模型中的作物水分敏感指数需通过试验资料分析获得。在连乘模型中，一个阶段的水分亏缺对其他阶段也会造成影响，当某个阶段的实际蒸腾量接近零时，即使其他阶段得到充分灌溉，最后模拟出的作物产量也为零。

动态模型跟踪了作物生长过程，直接模拟了作物干物质累积量与供水的关系，模型既能应用于产量模拟，又能基于短期气象预报调整灌溉方案，做到实时优化（沈荣开等，1995）。其中，具有代表性的动态模型如下。

Feddes 模型（Feddes et al.，1988）。

$$q_{a} = 0.5\left\{ A\frac{T}{\Delta e} + q_{m} - \left[\left(q_{m} + A\frac{T}{\Delta e} \right)^{2} - 4q_{m}A\frac{T}{\Delta e}(1-\zeta) \right]^{0.5} \right\} \qquad (5\text{-}9)$$

式中，q_a 为干物质实际形成率[kg/(hm^2·d)]；q_m 为在养分和水分都供应充足情况下的干物质形成率；A 为水分最大有效利用率[kg·hPa/(hm^2·cm)]；T 为作物腾发速率（cm/d）；$\overline{\Delta e}$ 为饱和水汽压与实际水汽压差（h·Pa）；ζ 为系数。

$$q_{m} = [P_{st}(1-e^{\upsilon I}) - x_{m}]C \qquad (5\text{-}10)$$

式中，P_{st} 为标准冠层状态下的光合作用速率[kg/(hm^2·d)]；υ 为太阳辐射衰减因子，取 0.75；I 为作物实际叶面积指数；x_m 为呼吸作用维持率[CH$_2$O/(hm^2·d)]；C 为糖分转化成淀粉的转换因子。

Morgan 模型（Morgan et al.，1980）。

$$X_{t} = \Gamma(t)^{\sigma(A_{m_t})} X_{t-1} \qquad (5\text{-}11)$$

式中，X_t 为 t 时刻的潜在产量；$\Gamma(t)$ 为 t 时刻干物质累积量与前一时刻累积量的比值；$\sigma(A_{m_t})$ 为作物响应系数，其大小随着土壤相对有效含水率 A_m 而改变。

$$\Gamma(t) = \frac{H_t}{H_{t-1}} \qquad (5\text{-}12)$$

$$A_{m} = \frac{\theta_t - \theta_W}{\theta_F - \theta_W} \qquad (5\text{-}13)$$

式中，θ_t 为 t 时刻土壤含水率；θ_W、θ_F 分别为凋萎点土壤含水率和田间持水率。

将递推方程［式（5-11）］写成干物质总产量的形式：

$$X_{D} = K \prod_{t=1}^{D} \Gamma(t)^{\sigma(A_{m_t})} X_{0} \qquad (5\text{-}14)$$

式中，X_D 为干物质总量；X_0 为苗期末干物质产量；K 为作物生长期长短与标准生长期比例系数；D 为自苗期起的总天数。

作物产量动态模型从作物累积干物质的角度模拟了作物生长过程中不同程度的水分亏缺对作物产量的影响。相比于静态模型，动态模型从作物生长情况模拟产量，但模型结构复杂且对数据要求较高，应用范围受到限制。

5.2.3　作物生育期需水与灌溉需水量计算

作物需水量计算是研究提高水分生产力、优化作物种植结构的基础。确定作物需水量的方法包括传统的农田试验、模型计算和遥感提取 3 种常见方法，本书选用通用性较强、在国内外得到广泛应用的 Penman-Monteith 模型计算作物不同阶段的需水量（Allen et al.，1998）。Penman-Monteith 模型引入了参考作物平面的概念，一般指水分供应充足、长势良好的开阔草地，且作物高度为 0.12 m，表面空气阻力为 70 s/m，辐射反照率为 0.23。该参考作物平面的蒸发蒸腾量，即参考作物蒸腾量，是计算不同作物与不同生长条件下作物需水量的基础。通过 Penman-Monteith 模型确定作物需水量主要分为两个步骤：一是确定参考作物蒸腾量 ET_0，二是确定作物系数与状态系数，二者相乘即可得到作物实际蒸腾所需水量：

$$ET_a = \sum K_s K_c ET_0 \tag{5-15}$$

式中，ET_a 为作物需水量（mm/d）；K_s 为水分亏缺系数，与实时状态下作物根系土壤水分含量及气候条件有关；K_c 为不同阶段作物系数，与作物类型及其所处的生育阶段有关；ET_0 为参考作物蒸腾量，其计算公式如下：

$$ET_0 = \frac{0.408(R_n - G) + \gamma \dfrac{900}{T+273} u_2(e_s - e_a)}{\Delta + \gamma(1 + 0.34u_2)} \tag{5-16}$$

式中，R_n 为作物表面净辐射通量[MJ/(m²·d)]；G 为土壤热通量[MJ/(m²·d)]，当计算时段为天时，可忽略不计；γ 为湿度计常数（kPa/℃）；T 为日平均气温（℃），取日最高气温与最低气温的平均值；u_2 为近地表面风速（m/s）；e_s、e_a 分别为饱和、实际水汽压（kPa）；Δ 为饱和水汽压与温度关系曲线斜率（kPa/℃）。

湿度计常数的计算可采用式（5-17）：

$$\gamma = 0.665 \times 10^{-3} P \tag{5-17}$$

式中，P 为大气压强（kPa）。

水汽压是有关气温的函数，可采用式（5-18）求得

$$e°(T) = 0.6108 \exp\left(\frac{17.27T}{T + 237.3}\right) \tag{5-18}$$

$$e_s = \frac{e°(T_{max}) + e°(T_{min})}{2} \tag{5-19}$$

$$e_a = \frac{e°(T_{max})\dfrac{RH_{min}}{100} + e°(T_{min})\dfrac{RH_{max}}{100}}{2} \tag{5-20}$$

式中，RH 代表相对湿度（%）。

作物表面净辐射通量等于短波净辐射 R_{ns} 与长波净辐射 R_{nl} 之差：

$$R_n = R_{ns} - R_{nl} \tag{5-21}$$

其中，短波净辐射：

$$R_{ns} = (1-\alpha)R_s \tag{5-22}$$

式中，α 为反照率，为 0.23；R_s 为日短波辐射入射量[MJ/(m²·d)]。

长波净辐射：

$$R_{nl} = \sigma \left[\frac{T_{max,k}^4 + T_{min,k}^4}{2} \right] \left(0.34 - 0.14\sqrt{e_a} \right) \left(1.35 \frac{R_s}{R_{s0}} - 0.35 \right) \tag{5-23}$$

式中，R_{s0} 为晴天时的短波辐射，是有关地面高程和地球外辐射 R_a 的函数：

$$R_{s0} = (0.75 + 2 \cdot 10^{-5} z) R_a \tag{5-24}$$

$$R_a = \frac{24(60)}{\pi} G_{sc} d_r [\omega_s \sin\varphi \sin\delta + \cos\varphi \cos\delta \sin\omega_s] \tag{5-25}$$

式中，G_{sc} 为太阳常数，取 0.0820[MJ/(m²·min)]；d_r 为相对地日距离；δ 为太阳赤纬（rad）；φ 为纬度（rad）；ω_s 为太阳时角（rad）。

$$d_r = 1 + 0.033\cos\left(\frac{2\pi}{365} J \right) \tag{5-26}$$

$$\delta = 0.409\sin\left(\frac{2\pi}{365} J - 1.39 \right) \tag{5-27}$$

$$\omega_s = \arccos(-\tan\varphi \tan\delta) \tag{5-28}$$

式中，J 为计算日在一年中的天数，取值范围为 1～365（366）。

K_s 系数反映了作物根系土壤层内的水分含量情况，原理示意图如图 5-1 所示，可通过式（5-29）确定：

$$K_s = \frac{TAW - D_r}{TAW - RAW} = \frac{TAW - D_r}{(1-p)TAW} \tag{5-29}$$

$$p = p_{FAO} + 0.04 \cdot (5 - ET_c) \tag{5-30}$$

$$TAW = H(\theta_{FC} - \theta_{WP}) \tag{5-31}$$

式中，TAW 为作物根系土壤层总可利用水量；RAW 为无水分亏缺状态下可利用水量；p 为系数，与日最大蒸发量及作物种类有关（p_{FAO} 为联合国粮食及农业组织推荐的参考值）；ET_c 为水分充足条件下作物日均蒸腾量；D_r 为已消耗的土壤水量；H 为作物根系深度；θ_{FC} 为田间持水量下土壤水分占土壤容积百分比；θ_{WP} 为凋萎点下土壤水分占土壤容积百分比。当作物根系土层中的水分消耗到低于 RAW 水平以下时，K_s 系数小于 1，意为作物蒸腾量小于水分充足条件下的蒸腾量。

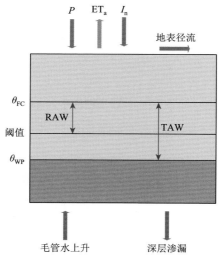

图 5-1　作物根区土壤水量平衡示意图

灌溉净需水量根据土壤水分平衡原理确定，时段内土壤水分变化量等于作物腾发、有效降雨、可利用地下水、灌溉水量间的平衡：

$$W_t + P_e - ET_a + I_n + W_{\Delta H} + G = W_{t+1} \qquad (5\text{-}32)$$

式中，W_t 为 t 时刻土壤水含量；$W_{\Delta H}$ 为作物根系生长可利用的土壤水分；I_n 为净灌溉需水量；G 为作物直接利用地下水量；P_e 为有效降雨量，代表总降水量中能保留在作物根部区域并能为其所用的降水量。采用美国农业部土壤保持局推荐的计算方法计算有效降雨量，该计算方法的有效性已在多篇文献中得到证明（Döll and Siebert，2002）。

$$P_e = P(4.17 - 0.2P) / 4.17 \qquad P < 8.3\,\text{mm} / \text{d}$$
$$P_e = 4.17 + 0.1P \qquad\qquad P \geqslant 8.3\,\text{mm} / \text{d} \qquad (5\text{-}33)$$

式中，P 为总降水量（mm/d）。

受灌溉建筑物质量与灌溉技术水平影响，部分水在取水与输水过程中产生蒸发渗漏损失，农业灌溉用水指从水源取水用于灌溉的水量，即毛灌溉用水（I_g），其大小受到灌溉水利用系数的影响：

$$I_g = I_n / \eta \qquad (5\text{-}34)$$

式中，η 为灌溉水利用系数。

5.3　区域农业需水优化模型

本模型基于 Penman-Monteith 公式计算作物耗水量，同时，考虑时段供水对作物最终产量的影响与资料的可获得性，选用 Jensen 模型模拟作物耗水量与产量的关系，优化区域种植结构与不同时段、不同作物之间的灌溉用水分配，模型结构如图 5-2 所示。

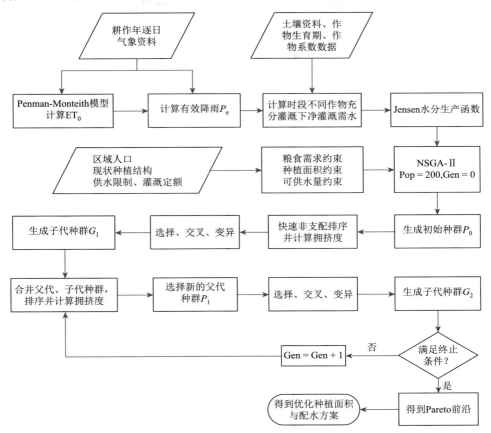

图 5-2　农业种植结构优化与需水过程子模型结构示意图

Pop 为种群个体数；Gen 为代数

5.3.1　目标函数

在耕地面积一定、水资源有限的情况下，模型以净效益最大与相对产量最大为目标函数，前者保障了经济效益，后者的意义在于不过多牺牲某种作物的产量以达到整体产值的最大，保障了社会效益，二者存在竞争关系。具体计算方法如下：

$$F_1 = \max \sum_{i=1}^{n} x_i \left(y_i p_i - C_i - p_w \sum_{j=1}^{m} I_i^j \right) \tag{5-35}$$

$$F_2 = \max \sum_{i=1}^{n} \frac{y_i}{Y_{mi}} \tag{5-36}$$

式（5-35）和式（5-36）中，n 为需要优化的作物种类数；m 为作物种类数；x_i 为第 i 种作物的面积（khm^2）；y_i 表示第 i 种作物的实际单产（kg/khm^2）；p_i 表示第 i 种作物的单价（元/kg）；C_i 表示第 i 种作物生产所需投入的固定费用（元/khm^2），不包含水费；I_i^j 表示第 i 种作物第 j 个生育阶段内分配到的毛灌溉用水量（m^3）；p_w 表示灌溉用水价格（元/m^3）；Y_{mi} 表示第 i 种作物充分灌溉条件下的最大单产（kg/khm^2）。

作物的实际产量 Y_{ai} 采用 Jensen 模型进行模拟，计算公式如下：

$$\frac{Y_{ai}}{Y_{mi}} = \prod_{j=1}^{m} \left(\frac{\mathrm{ET}_{ai}^j}{\mathrm{ET}_{mi}^j} \right)^{\lambda_i^j} \tag{5-37}$$

$$\mathrm{ET}_{ai}^j = \sum_{i=1}^{n} K_{si}^j K_{ci}^j \mathrm{ET}_0^j \tag{5-38}$$

由此可知，作物实际蒸腾量的大小直接影响了作物产量的多少，实际蒸腾量与充分灌溉条件下的蒸腾量的比值取决于水分状态系数 K_s 的大小，即时段内土壤水分含量状态决定了最终作物的产量，其变化过程示意图如图 5-3 所示。根据式（5-29）～式（5-31），K_s 的大小受作物种类（根系深度和需水特性）、时段内 ET_c、土壤特性及时段内土壤水分含量共同影响。

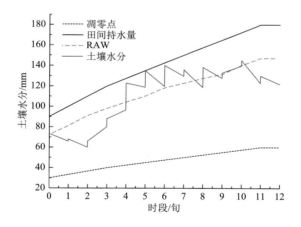

图 5-3　土壤水分变化过程示意图

5.3.2　决策变量

模型决策变量包括不同作物的种植面积与不同时段内分配给每种作物的净灌溉水量。耕作年为上一年的 10 月上旬（冬小麦播种时间开始）到本年度 9 月下旬，以旬为计算时段，共 36 个时段。首先，根据地区原有的作物种植结构与资料的可获得性确定需要优化的作物数目 N。其次，收集每种作物的生育资料，确定各作物生育周期包含的时间段数目，即可确定最终待优化的决策变量数目。其中，配水决策变量数需根据作物生育周期时间确定，如冬小麦的生育周期为 10 月 1 日到次年 6 月 20 日，期间包含了 26 个时间段（旬），具体决策变量见表 5-1。

表 5-1　种植结构优化模型决策变量

变量类型	作物名称	决策变量
种植面积/khm²	作物 A	x_1
	作物 B	x_2
	⋮	⋮
	作物 N	x_N
分配水量/mm	作物 A 配水量	$q_1 - q_a$
	作物 B 配水量	$q_1 - q_b$
	⋮	⋮
	作物 N 配水量	$q_1 - q_n$
合计变量个数	$N + (a + b + \cdots + n)$	

表 5-1 中，作物 A 配水量 $q_1 - q_a$ 表示冬小麦生育阶段中需要进行人工灌溉的生育阶段共有 a 个时段，有关种植面积的共 N 个决策变量，有关灌溉水量的共 $(a + b + \cdots + n)$ 个决策变量，合计决策变量数目为 $N + (a + b + \cdots + n)$。

5.3.3　约束条件

1）耕地约束

$$\sum_{i=1}^{n} x_i = A \tag{5-39}$$

$$\min x_i < x_i < \max x_i \tag{5-40}$$

式（5-39）和式（5-40）中，x_i 为第 i 种作物种植面积（khm²）；A 为总灌溉耕地面积（khm²）；$\min x_i$ 为第 i 种作物可种植面积下限（khm²）；$\max x_i$ 为第 i 种作物

可种植面积上限（khm^2）。为使作物种植结构不脱离地区实际情况，将种植面积下限设置为该作物现状种植面积的 70%，上限设置为 130%。

2）粮食需求约束

区域粮食作物产量应满足地区粮食作物的自给自足，同时口粮产量还应满足当地居民饮食结构的口粮需求。根据《国家粮食安全中长期规划纲要（2008—2020 年）》，我国粮食需求总量呈持续增长趋势，居民人均粮食消费量达 389～395 kg（粮食作物包括谷物、豆类、薯类，粮食消费量包括口粮、饲料粮、种子用粮、工业用粮等）。根据《中国农业需水与节水高效农业建设》，2010 年我国居民人均口粮的年需求量为 180 kg。

$$\sum_{i=1}^{f} y_{Fi} x_{Fi} > Y_F \qquad (5-41)$$

式中，y_{Fi} 为第 i 种粮食作物单位面积产量（kg/hm^2）；x_{Fi} 为第 i 种粮食作物种植面积（hm^2）；f 为粮食作物种类数；Y_F 为粮食作物需求量（kg）。

$$y_j x_j > Y_j \qquad (5-42)$$

式中，y_j 为第 j 种口粮作物产量（kg/hm^2）；x_j 为第 j 种作物种植面积（hm^2）；Y_j 为第 j 种口粮作物需求量（kg）。

3）土壤水分平衡约束

任意时段内土壤水分需遵循土壤水分平衡方程，同时土壤可利用水分不可大于田间持水量，且不低于凋萎点含水量。任意时段内土壤水分需遵循土壤水分平衡方程［式（5-32）］。

$$H_t \theta_{WP} < W_t < H_t \theta_{FC} \qquad (5-43)$$

4）水资源约束

水资源约束包括两方面，一是年总灌溉水量不可超过可利用灌溉水量，二是每个月的灌溉用水量不可超过该月可利用灌溉水量，具体表示如下：

$$\sum_t \sum_i I_i^t x_i / \eta < \sum_t W_4^t \qquad (5-44)$$

式中，I_i^t 为时段 t 内供给第 i 种作物的灌溉水量；η 为灌溉用水效率；W_4^t 为时段 t 内水资源系统可提供给种植业灌溉的总水量。

需要说明的是水稻的灌溉需水量分为泡田期需水量与生育期需水量，模型中与水稻产量相关的为生育期需水量，并认为泡田期灌溉水量必须完全满足。将计算区域的惯用泡田定额扣除泡田期内的降雨量，即为泡田期所需的净灌溉需水量。

5）灌溉定额约束

$$0 \leqslant \sum_{t=1}^{m} I_i^t \leqslant D_i \tag{5-45}$$

式中，D_i 为作物既有的灌溉定额，每个时段 t 内分配给作物的灌溉水量不为负数，且分配给每种作物的灌溉水量不超过现状条件下的灌溉定额。

5.3.4　求解方法

考虑到本模型含有多个决策变量的非线性优化问题，采用遗传算法（GA）（Goldberg，1989）进行求解，优化作物种植结构与灌溉水量分配。遗传算法流程主要包括以下几个步骤。

（1）在搜索空间上定义一个适应度函数，给定种群规模 N、交叉率 pc、变异率 pm 和总代数 T。

（2）随机产生 N 个个体 $s_1,s_2,s_3,\cdots,s_N$，组成初始种群 $S=\{s_1,s_2,s_3,\cdots,s_N\}$，代数设置为 $t=1$。

（3）计算每个个体的适应度。

（4）判断是否满足计算终止条件，若满足则取种群中适应度最大的个体作为结果，计算结束。否则进行下一步。

（5）按照选择概率每次从种群中随机抽取一个个体将其复制，重复 N 次以组成个体数为 N 的群体 S_1。

（6）按交叉率 pc 所确定的染色体个数 c，从 S_1 中随机抽取 c 个染色体进行交叉操作，并用新产生的染色体代替原染色体得到群体 S_2。

（7）按变异率 pm 所决定的变异次数 m，从 S_2 中随机抽取 m 个染色体分别进行变异操作，并用产生的新染色体代替原染色体得到群体 S_3。

（8）将群体 S_3 作为新一代种群，$t=t+1$，转到第 3 步。

算法控制参数主要包括种群数、进化代数、交叉率和变异率等，具体参数取值见表 5-2。

表 5-2　遗传算法控制参数取值

优化方法	参数	值
非支配排序遗传算法	种群数	200
	进化代数	3000
	交叉率	0.8
	变异率	0.02

5.4　南四湖流域应用实例

近年来，随着南四湖流域经济社会的发展，南四湖流域上游用水量增加导致入湖水量越来越少，供水区逐年增长的用水需求与有限水资源产生的矛盾日益剧烈，水资源供需缺口越来越大。此外，受季风气候影响强烈，南四湖流域年降水量中的 70%集中在汛期 5~9 月，水资源在时间上的分布很不均匀。总的来说，南四湖面临着水资源短缺、水环境恶化和水生态退化等问题，这些问题严重制约了南四湖的社会经济发展。农业灌溉是南四湖流域内最大的用水户，农业用水量占用水总量的 80%以上，农业用水中 88.6%为灌溉用水。因此，以南四湖流域为例，选取水文频率为 50%和 75%的典型水文年，将构建的区域农业需水优化模型应用于南四湖流域，旨在基于现有的水利工程体系，通过合理优化农业种植结构与灌溉水量分配，提高用水效益，缓解目前南四湖流域内水资源紧缺的问题。

5.4.1　南四湖流域分区与种植结构现状

南四湖流域境内地形地貌多样，湖西区以黄河冲积平原地形为主，地势平缓，西高东低，河道宽浅，洪水量大峰低；湖东区主要地形类型为低山、丘陵与部分平原，地势东高西低，河道短，洪水峰高、流急。南四湖流域内土壤类型主要有褐土、砂姜黑土、潮土、水稻土等，水稻土主要分布于南四湖两岸洼地，适宜种植水稻、莲藕等水生作物。南四湖流域属于温带大陆性季风气候，四季分明，气候温和，具有明显雨热同期的季风性气候特点。多年平均气温为 13.7℃，最高气温出现在 7 月，月平均气温为 27.3℃，最低气温出现在 1 月，月平均气温为–1.9℃。南四湖流域多年平均降水量为 695.2 mm，年降水日数为 74 d，历年最大年降水量为 1191 mm（1964 年），最小年降水量为 356 mm（1988 年）。受季风气候影响显著，南四湖流域降水年内分布不均，春秋易旱夏易涝，降水主要集中在汛期（6~9 月），约占全年平均降水量的 72%，降水年际分布亦不均匀，丰水年降雨量可达枯水年的两倍之多，且易出现连旱连涝的情形。此外，降水空间分布很不均匀，湖东降水量大于湖西，且南部大于北部。南四湖全流域多年平均水面蒸发量为 1074 mm，陆面蒸发量为 500~650 mm。考虑南四湖流域内不同地区各方面存在差异性，采用全国水资源三级分区结合行政地市对南四湖流域进行分区，将南四湖流域分为湖东济宁、湖东枣庄、湖东泰安、湖西济宁、湖西菏泽、湖西徐州 6个计算单元，计算单元示意图如图 5-4 所示。

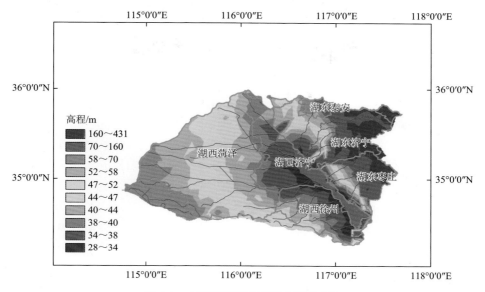

图 5-4　南四湖流域水资源分区示意图

根据南四湖流域涉及的地级市统计年鉴资料，确定现状下不同水资源分区的农业种植结构，整理的种植结构统计结果见表 5-3。

表 5-3　南四湖流域各分区现状种植结构

作物类型	湖东济宁	湖东枣庄	湖东泰安	湖西济宁	湖西菏泽	湖西徐州
小麦/%	36.96	34.09	39.58	27.79	41.51	30.95
玉米/%	28.83	30.70	29.46	10.74	24.19	13.06
水稻/%	3.08	0.00	0.00	6.04	0.37	16.83
棉花/%	2.12	0.93	0.42	20.46	12.45	2.75
大豆/%	1.66	1.48	0.56	2.19	1.79	3.57
西瓜/%	1.24	0.55	0.04	2.23	3.42	0.00
花生/%	6.94	5.38	12.22	1.24	3.70	2.53
薯类/%	2.24	2.48	0.33	0.03	0.42	2.42
蔬菜/%	15.83	23.53	14.08	27.31	10.54	26.69
灌溉耕地面积/khm²	223.33	77.22	36.00	179.88	504.26	110.61

根据统计结果显示，现状南四湖流域总灌溉耕地面积为 1131.3 khm²，湖东地区为 336.55 khm²，湖西地区为 794.75 khm²。现状南四湖流域种植结构仍以粮食作物为主，各地区粮食作物种植比例为种植面积的 50%～70%，除徐州地区外均

以小麦和玉米为主，小麦播种面积为1253.23 km^2，占种植面积的39.64%，玉米播种面积为920.28 km^2，占种植面积的29.11%。南四湖周边地区与南部徐州境内种植少量水稻，播种面积为70.13 km^2，占种植面积的2.22%。南四湖流域经济作物以蔬菜为主，蔬菜播种面积为417.85 km^2，占种植面积的13.22%，还包括棉花、大豆、花生、西瓜等，不同地区间差异较大，如湖西地区优势经济作物为棉花，播种面积为189.59 km^2，湖东地区优势经济作物为花生，播种面积为71.82 km^2。

南四湖流域湖东区多年平均降水量为725.5 mm，湖西区为654.1 mm，湖东区多年平均天然径流量为13.46亿 m^3，湖西区多年平均天然径流量为8.76亿 m^3，湖东区相应多年平均径流深为116.2 mm，湖西区相应多年平均径流深为56.5 mm。根据《2010年山东省水资源公报》，南四湖流域2010年实际用水量为65.45亿 m^3，生产用水为58.68亿 m^3，生活用水为6.06亿 m^3，生态水为0.72亿 m^3，其中农业灌溉用水量为46.79亿 m^3，约占总用水量的71.50%。按行政区统计，济宁市用水量最大，占39.73%，其次为菏泽市，占32.84%。按用途统计，各分区生产用水所占比例最大，为89.65%，其次为生活用水，占9.25%，生态用水量仅占1.10%。经计算，不同来水频率分区水资源可利用量如表5-4所示。

表 5-4 南四湖流域不同来水频率分区水资源可利用量　　（单位：万 m^3）

湖区	行政区	水资源可利用总量		
		多年平均	50%	75%
湖东	济宁	103 600	95 877	61 730
	泰安	14 884	13 170	8 054
	枣庄	67 967	65 140	47 726
	小计	186 451	174 187	117 510
湖西	济宁	62 939	60 494	44 737
	菏泽	156 413	155 626	117 075
	徐州	72 990	72 665	65 136
	小计	292 342	288 785	226 948
流域合计		478 793	462 972	344 458

5.4.2 基础资料与模型参数确定

1. 作物蒸发蒸腾量与净灌溉需水确定

根据南四湖流域现状农业种植结构，结合资料的可获得性，本书选取了小麦、玉米、水稻、棉花、大豆共 5 种主要作物作为研究对象。作物系数（K_c）取值采用已有文献相关地区的研究成果（吴乃元和张廷珠，1989；陈玉民等，1995；宋雪雷，2007；肖俊夫等，2008；左余宝等，2009；杨静敬等，2013），作物的生育期根据当地实际情况与已有的作物资料确定，作物生育阶段与相应的作物系数见表 5-5。

表 5-5　作物生育阶段与作物系数

作物	生育阶段	日期	K_c	H
冬小麦	播种—分叶	10.1～10.26	0.67	0.4
	分叶—越冬	10.27～12.19	0.74	0.5
	越冬—返青	12.20～3.60	0.64	0.5
	返青—拔节	3.70～4.70	0.90	0.6
	拔节—抽穗	4.8～4.29	1.22	0.7
	抽穗—开花	4.30～5.80	1.56	0.8
	开花—乳熟	5.9～5.26	1.13	0.9
	乳熟—成熟	5.27～6.13	0.83	1.0
水稻	返青	6.20～6.30	1.18	0.1～0.3
	分蘖	7.1～7.24	1.35	0.2～0.5
	分蘖后期	7.25～7.31	1.35	0.2～0.5
	拔节	8.1～8.14	1.40	0.3～0.6
	孕穗开花	8.15～9.20	1.40	0.1～0.3
	乳熟	9.3～9.20	1.23	0.1～0.2
	黄熟	9.21～10.10	1.23	0
玉米	播种—出苗	6.21～6.28	0.77	0.4
	出苗—拔节	6.29～7.15	1.20	0.5
	拔节—抽穗	7.16～8.10	1.61	0.6
	抽穗—扬花	8.11～8.15	1.75	0.7
	扬花—灌浆	8.16～8.30	1.27	0.8
	灌浆—成熟	8.31～9.20	0.98	0.8
棉花	播种—出苗	4.22～5.50	0.42	0.4
	出苗—现蕾	5.60～6.16	0.57	0.5
	现蕾—开花	6.17～6.30	0.79	0.6
	开花—吐絮	7.10～8.18	1.32	0.7
	吐絮—收获	8.19～10.14	0.85	0.8

续表

作物	生育阶段	日期	K_c	H
大豆	播种—分枝	6.15~7.15	0.536	0.3
	分枝—结荚	7.16~7.31	0.909	0.4
	结荚—鼓粒	8.10~8.25	1.142	0.5
	鼓粒—成熟	8.26~10.5	1.279	0.6

注：H 表示作物主要根系区深度（单位 m），水稻 H 表示淹灌适宜水层上下限（单位 m）。

首先，对南四湖流域逐日气象资料进行处理，根据 Penman-Monteith 模型计算不同区域逐日参考蒸腾量 ET_0，以及逐日有效降雨 P_e。其次，根据收集到的作物资料，计算不同气候条件下作物各个生育阶段内的最大耗水量 ET_m 与有效降雨的差值即充分灌溉条件下需要的净灌溉需水量 I_n。以湖东济宁 75%来水频率为例，计算结果见表 5-6。经计算，小麦、玉米、水稻、棉花和大豆全生育期内有效降水分别占作物需水量的 20.95%、36.46%、26.18%、30.24%和 40.34%。

表 5-6　湖东济宁作物生育期内有效降雨与净灌溉需水量　（单位：mm）

作物	生育阶段	ET_m	P_e	I_n
冬小麦	播种—分叶	39.79	8.53	31.26
	分叶—越冬	44.54	37.00	7.54
	越冬—返青	50.19	24.38	25.81
	返青—拔节	66.37	17.78	48.59
	拔节—抽穗	100.16	15.50	84.66
	抽穗—开花	62.46	0.71	61.75
	开花—乳熟	92.44	1.81	90.63
	乳熟—成熟	65.11	3.47	61.64
	全生育期	521.06	109.18	411.88
水稻	泡田期	150.00	3.32	116.68
	返青	60.87	8.74	52.13
	分蘖	143.55	61.85	81.70
	分蘖后期	40.67	15.88	24.79
	拔节	78.90	18.03	60.87
	孕穗开花	92.85	35.54	57.31
	乳熟	68.65	29.07	39.58
	黄熟	35.47	3.24	32.23
	全生育期	670.96	175.67	495.29

续表

作物	生育阶段	ET_c	P_e	I_n
玉米	播种—出苗	30.12	3.28	26.84
	出苗—拔节	85.93	55.75	30.18
	拔节—抽穗	184.33	38.99	145.34
	抽穗—扬花	26.56	10.78	15.78
	扬花—灌浆	75.66	30.34	45.32
	灌浆—成熟	61.16	29.94	31.22
	全生育期	463.76	169.08	294.68
棉花	播种—出苗	27.09	8.75	18.34
	出苗—现蕾	108.54	0.96	107.58
	现蕾—开花	50.69	8.87	41.82
	开花—吐絮	270.89	100.36	170.53
	吐絮—收获	147.92	64.03	83.89
	全生育期	605.13	182.97	422.16
大豆	播种—分枝	98.5	60.1	38.4
	分枝—结荚	68.56	27.41	41.15
	结荚—鼓粒	110.98	42.49	68.49
	鼓粒—成熟	152.49	43.69	108.8
	全生育期	430.53	173.69	256.84

　　南四湖流域主要农作物种类包括小麦、玉米、水稻、棉花、大豆等。从作物耗水量的角度分析，冬小麦生育期跨度较长，返青期前包含参考蒸腾量较小的秋冬季节，且该生育阶段冬小麦的作物系数较小，因此小麦生长初期时间虽长但耗水总量不大。小麦进入拔节期后，参考蒸腾量与作物系数都有所增长，小麦耗水量也显著增加，拔节至成熟期时长仅占全生育期的 1/4，但该时期耗水量占全生育阶段的 60%。玉米、水稻与大豆生育时期接近，均为 6 月下旬至10 月初，包含了一年中参考蒸腾量最大的夏季，但玉米、水稻的作物系数稍大于大豆，故虽大豆的生育期时间稍长但其耗水量相对小。棉花种植时间较长，为 4 月下旬至 10 月中旬，且开花至吐絮时期作物系数较大、时长较长，故该时期耗水量较大。

　　从生育期内有效降雨量的角度分析，冬小麦生育初期有效降雨量不大，但其生长耗水量也较小，冬小麦生育后期耗水量显著增大，该时期内的有效降雨量也有小幅度增加。玉米、水稻与大豆生育初期内的有效降水量较大，几乎满足了作物苗期的耗水需求，其生育后期进入秋季，有效降水量减小。棉花生育期内的有效降水主要集中在生育中期，生育后期内的有效降水量也因进入秋季而明显减少。

　　综合作物耗水量大小，以及耗水与天然来水的耦合程度来看，大豆耗水过程与天然来水耦合程度最高，玉米次之。因此，大豆的生育期虽稍长于玉米，但作物净需水量最小。耗水过程与天然来水耦合程度最小的是小麦，其全生育阶段内有效降雨量为耗水量的 20.95%。

2. Jensen 模型参数与作物产量相关资料

　　Jensen 模型作物水分敏感指数与作物最大产量数据根据地区已有文献资料确定（肖俊夫等，2010），数据取值见表 5-7。

表 5-7　Jensen 模型参数

作物	生育阶段	日期	λ
冬小麦	苗期	10.1～12.19	0.1721
	越冬	12.20～2.10	0.0411
	返青	2.11～3.6	0.0591
	拔节	3.7～4.7	0.1694
	抽穗	4.8～5.8	0.3108
	成熟	5.9～6.13	0.1895
玉米	苗期	6.21～7.15	0.0557
	拔节	7.16～8.10	0.1106
	抽雄	8.11～8.30	0.3197
	成熟	8.31～9.20	0.2113
水稻	返青—分蘖	6.20～7.31	0.2092
	拔节	8.1～8.14	0.5538
	抽穗	8.15～9.2	0.6763
	成熟	9.3～10.1	0.1778
棉花	苗期	4.22～6.16	0.0730
	蕾期	6.17～6.30	0.3166
	花铃期	7.1～8.18	0.1320
	吐絮	8.19～10.14	0.0420

作物	生育阶段	日期	λ
大豆	播种—分枝	6.15～7.15	0.1036
	分枝—结荚	7.16～7.31	0.1603
	结荚—鼓粒	8.1～8.25	0.7880
	鼓粒—成熟	8.26～10.5	0.3482

Jensen 模型为实际蒸腾量与参考蒸腾量比值的连乘模型，水分敏感指数的大小决定了不同作物不同生育阶段水分亏缺对产量造成的影响。大部分作物在发育中后期对水分亏缺最为敏感，表中数据也证实了这一点。此外，小麦与大豆发育初期对水分亏缺也较为敏感，因此要尽量保证二者生育初期与所有作物果实成熟期（发育中后期）的需水，可通过适当减少非敏感时期的作物耗水，达到节水增产、提高水分利用效率的目的。例如，小麦生育初期与棉花生育末期均处于10 月上中旬，该时段小麦水分敏感指数较大而棉花的水分敏感指数仅为 0.073，在可利用水资源量有限的条件下应尽可能满足该时期小麦的需水要求。

南四湖流域农业灌溉用水定额根据《山东省主要农作物灌溉定额》（DB37/T 1640—2010）确定，该定额标准中已有小麦、玉米、水稻、棉花不同水平年下的分区灌溉定额，表 5-8 给出了不同保证率下作物分区净灌溉定额。

表 5-8　充分灌溉条件下作物最大产量与分区灌溉定额　　（单位：m^3/hm^2）

作物	最大产量/(kg/hm²)	I		III		IV	
		50%	75%	50%	75%	50%	75%
小麦	9 000	125	150	170	190	140	160
玉米	11 360	33	70	60	90	30	60
水稻	12 910.5	330	350	350	370	400	425
棉花	2 142	115	140	95	120	90	120
大豆	3 862.5	80	95	105	120	90	100

注：南四湖流域涉及山东省灌溉定额分区中的 I、III 和 IV 区，其中 I 为鲁西南地区，包括湖西菏泽、湖西济宁；III 为鲁中地区，包括湖东泰安、湖东济宁；IV 为鲁南地区，包括湖东枣庄、湖东临沂。

作物产值与种植成本数据见表 5-9。其中，作物产值根据不同地区统计年鉴统计的作物产值和产量得到作物单位产值，作物种植成本数据根据《全国农产品成本收益资料汇编》（1990～2017 年）资料中山东地区作物生产成本与收益情况，表中成本为扣除水费后的种植成本。从表中作物的成本与产值情况来看，棉花的单位面积种植成本较高，按其最大亩产计算出的单位面积净效益在多种作物中最低，其原因主要是近年来种植棉花的人工成本大幅度上升，同时棉花的售价过低，导致净利润一度出现负值的情况（李先东等，2016）。

表 5-9　产值与种植成本

项目	行政区	2010 年					2020 年				
		小麦	玉米	水稻	棉花	大豆	小麦	玉米	水稻	棉花	大豆
价格 /(元/kg)	湖东枣庄	1.97	1.97	0	19.28	4.58	2.76	2.76	0	28.92	6.41
	湖东济宁	2.09	1.99	2.69	17.81	5.05	2.93	2.79	3.77	26.72	7.07
	湖东泰安	2.06	2.09	0	10.26	5.48	2.88	2.93	0	15.39	7.67
	湖西菏泽	1.67	1.64	2.45	12.91	3.94	2.34	2.30	3.43	19.37	5.52
	湖西济宁	1.76	1.87	2.49	17.04	4.99	2.46	2.62	3.49	25.56	6.99
	湖西徐州	1.86	1.92	1.25	18.16	4.78	2.60	2.69	1.75	27.24	6.69
成本/(元/hm^2)		8 633	11 550	11 033	24 173	4 778	16 402	24 486	20 189	41 093	8 647

5.4.3　计算结果与合理性分析

1. 种植结构结果分析

优化前流域作物种植结构为小麦 46.41%、玉米 28.34%、水稻 10.76%、棉花 12.05%、大豆 2.44%，以现状条件下的灌溉耕地面积、可供水量为约束条件，优化得到的作物种植结构结果如图 5-5 和图 5-6 所示。

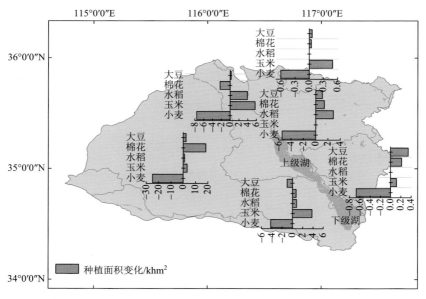

图 5-5　2020 年流域不同分区种植面积变化情况（$p = 50\%$）

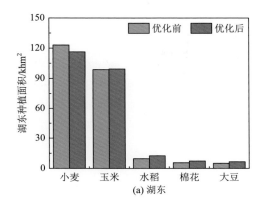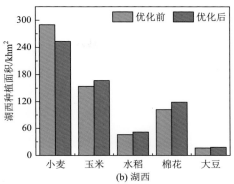

图 5-6　2020 年流域种植结构优化前后对比（$p = 50\%$）

在来水频率为 50%情况下的流域种植结构为小麦 43.45%、玉米 31.28%、水稻 7.55%、棉花 14.84%、大豆 2.88%，小麦的种植面积减少了 43.46 khm²，其余作物种植面积得到不同程度的增加，按程度从大到小排列为棉花＞玉米＞水稻＞大豆。在湖东地区，优化后的小麦种植面积减少 6.70 khm²，其余作物种植面积增加程度为水稻＞棉花＞大豆＞玉米。值得注意的是，在湖西地区，优化后的小麦种植面积减少 36.76 khm²，主要增加的种植面积为棉花 16.75 khm²、玉米 12.70 khm²，其中棉花种植面积增加的地区主要为湖西菏泽，增加了 18.32 khm²，仅湖西济宁地区减少了 2.28 khm²。

来水频率为 75%情况下的种植结构为小麦 43.41%、玉米 33.82%、水稻 6.12%、棉花 14.37%、大豆 2.28%。优化得到的作物种植结构结果见图 5-7 和图 5-8。小麦的种植面积减少了 42.35 khm²，水稻和大豆的种植面积分别减少 3.55 khm² 和 2.95 khm²，玉米和棉花的种植面积分别增加 35.98 khm² 和 12.88 khm²，与 50% 来水情况不同。在湖东地区，优化后的小麦种植面积减少 8.85 khm²，棉花和大豆种植面积减少 0.45 khm² 和 0.60 khm²，种植面积增加的作物主要为玉米。在湖西地区，优化后的小麦种植面积减少 33.50 khm²，主要增加的种植面积为玉米 26.82 khm²、棉花 13.33 khm²，水稻和大豆的种植面积分别减少 4.29 khm² 和 2.35 khm²。

两种来水频率下的优化种植结构结果基本相似：除干旱年湖西徐州小麦种植面积有少量增长，其余地区两种来水频率下小麦面积均有所减少，且所有地区的玉米种植面积均有所增长，不同分区的灌溉用水量和种植效益变化如图 5-9 所示。总体来说，可通过适当压缩小麦种植面积和增加玉米与棉花的种植面积来调整作物种植结构，以达到节水增效的目的。南四湖流域原有的作物种植结构中，小麦占据了绝对比例，其生长初期处于枯水季节，具有较大的灌溉用水需求，因而模型优化结果中各地区的小麦种植面积呈现不同程度的降低。值得注意的是，各分区种植面积增长最多的作物种类不同，如湖东泰安的玉米增长远大于其他两种作物，玉米种植效益远小于大豆，但其生长所需的灌溉水量也较少。在降雨较少的年份高耗水作物种植比例小，如各地区干旱年的水稻种植面积均小于平水年。因此，模型结果表明了种植结构优化不仅受种植效益驱使，同时受各地不同时段来水量的影响。也从侧面反映了充分考虑时段可利用水量优化种植结构的合理与必然性。

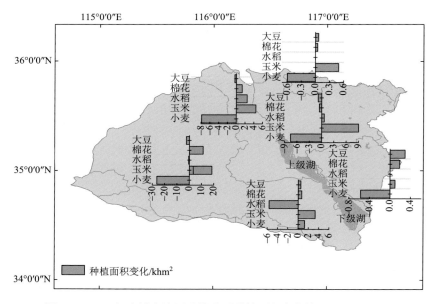

图 5-7 2020 年流域水资源计算分区种植面积变化情况（p = 75%）

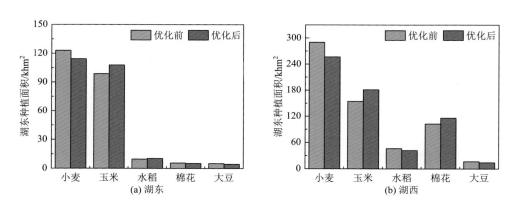

图 5-8 2020 年流域种植结构优化前后对比（p = 75%）

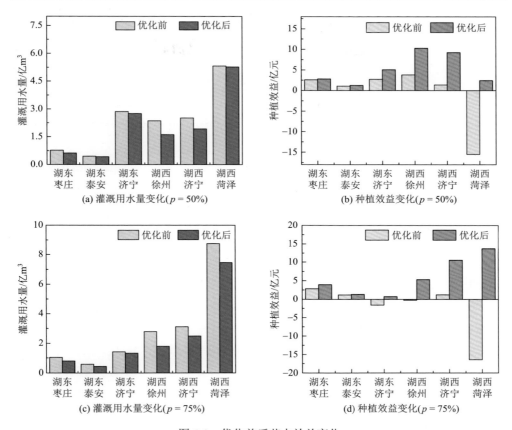

图 5-9　优化前后节水效益变化

2. 效益分析

通过模型优化可实现种植净效益的增长和节省灌溉水量，优化前种植效益出现负数的原因主要是过低的作物价格和过高的种植成本。例如，种植棉花的人工成本过高和其他作物产量偏低是湖西菏泽种植效益呈负数的主要原因。在平水年，通过种植结构和灌溉配水量的优化，南四湖流域种植业效益可增加 35.034 亿元，使从事农业人员平均增收 1112.9 元，节省灌溉用水共 1.68 亿 m^3。其中，人均增收最多的地区是湖西徐州 3028.6 元，最少的是湖东枣庄 67.1 元，亩均节省水量最多的是湖西徐州 63.6 m^3，最少的是湖西菏泽 0.9 m^3。在枯水年，通过优化后的流域种植结构和灌溉制度可实现种植业效益增长 48.622 亿元，提高农业人口平均收入 1544.50 元，节省灌溉用水共 3.40 亿 m^3。其中，人均增收最多的是湖西徐州 2606.40 元，最少的是湖东泰安 153.80 元，亩均节省水量最多的是湖西徐州 84.6 m^3，最少的是湖东济宁 3.9 m^3（表 5-10）。运行结果表明模型能够有效地通过耕地资源和水资源在不同作物间的合理分配，实现流域种植业净效益与节水效益的增长，既能提高当地农民收入，又能保持农业和环境可持续发展。

表 5-10　优化前后净产值对比

计算单元	50%		75%	
	净产值变化/亿元	人均净收入变化/元	净产值变化/亿元	人均净收入变化/元
湖东枣庄	0.228	67.1	1.131	332.60
湖东泰安	0.191	215.3	0.136	153.80
湖东济宁	2.337	350.6	2.316	347.90
湖西徐州	6.481	3028.6	5.577	2606.40
湖西济宁	7.842	1948.0	9.354	2323.60
湖西菏泽	17.955	1249.9	30.107	2095.90
全流域	35.034	1112.9	48.622	1544.50

3. 合理性分析

通过对比不同水文年的历史种植结构与优化后的种植结构，对计算结果进行合理性分析。由于资料可获得性限制，收集到干旱年和平水年湖东济宁、湖西济宁与湖西菏泽的历史种植结构，3 个分区种植面积占流域的 80.2%，认为具有代表性。历史种植结构与优化结果对比见表 5-11，将各地区不同水文条件对应的历史种植面积和优化后种植面积分别与现状种植面积进行比较，可发现大部分结果具有相同的变化趋势。造成趋势不同的原因可能是作物价格波动、政策影响、自然灾害等，以棉花为例，历史上棉花种植正处于价格市场化完成阶段，制度尚未成熟导致棉花价格波动剧烈，提高了收益风险导致农民种植积极性降低，从而与水文频率关联不大。总的来说，模型结果与实际情况较为一致，具有合理性。

表 5-11　不同水文年历史种植结构与优化种植结构　　　　（单位：%）

作物	分区	现状	75%–历史年	75%–优化	50%–历史年	50%–优化
冬小麦	湖东济宁	82.55	79.94	74.97	80.85	77.11
	湖西济宁	49.98	47.11	41.54	49.96	42.41
	湖西菏泽	209.34	209.44	182.90	209.34	184.39
玉米	湖东济宁	64.40	71.86	72.94	59.78	64.42
	湖西济宁	19.32	31.62	24.13	18.72	25.02
	湖西菏泽	121.97	122.02	140.39	121.97	125.19
水稻	湖东济宁	9.61	8.60	10.35	10.02	12.49
	湖西济宁	13.34	11.89	15.98	13.41	17.26
	湖西菏泽	4.94	4.75	4.18	5.22	6.03

续表

作物	分区	现状	75%-历史年	75%-优化	50%-历史年	50%-优化
棉花	湖东济宁	4.74	1.65	4.04	5.50	6.17
	湖西济宁	36.80	29.61	38.20	37.50	34.52
	湖西菏泽	62.8	62.83	74.05	62.80	81.12
大豆	湖东济宁	3.70	2.95	2.70	3.55	4.81
	湖西济宁	3.95	3.16	3.55	4.32	4.18
	湖西菏泽	9.01	9.01	6.53	8.88	11.32

5.5　本章小结

本章阐述了区域农业需水优化模型的建立依据、所需方法，模型建立过程与在南四湖流域的应用情况等内容。模型基于非充分灌溉理论，考虑水分亏缺对作物减产的影响，在不同时段内供水量受到约束的情况下优化作物之间的水量分配。同时，根据不同阶段分配后得到的产量结果与总耗水情况，优化得到更能适应区域天然条件的农业种植结构，实现种植业净产值最大的目标。

与常见的种植结构优化模型相比，本模型同时优化作物种植面积与作物间灌溉水量分配，对于整个水资源系统而言，考虑了不同时段内可供水量的约束，能够使作物种植结构确定的作物需水过程与区域水资源系统相适应。

通过收集南四湖流域的气象与作物资料，计算 50%和 75%来水条件下流域内不同分区的逐日参考蒸腾量与逐日有效降水，结合南四湖流域现状种植结构、作物灌溉定额与成本效益资料，作为模型输入。通过模型计算得到的主要结论如下。

（1）优化后的流域种植结构在平水年为小麦 43.45%、玉米 31.28%、水稻 7.55%、棉花 14.84%、大豆 2.88%，在枯水年为小麦 43.41%、玉米 33.82%、水稻 6.12%、棉花 14.37%、大豆 2.28%，两种来水频率下的优化种植结构结果基本相似，建议在保证粮食安全的前提下适当降低小麦种植比例，提高玉米、棉花的种植比例。

（2）优化后的种植结构在平水年和枯水年可节省灌溉水量分别为 1.68 亿 m^3 和 3.40 亿 m^3。同时，优化后的种植结构与配水过程可实现的种植业净产值分别提高 35.03 亿元和 48.62 亿元，实现农业劳动人口平均增收 1112.9 元和 1544.50 元，保障社会效益的同时提高了节水效益与经济效益。

（3）根据模型结果，不同地区作物种植结构调整，同时受到种植净效益与时段内水资源约束的驱使，实现了水土资源在时空上的优化配置，提高了流域经济效益与节水效益。

第6章　湖泊流域水资源供需双侧调控模型及应用

6.1　概　　述

流域水资源调控是指通过对地面水利工程、地下蓄水空间和人类用水行为等方面进行调节，使流域水资源的时空分布与经济社会和生态环境需求尽可能相适应的过程，通常包括水资源配置和水利工程调度两个阶段。其是实现水资源合理利用、缓解水资源短缺矛盾的有效手段和核心任务。水资源配置研究经过30多年的发展，在理念上经历了以需定供、与宏观经济结合、水量水质一体化等多个阶段（王浩和游进军，2016），但总体上都是把需水作为约束条件或边界条件，以供水量最大、缺水量最小或经济效益最大为目标函数，建立区域水资源配置模型，提出尽可能满足区域需水的水资源配置方案（郎连和，2013；章燕喃等，2014；邵玲玲等，2014；桑学锋等，2019），更多关注供水侧，而对供水侧与需水侧联合调控考虑较少。农业是流域用水的主要用户，人口增加、城市化进程加快和人们生活水平提高对水资源提出更高质量的要求，工业和生活用水呈现刚性增长态势，为农业用水结构适应性调整、强化节水提出了迫切需求，因此灌区水资源配置成为区域水资源配置领域的重点研究对象（齐学斌等，2015）。对于灌区水资源配置，大都以一定的水资源、土地资源为约束，通过优化种植结构和灌溉制度，实现水资源约束条件下的经济效益最大化（付银环等，2014；张展羽等，2014；谭倩等，2020），通常是建立以可供水量作为约束条件或边界条件、以作物种植效益最大为目标函数的水土资源优化配置模型，对给定的可供水过程在灌区内进行优化分配（Singh and Panda，2012；Aljanabi et al.，2018），鲜见供需双侧调控研究（Georgiou and Papamichail，2008；Noory et al.，2012；Wang et al.，2020）。实际上，实施供需双侧调控，服务水资源集约化利用，是落实当前"节水优化、空间均衡、系统治理、两手发力"治水理念和实施最严格水资源管理制度考核的必然要求。此外，由于水利工程是水资源系统的重要组成部分，也是实现水资源优化配置的微观载体，把水利工程调度和水资源配置结合起来，是在流域水利工程特别是蓄水工程建设基本完善的条件下，实现水资源宏观配置与微观调控统一的重要需求（Hu et al.，2010；王浩等，2019；Wang et al.，2020）。然而，以往水资源配置与水利工程调度服务于不同目标，二者结合不紧密。前者旨在提出规划建设湖库工程，增加可供水量与强化节水、减少需求，压缩供需缺口的策略,后者则服务于工程运行管理,提出湖库工程运行调度规则和运行方式。

为此,针对目前水资源常规调控模式供需分离、配置与调度不结合、难以支撑水资源严格管理和集约化开发利用的新需求,本书尝试建立流域水资源供需双侧调控模型,提出供需双侧协调、配置与调度紧密结合的水资源调控新模式。在需水侧,通过建立供水量和效益函数关系,并考虑水土资源等约束条件,构建农业种植结构与灌溉制度优化模型;在供水侧,采用模拟与优化、配置与调度相结合的两阶段建模路径,构建多水源配置与水库群优化调度模型。通过来源于需水侧模型的"需水过程"与来源于供水侧模型的"可供水过程"的分解与耦合,实现供需双侧的联合调控,综合集成构建流域水资源供需双侧调控模型,实现供需双侧协同、水资源系统宏观配置与水库(群)微观调控的统一。

水资源系统是以实现水资源的开发与利用为目的,通过人为修建的水利工程将天然来水转化为人类可利用水资源的复杂系统,一般具有水源、调蓄工程、输配水、用水、排水等多个组成部分,且各组分之间相互联系、相互制约(图6-1)。一个国家或地区的水资源量多少取决于当地气候条件,是天然确定、人为无法干预的,多数国家采用河川多年平均径流量作为衡量水资源量的标准。而水资源的开发利用程度取决于需水量、水利工程供水能力和水资源配置方式。水资源的优化配置是在水资源有限的情况下,把水资源合理分配给不同的用水户,实现经济、社会、生态三者综合效益最大化的有效手段。其根本目的是保障人类生存、促进经济发展和维护良好的生态环境,使供水在时空分布上与生产力布局相适应,达

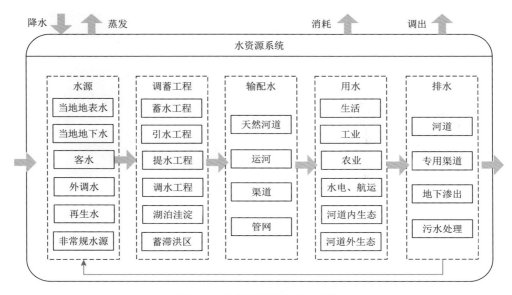

图 6-1　水资源系统组成要素图

到人与水资源和谐发展的目的。流域水资源供需双侧调控，旨在通过供水侧与需水侧的协同优化，实现水资源的集约利用与经济社会可持续发展的双重目标。在需水侧调整产业结构，提高节水效率，压缩不合理的用水需求，使需水过程与水资源系统的供给能力相适应；在供水侧通过工程与非工程措施，协调不同用户间的竞争性用水，使水资源系统水源的天然来水过程转化为适应区域需水要求的供水过程，实现真正意义上的区域经济发展与水资源条件相适应，达到可持续发展的目标（董增川，2008；王浩和游进军，2016）。

以往的水资源配置和工程调度大都是分开考虑的，二者的研究目的都是实现水资源的合理分配问题，但研究尺度和侧重点有所不同。水资源配置是在预测需水和可供水量的基础上，通过区域水资源配置计算出水资源系统的缺水量，以此来指导区域产业结构调整与水利工程的建设，即通过开源或节流的方式实现水资源系统的供需平衡。水资源配置研究的时间与空间尺度往往比水利工程调度研究尺度大，水利工程调度问题一般是在一定的来水与需水条件下，通过优化调度给出工程运行规则。然而，近年来我国水利事业建设已进入平稳阶段，大部分地区的水利工程体系已基本建成，未来的建设规模相对过去而言将会大大减小，换言之，增加区域可供水量的方式已从建设新的水利工程慢慢转变为通过非工程措施满足区域发展的用水需求。而水利工程作为连接天然水源与用水户之间的枢纽，是水资源系统中来水与供水的桥梁，因此将水资源配置与工程调度结合起来研究是很有必要的。鉴于此，本书提出了湖泊流域水资源供需双侧调控模型，其框架如图 6-2 所示。

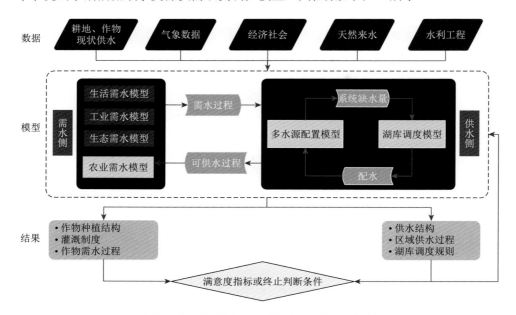

图 6-2   湖泊流域水资源供需双侧调控模型框架

需水侧为农业种植结构与灌溉制度优化模型，该模型基于 Jensen 模型将供水量与产量联系起来，在现状供水与灌溉耕地面积条件确定的情况下优化各个分区的作物种植结构，使有限的水资源能够生产的农业产值达到最大。优化后的农业种植结构对应确定的农业需水过程，以此作为供水侧水资源优化配置模型的输入。有关农业种植结构模型的具体内容见第 5 章。供水侧为流域水资源系统优化配置与工程调控两阶段模型，包括多水源优化配置与湖库优化调度两个子模型。系统中水源先考虑区域内河道水、水库水、地下水、再生水、外调水，系统用户为区域内的生活、工业、生态和农业四类用户。通过多水源配置模型计算水资源系统的缺水量，以此作为湖库调度模型的需水量输入，优化湖库调度过程。

6.2　流域供水侧模型

供水侧模型包括多水源优化配置模型、湖库优化调度模型两部分。前者以不同用户需水量和不同水源可供水量为输入，按照一定的规则和目标实现多个水源在不同用户之间的合理分配；后者把水资源系统缺水量（初始计算时，系统缺水量等于需水量）作为湖库调度模型的附加需水量，输入湖库调度模型，进一步优化水库调度图，实现配置与调度的紧密结合。

6.2.1　多水源优化配置模型

首先对流域水资源进行分区，并将其概化为由水源、用水户和传输系统构成的网络图，进而根据制定的模拟规则实现对水资源系统供-用-耗-排的全过程模拟。将水源分为河道水、水库水、地下水、再生水、外调水五大类。其中，水库水又分为聚合水库、中型水库和大型水库。用水户包括生活、农业、工业和生态四大用户；传输系统概化为四类，包括地表水传输系统、地下水库之间的侧渗补给与排泄系统、外调水传输系统及污水再生利用传输系统。水源和用户间的匹配关系，通过开关矩阵实现。聚合水库（多个小型水库、塘坝的聚合体）、中型水库、地下水库采用标准调度规则（standard operation procedure，SOP）进行模拟（Oliveira and Loucks，1997）。大型水库或湖泊，一般是流域水资源系统的控制性蓄水工程，是优化调节的主要对象，本书采用多目标离散对冲供水调度规则进行模拟（Ding et al.，2017；Adeloye and Dau，2019；Wang et al.，2020）。

1. 水资源系统概化

对于较大的水资源系统首先要进行水资源分区，可根据全国水资源分区和行政区域结合的方式对流域进行水资源分区。水资源系统概化主要包括对水源、用水户、水利工程的概化，水源与用水户之间通过供水工程联系，按照流域水系和地理位置上的拓扑关系形成一定的水资源网络图，不同的流域需针对具体情况进行概化。本书将用水户概化为生活需水、工业需水、生态需水和农业需水 4 个类别。按照相关规定以上 4 类用户的供水优先级为生活需水＞生态需水＞工业需水＞农业需水。其中，生活需水由城镇生活需水与农村生活需水构成，其受气候变化影响程度可以忽略，故年际变化仅与城市化水平有关。工业需水同生活需水，一般不受气候变化影响。生态需水包括河道内生态需水与河道外生态需水，后者主要包括城镇绿地需水。供水水源可分为地表水和地下水两大类，其中地下水可划分为浅层地下水与深层地下水。地表水源主要包括：①复合水库，指将流域内的中小型水库与湖泊洼淀概化后的虚拟水库；②单独考虑的大型水库；③河网水，指储存在河流渠道内的水量。此外还有跨流域调水供水与污水处理回用水两类水源。

　　本书将水源与工程间的传输关系概化为 4 类，包括地表水传输系统、地下水库之间的侧渗补给与排泄关系、外调水传输系统及污水再生利用传输系统。通过水源-传输系统-水利工程-用户间的水流联系，结合资料可获得性与计算单元的具体特性将计算单元概化，其概化过程如图 6-3 所示。将单元内地表中小型水库合并为复合水库，将未受水库控制的细小支流合并为区间入流，而对于大型水库则进行单独考虑。

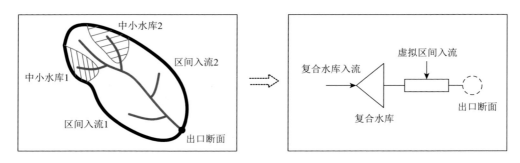

图 6-3　计算单元概化过程

　　概化单元中的每个元件需满足水量平衡方程。

1）水库水量平衡方程

$$V_i^{t+1} = V_i^t + \text{WIN}_i^t - \text{WOUT}_i^t$$

$$\text{WIN}_i^t = \text{WOUT}_{i-1}^t + \text{PWS}_i^t \qquad (6\text{-}1)$$

$$\text{WOUT}_i^t = \sum_j \text{WD}_{ij}^t + \text{WOUTR}_i^t + \text{WLOSS}_i^t$$

式中，V_i^t、V_i^{t+1}、WIN_i^t、WOUT_i^t 分别为第 i 个水库时段初库容、时段末库容、水

库平均入库水量、平均出库水量；PWS_i^t、WD_{ij}^t、$WOUTR_i^t$、$WLOSS_i^t$ 分别为库区降雨径流或区间入流、供给用户 j 的时段平均供水量、水库弃水量、水库蒸发渗漏损失。水库水量平衡方程示意图如图 6-4 所示。

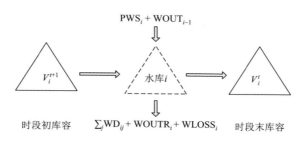

$$PWS_i + WOUT_{i-1}$$

$$V_i^{t+1} \qquad 水库i \qquad V_i^t$$

时段初库容　　　$\sum_j WD_{ij} + WOUTR_i + WLOSS_i$　　　时段末库容

图 6-4　水库水量平衡方程示意图

2）河段水量平衡方程

$$RWIN_k^t + PWS_k^t + \sum_j WDRW_{jk}^t = RWOUT_k^t + \sum_j RWD_{jk}^t + RWLOSS_k^t$$

$$RWIN_k^t = WOUTR_{ik}^t + RWOUT_{k-1}^t \qquad (6\text{-}2)$$

$$\sum_j WDRW_{jk}^t = \eta_j \sum_i WD_{ij}^t + \eta_{Rj} \sum_j RWD_{jk}^t$$

式中，$RWIN_k^t$、PWS_k^t、$WDRW_{jk}^t$、$RWOUT_k^t$、RWD_{jk}^t、$RWLOSS_k^t$ 分别为河段 k 时段内平均入流量、区间入流量、用户 j 排水量、河段出流量、用户 j 从河段 k 的取水量、河道蒸发渗漏损失；$WOUTR_{ik}^t$、$RWOUT_{k-1}^t$ 为水库 i 的弃水、上一河段的出流量；η_j、η_{Rj} 为河道取水用户和水库取水用户的用水回归系数，为排水量与取水量之比。河段水量平衡方程示意图如图 6-5 所示。

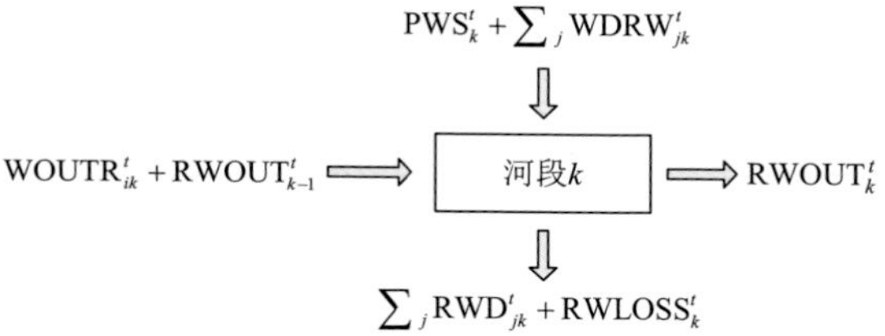

$$PWS_k^t + \sum_j WDRW_{jk}^t$$

$$WOUTR_{ik}^t + RWOUT_{k-1}^t \Longrightarrow \boxed{河段k} \Longrightarrow RWOUT_k^t$$

$$\sum_j RWD_{jk}^t + RWLOSS_k^t$$

图 6-5　河段水量平衡方程示意图

3）需水节点水量平衡方程

$$\sum_i WD_{ij}^t + \sum_k RWD_{jk}^t = \sum_k WDRW_{jk}^t + CW_j^t \qquad (6\text{-}3)$$

式中，CW_j^t 为用户 j 在时段内的平均耗水量。需水节点水量平衡方程示意图如图 6-6 所示。

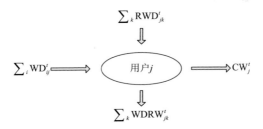

图 6-6　需水节点水量平衡方程示意图

2. 目标函数

对于流域内每个计算单元而言，水资源优化配置模型以系统缺水量最小为目标函数，具体可表示为

$$F = \min \sum_j \alpha_j \left(D_j - \sum_i O_i^j W_i^j \right) \tag{6-4}$$

式中，α_j 为用户 j 的重要性权重；D_j 为用户 j 的需水量；W_i^j 为水源 i 供给用户 j 的水量；O_i^j 为水源 i 与用户 j 之间的逻辑关系，即控制矩阵中的数值。

3. 约束条件

1）可供水量约束

水源供给各个部门的水量之和不能超过时段内水源的可供水量：

$$\sum_j W_{ij} \leqslant Q_i \tag{6-5}$$

式中，W_{ij} 为水源 i 供给用户 j 的供水量；Q_i 为该时段内水源的可供水量。

2）需水量约束

每个用户从不同水源获取的水量不可超过该用户的需水量：

$$\sum_i W_{ij} \leqslant D_j \tag{6-6}$$

式中，D_j 为用户 j 的需水量。

3）供水能力约束

供水水源对各用户的供水量之和不得大于其最大输水能力：

$$\sum_i W_{ij} \leqslant W_{\max i} \tag{6-7}$$

式中，$W_{\max i}$ 为水源 i 最大的输水能力。

除以上约束条件外，还需满足计算单元内各元件的水量平衡关系。

4. 模型参数率定

水资源配置模型中存在诸多需要率定的参数，包括用水回归系数、计算单元间的分水系数等，这些参数的精度决定了模型的实用性。

本书采用实测年份逐月用水过程作为模型的需水系列，按照从上游到下游，以控制断面实测流量与模型计算流量平方和最小为目标函数，逐个率定，对于没有合适控制断面的计算单元，与下游有水文控制站的计算单元合在一起率定，按照水流在计算单元间汇入的先后顺序依次把所有参数率定完毕。

6.2.2　湖库优化调度模型

1. 湖库多用户离散对冲规则

水源向不同的用户供水需要一套指导调度的多目标供水调度规则，这是鉴于不同用户缺水造成的损失大小不同，在水资源有限的情况下通过合理地限制各用户之间的供水，使缺水造成的损失最小是我们想要达到的目的。多目标供水调度规则可以概括为两个问题，一是限制供水的启动标准，二是限制供水的度量标准。本书以水库蓄水量的某个阈值作为限制供水的启动标准，同时考虑到来水年内分布的不均匀性，不同时段采用不同的标准。根据供水用户的重要性，将水库库容按供水优先级进行分区，按照分区进行供水调度（图 6-7）。

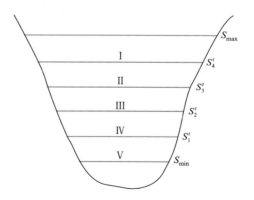

图 6-7　分区供水调度规则

图 6-7 中，S_i^t（$i=1,2,3,4$ 分别表示生活、工业、生态、农业用户，$t=1,2,\cdots,N$）为 t 时段内第 i 个用户的供水限制启动标准，供水优先级为生活＞工业＞生态＞农业，当需要限制供水时首先限制农业供水、其次是生态、工业、生活用水，因此供水

限制启动标准 S_i^t 在任意时段内都应遵循 $S_{min} < S_1^t < S_2^t < S_3^t < S_4^t < S_{max}$，$S_{min}$、$S_{max}$ 分别表示水库最小库容和最大库容。具体的分区供水规则如下所述。

Ⅰ区：$S_1^t < V_t < S_{max}$，此时未达到任何供水限制标准，每个用户按照需水进行供水：

$$W_t = D_1^t + D_2^t + D_3^t + D_4^t$$

Ⅱ区：$S_2^t < V_t < S_1^t$，此时限制用户优先级最低的用户，即限制农业供水，其他用户正常供水：

$$W_t = D_1^t + D_2^t + D_3^t + (1-a_4) D_4^t$$

Ⅲ区：$S_3^t < V_t < S_2^t$，此时限制生态与农业供水，其他用户正常供水：

$$W_t = D_1^t + D_2^t + (1-a_3) D_3^t + (1-a_4) D_4^t$$

Ⅳ区：$S_4^t < V_t < S_3^t$，此时限制工业、生态与农业供水，其他用户正常供水：

$$W_t = D_1^t + (1-a_2) D_2^t + (1-a_3) D_3^t + (1-a_4) D_4^t$$

Ⅴ区：$S_{min} < V_t < S_4^t$，此时限制所有用户正常供水：

$$W_t = (1-a_1) D_1^t + (1-a_2) D_2^t + (1-a_3) D_3^t + (1-a_4) D_4^t$$

其中，a_1，a_2，a_3，a_4 分别对应不同用户的供水限制系数。

2. 湖泊调水规则

蓄水限制线是指导湖泊调水的调度规则，调入库容指示线是指为了保证当前和未来时段的供水与北调水量应尽量蓄到的水位，调出库容指示线是为了避免造成浪费不应超过的水位。假设河流自上而下有 N 个梯级水库，N 个提水泵站，则调水规则按如下描述。

第 1 个梯级水库外调水 $W_{out_{1,t}}$ 为

$$W_{out_{1,t}} = \begin{cases} \min\{D_{out_1}^t, C_{w_1}^t\} & S_1^{t-1} > S_{out_1}^t \\ 0 & S_1^{t-1} \leqslant S_{out_1}^t \end{cases} \tag{6-8}$$

式中，$D_{out_1}^t$ 为 1 级水库外需调水量；$C_{w_1}^t$ 为 1 级水库调水能力；S_1^{t-1} 为时段初水库库容；$S_{out_1}^t$ 为水库调出库容指示线。

第 i 级水库调出库容指示线为 $S_{out_i}^t$，调入库容指示线为 $S_{in_{i-1}}^t$，则第 i 级水库的调出水量与第 $i-1$ 级水库的调入水量可表示为

$$W_{out_i}^t = W_{in_{i-1}}^t = \begin{cases} C_{w_i}^t & S_{i-1}^{t-1} < S_{in_{i-1}}^t \ and \ S_i^{t-1} \geqslant S_{out_i}^t \\ 0 & S_{i-1}^{t-1} \geqslant S_{in_{i-1}}^t \ or \ S_i^{t-1} < S_{out_i}^t \end{cases} \tag{6-9}$$

式中，$W_{out_i}^t$ 为第 i 级水库调出水量；$W_{in_{i-1}}^t$ 为上一级水库调入水量；$C_{w_i}^t$ 为第 i 级水库调出能力；S_i^{t-1} 为第 i 级水库时段初库容。

第 N 级水库（最后一级）调入指示线为 $S_{in_N}^t$，该水库的调入水量可描述为

$$W_{\text{in}_N}^t = \begin{cases} \min(C_{w_N}^t, A_{w_N}^t) & S_{i-1}^{t-1} < S_{\text{in}_N}^t \\ 0 & S_{i-1}^{t-1} \geqslant S_{\text{in}_N}^t \end{cases} \tag{6-10}$$

式中，$W_{\text{in}_N}^t$ 为第 N 个水库调入水量；$A_{w_N}^t$ 为第 N 个水库允许可调出水量。

3. 目标函数

1）以缺水量与水库弃水量加权之和最小作为湖库调度模型目标函数

$$F = \min\left(\left(\beta_1 \sum_{t=1}^T \sum_{m=1}^M \sum_{n=1}^N \text{DL}_{mn}^t - \sum_{k=1}^K \text{WL}_{mnk}^t \right) + \beta_2 \sum_{t=1}^T \sum_{k=1}^K \text{SP}_k^t \right) \tag{6-11}$$

式中，DL_{mn}^t 为 m 个计算单元 n 个用户的水库需水量；WL_{mnk}^t 为水库 k 向计算单元 m、用户 n 的供水量；SP_k^t 为水库弃水量；β_1、β_2 为权重系数，本书认为满足区域用水需求比不产生弃水更为重要，因此分别取值为 0.75、0.25。

2）以区域不同用户供水保证率离差系数最大为目标函数

$$F = \max\left(\frac{\alpha \sum_{i=1}^N p_D^i + \beta \sum_{i=1}^N p_I^i + \chi \sum_{i=1}^N p_E^i + \delta \sum_{i=1}^N p_A^i}{\sigma(p_D^i, p_I^i, p_E^i, p_A^i, i = 1, 2, \cdots, N) + \varphi} \right) \tag{6-12}$$

式中，p_D^i，p_I^i，p_E^i，p_A^i 分别为计算生活、工业、生态、农业的供水保证率；$\alpha, \beta, \chi, \delta$ 分别为生活、工业、生态、农业用户的重要性权重；σ 为不同用户供水保证率平均值；φ 为一个非 0 的极小常数，是为了防止分母为 0，不影响计算结果。

4. 约束条件

1）湖泊调水指示线约束

$$\begin{aligned} V_{\text{min}_k}^t &\leqslant S_{\text{in}_k}^t \\ S_{\text{out}_k}^t &\leqslant V_{\text{max}_k}^t \end{aligned} \tag{6-13}$$

式中，$S_{\text{in}_k}^t$ 为湖泊 k 第 t 个时段的调入指示线；$S_{\text{out}_k}^t$ 为调出指示线；$V_{\text{min}_k}^t$、$V_{\text{max}_k}^t$ 分别为湖泊的库容下限与上限。

2）湖库供水限制库容约束

$$V_{\text{min}} < S_{d_k}^t < S_{i_k}^t < S_{e_k}^t < S_{a_k}^t < V_{\text{max}} \tag{6-14}$$

式中，$S_{d_k}^t, S_{i_k}^t, S_{e_k}^t, S_{a_k}^t$ 分别为时段内生活、工业、生态、农业供水限制线。

3）湖库水量平衡

约束条件除需满足湖库的供水调度规则、调水调度规则，还需满足水库的水量平衡方程：

$$V_i^{t+1} = V_i^t + W_{in_i}^t - W_{out_i}^t \qquad (6\text{-}15)$$

$$W_{in_i}^t = W_{out_{i-1}}^t + PWS_i^t \qquad (6\text{-}16)$$

$$W_{out_i}^t = \sum_j W_{ij}^t + W_{outRID_i}^t + W_{Loss_i}^t \qquad (6\text{-}17)$$

式（6-15）～式（6-17）中，V_i^{t+1}，V_i^t，$W_{in_i}^t$，$W_{out_i}^t$ 分别为第 i 个湖泊时段末库容、时段初库容、湖泊入库水量、出库水量；PWS_i^t，W_{ij}^t，$W_{outRID_i}^t$，$W_{Loss_i}^t$ 分别为库区降雨径流或区间入流、向用户 j 平均供水量、水库弃水、蒸发渗漏损失。

6.3　流域需水侧模型

本书考虑到生活和工业需水，受降水丰枯变化影响相对小，且在流域需水结构中比例不大，本书采用定额法进行预测分析；河道内生态环境需水，采用 Tennant 法，按照多年平均流量的 10%标准确定。农业需水受气象水文、作物种植结构等要素影响大，也是流域用水大户，是需水侧模型的重点考虑对象。作物产量模拟是农业需水优化模型的重要组成部分，常采用历史作物产量调查统计法（Niu et al.，2016）、水分生产函数法（Lalehzari et al.，2016；Araya et al.，2019）。本书基于非充分灌溉原理，采用 Jensen 水分生产函数模拟时段灌溉水量和最终产量的关系计算作物产量（Jensen，1968），将供水过程对农业的影响体现在最终产量上，旨在通过优化农业种植结构和灌溉制度，协调与来水条件匹配度更好的需水过程，在有限水资源量下提高水分利用效率，实现灌溉经济效益最大化。模型以不同作物的种植面积和每个计算时段内分配给每种作物的灌溉水量作为决策变量，建模过程详见第 5 章。

6.4　流域水资源供需双侧调控模型实现过程

6.4.1　模型分层优化求解

（1）供水侧模型。多水源配置模型，采用线性规划或遗传算法求解。湖库调度模型采用遗传算法和轮库轮线迭代算法相结合的途径进行求解，首先利用遗传算法产生多组湖库初始调度图（不同用户供水限制线），然后针对某个水库按优先级从高到低的顺序逐次优化每条限制线，在优化某条限制线时，其他限制线保持不变；所有限制线优化完之后，再优化下一个水库。经过多次迭代计算逼近最优解，直到前后两次计算的目标函数小于设定的阈值时停止计算。通过优化可得到多水源供水过程和水库调度图。

为了避免各供水限制线之间存在交叉现象，出现不可行解，本书采用"轮线迭代"方法处理，即对于某个水库而言，先根据给定的初始调度图，依次优化生活、工业、生态和农业供水限制线，与此同时其他三条线保持不变，并作为正在优化限制线的约束条件。如此反复迭代计算多次，使模型结果逼近最优解，算法框架如下。

```
Initialize
While not stop condition
Optimize critical storage $S_{dt}^{k}$, $S_{dt}^{k} \in [S_{it}^{k}, \overline{S}_{t}^{k}]$;the rest three,
$S_{i_k}^{t}$, $S_{e_k}^{t}$, $S_{a_k}^{t}$ keep fixed.
In turn,optimizing critical storage
Computing stop condition
End program
```

（2）需水侧模型。模型决策变量数目多，属于非线性复杂优化问题，采用遗传算法（Goldberg，1989）进行求解。遗传算法主要参数设置如下：种群规模 $N=300$、交叉概率 $p_c=0.8$、变异率 $p_m=0.02$、演化代数 $T=2000$。通过优化可得到农业需水过程，其与通过预测得到的生活、工业、生态用户需水共同组成了流域需水过程。

6.4.2　供需双侧协同调控实现过程

整体模型以水资源配置为核心，实现供水侧与需水侧的协调，其结构示意图如图 6-8 所示。首先，确定模型外部输入参数，以现状供水过程作为农业优化模型的供水输入，优化各分区种植结构与灌溉制度。将得到的农业种植结构所确立的需水过程（分区各月所需农业灌溉用水组成的需水过程序列）作为水资源优化配置模型的需水输入，即保持其他部门需水不变，仅改变农业需水过程，优化水资源配置方案。其次，将配置模型得到的系统缺水量作为南四湖优化调度模型的需水输入，优化南四湖供水调度与调水调度。至此，得到了南四湖流域水资源系统的优化配置方案，将配置方案中的农业供水过程（分区各月分配到用于农业灌溉的供水过程序列）作为新的输入，带回农业种植结构优化模型，再次，计算新的供水条件下农业种植结构。最后，整体模型按上述模式往复计算，直至前后目标函数变化小于阈值，终止计算。

模型计算得到流域各分区作物种植结构、水资源配置方案与南四湖调度过程，可从种植净效益、农业灌溉水量和供水保证率 3 个角度分析方案的合理性。

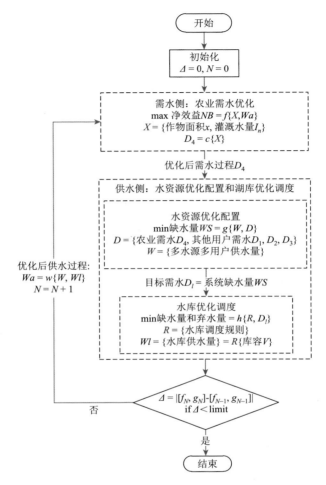

图 6-8 流域水资源供需双侧调控模型求解框图

6.5 南四湖流域应用实例

6.5.1 水资源系统概化

本书采用全国水资源三级分区结合行政地市对流域水资源系统进行分区，将南四湖流域分为湖东济宁、湖东枣庄、湖东泰安、湖西济宁、湖西菏泽、湖西徐州 6 个计算单元，计算单元如图 5-4 所示。根据流域内水源的构成与地理分布实际情况，按照计算单元概化方式将流域水资源系统概化为以下水资源系统网络，如图 6-9 所示。水资源系统是由多个节点与节点间的联系组成的复杂关系网络，通常包括 4 种网络节点：水源、用水户、交会节点与河渠。对于大型水库和地下水源，采用具体的网络节点，如图 6-9 中所示的地下水库、尼山水库、马河水库、岩马水库、西苇水库与南四湖的上级湖、下级湖；而对于中小型水库及塘坝、回用水等其他水源，则概化在每个计算单元的内部。交会节点包括出入境节点和中间节点，前者方便与出入境水量控制，后者则是为了使对水资源网络的描述更加具体而设立的。河渠可以根据连接的水源不同分为地表供水河渠、外调供水渠道、退水渠道。

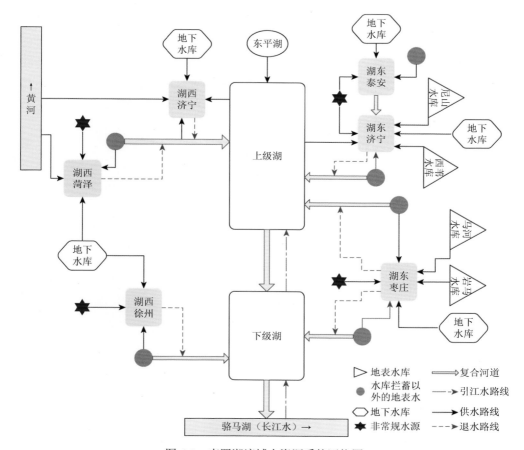

图 6-9　南四湖流域水资源系统网络图

南四湖水资源系统水源分为地下和地表两大类。

1）地下水源供水

地下水源可分深层地下水和浅层地下水两种。另外，在山前地带还具有一定量的山前侧渗补给量，与山区地表径流有部分重复，计算时需要扣除这部分。深层地下水由于埋藏较深而补给缓慢,通常被视为一种静态资源,开采后很长一段时间内难以恢复和补偿,造成严重的地水问题,因此不宜作为长期稳定的供水水源。

浅层地下水埋藏较浅,在水平方向和垂直方向有多种补给来源,开发后可恢复和补偿,是一种可再生资源,主要由降水入渗补给。平原地区的地下水补给还包括了地表水体入渗补给和山区地下水对平原地区的侧渗补给。因此在计算时需分别计算各项补给量。

2)地表水源供水

地表水源供水可分为当地可利用地表径流供水、地表水库供水、地表节点供水、河网供水、上游单元退水供水等。

当地可利用地表径流主要指所在分区内的大中小型水利工程与湖泊注淀可提供加以利用的地表径流,带有概化性质。这类工程一般缺乏较为精准的工程特性参数,受资料可获得性限制,这类工程的可利用径流采用典型年法确定,给出几个保证率下的可利用量。同时,由于当地地表径流遍布系统,较为分散,规定只可满足同样较为分散的农业用水需求。

地表水库控制着山区径流,是平原地区地表水资源的主体部分。对于每个要考虑其调蓄作用的大中型水库,均有其相应的入流系列,此部分供水统称地表水库供水。当无水库控制的入境径流所占比重不可忽略时,也应概化其相应的入流系列,此部分成为地表节点供水。

河网水是储存在单元内众多河流渠道中的水量。具体包括河网调蓄库容与田间蓄水库容,前者可对上游余水与流域引水起一定的调蓄作用,规定只满足农业需水要求且调蓄水量仅用于下个时段,后者存蓄流域引水工程在冬天非灌溉季节的引水,满足在汛前的农业灌溉用水需求。

流域调水供水是指南四湖流域以外的其他流域可调入的水量,如南水北调工程。这部分水量按工程项目分类以不同规划水平年的系列来水形式给出。污水处理回用供水取决于污水处理厂的处理能力,随着规划水平年不同而变化。经处理后可再利用的污水主要为工业冷却水、城市环境用水等,这部分成为再生水供水。

南四湖流域的水资源系统有各种需水要求,通过概化后的各个计算单元水资源供用耗排关系如图 6-10 所示。

从计算方便、习惯遵循与需水重要性等方面出发,将需水部门概化为以下三大类。

(1)生活需水。生活需水包括城镇生活需水、农村生活需水。城镇生活需水重要性最高,依据《中华人民共和国水法》(2016 年)规定应优先满足。这类需水一般不考虑气候变化的影响,即只考虑其年际变化而不考虑年内的变化。在不同规划水平年生活需水不同,而在某一规划水平年则认为是不变的。农村生活需水包括农村居民生活需水、大小牲畜饮用水等,其供水优先级也很高。本书不具体划分城镇与农村生活需水。

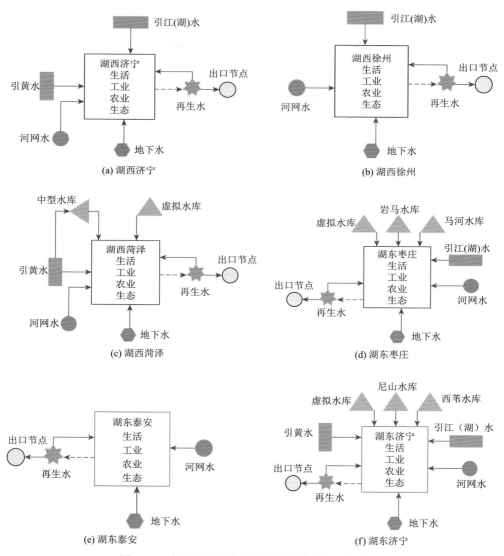

图 6-10　南四湖流域水资源系统各计算单元概化图

（2）生产需水。生产需水包括：第一、第二、第三产业需水。第一产业需水包括种植业、林牧渔业需水和乡镇以下的工业需水。一般来说，种植业灌溉需水量最大，且受气候变化影响，应根据不同规划水平年给出相应的需水系列。第二产业需水包括一般工业需水和建筑业需水，其中工业需水是指工、矿企业生产过程中，用于制造、加工、冷却、空调、净化、洗涤等方面，也包括厂内生活用水。具体统计时要区分一般工业用水和火电用水。工业需水的重要性仅次于城镇生活需水，也不考虑气候变化的影响。第三产业需水量包括商饮业需水量和服务业需水量。

（3）生态需水。生态需水包括公共设施需水及环境方面需水等，本书不区分城市与农村。

本书从保证率要求差异性角度出发，把生产需水分为农业需水和工业需水两类，其中农业需水为这里的第一产业需水，工业需水包括第二产业和第三产业需水。这样，初步定义四类用户的供水优先级为：生活＞工业＞生态＞农业，但某些情况下优先级会发生变化。

6.5.2　调蓄水控制工程运行架构

南四湖上级湖和下级湖是南四湖流域的调蓄水控制工程，其运行调度模型的构建是基于南四湖流域水资源系统整体的配置模型，先计算区域水资源供需状况，后调节计算南四湖（上级湖、下级湖）的优化调控，即先考虑区域内河道水、聚合水库水、单列水库水、引黄水、地下水、再生水，与区域不同计算单元生活、工业、河道外生态与农业 4 类用户进行科学配置后，将剩余缺水量进行综合作为湖泊需水量，进一步进行湖泊调蓄计算。其中，上级湖向湖西菏泽、湖西济宁、湖东泰安和湖东济宁供水，下级湖向湖西徐州和湖东枣庄供水，调蓄水控制工程运行架构如图 6-11 所示。

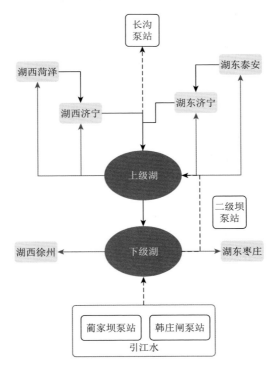

图 6-11　南四湖上级湖、下级湖调度运行架构图

6.5.3　供需水等相关数据及预测

本书所需数据包括流域各水源可供水量数据，大型水库月入库径流数据，流域内生活、工业和生态用户月需水数据，水利工程供水能力数据，逐日气象数据，作物生长特性数据、土壤数据、灌溉水价等。

1. 供水数据

（1）水源数据。据统计，流域地表水 75%和 50%保证率可供水量分别为 10.49 亿 m^3 和 14.58 亿 m^3，外调水 75%和 50%保证率可供水量分别为 15.65 亿 m^3 和 15.74 亿 m^3（含引黄水和引江水），地下水多年平均可开采量为 36.62 亿 m^3，非常规水源可供水量为 8157 万 m^3。

（2）供水工程与供水能力。经计算现状年南四湖各类工程总供水能力为 819 936 万 m^3，其中湖东区为 276 735 万 m^3，湖西区为 543 201 万 m^3，各县市区总供水能力见表 6-1。

表 6-1　南四湖流域分区现状供水能力　　　（单位：万 m^3）

水资源分区	行政区	年供水能力				
		蓄水工程	引水工程	取水工程	机电井	合计
湖东济宁	市中区	0	0	20 510	4 306	24 816
	任城区	0	0	5 809	15 797	21 606
	微山县	25	505	12 600	3 500	16 630
	汶上县	89	11 573	9	17 013	28 684
	泗水县	12 248	0	721	2 344	15 313
	曲阜市	8 426	4 530	1 102	13 576	27 634
	兖州区	0	130	52	17 287	17 469
	邹城市	10 094	36	1 776	11 954	23 860
湖东泰安	宁阳县	6 675	19 000	120	18 981	44 776
湖东枣庄	薛城区	889	1 630	1 630	5 165	9 314
	滕州市	2 428	2 194	1 661	22 961	29 244
	山亭区	16 222	0	305	863	17 390
湖西济宁	鱼台县	0	0	30 785	7 853	38 638
	金乡县	0	0	5 147	17 074	22 221
	嘉祥县	0	0	8 253	17 204	25 457
	梁山县	0	12 608	380	7 226	20 214

续表

水资源分区	行政区	年供水能力				
		蓄水工程	引水工程	取水工程	机电井	合计
湖西菏泽	牡丹区	1 690	23 100	4 200	13 235	42 225
	单县	10 400	0	2 000	15 150	27 550
	曹县	2 551	0	100	10 770	13 421
	成武县	2 044	0	1 400	14 207	17 651
	定陶区	0	0	1 000	9 370	10 370
	郓城县	0	15 389	6 620	11 100	33 109
	鄄城县	1 530	18 000	680	83 617	103 827
	巨野县	0	0	2 650	21 416	24 066
	东明县	0	28 043	3 000	21 165	52 208
湖西徐州	丰县	7 160	14 320	2 385	11 237	35 102
	沛县	14 600	29 130	4 860	7 365	55 955
	铜山区	5 400	10 800	1 800	3 187	21 187
按水资源分区合计	湖东区	57 096	39 598	46 294	133 747	276 735
	湖西区	45 375	151 390	75 260	271 176	543 201
	流域	102 471	190 988	121 554	404 923	819 936
	沿湖受水区	914	2 135	71 334	36 621	111 004
按行政区合计	济宁市	30 882	29 382	87 144	135 134	282 542
	枣庄市	19 539	3 824	3 596	28 989	55 948
	菏泽市	18 215	84 532	21 650	200 030	324 427
	泰安市	6 675	19 000	120	18 981	44 776
	徐州市	27 160	54 250	9 045	21 789	112 244

　　南四湖流域内供水工程与能力统计按水源分为地表水源工程与地下水源工程。地表水源工程分为蓄水、引水、提水工程。蓄水工程指水库和塘坝，其中水库按规模大小统计，塘坝另外统计；引水工程是指从河道、湖泊等地表水体自流引水的工程；提水工程是指泵站从河道、湖泊等地表水体提水的工程，三者间计算不包含重复内容。地下水源工程是指利用地下水的水井工程，包括浅层地下水和深层承压水两种类型。浅层地下水是指与当地降水、地表水体有直接补排关系的潜水和与潜水有紧密水力联系的弱承压水；深层承压水是充满两个隔水层之间的含水层中的地下水。

2. 需水预测

1）生活需水

研究以 2015 年作为现状年，选取水文频率为 50%和 75%的水文年型，对应的年份分别为 2009 年和 2012 年，利用构建的模型对近期规划水平年 2025 年的流域农业种植结构、水资源配置与工程调控进行优化计算。南四湖流域内山东省境内规划水平年部分需水预测资料引用已有的文献成果（庞志平，2015）。

生活需水采用定额法计算，由南四湖流域内人口数量和用水定额共同确定。南四湖流域生活用水定额依照当地社会经济发展水平，结合生活用水习惯，并依据各市水资源规划与发展规划中的有关规定，确定规划水平年流域内人口数量和生活用水定额。南四湖流域 2025 年生活需水量结果见表 6-2，生活需水量不考虑节水措施。

表 6-2　南四湖流域 2025 年生活需水量　　　　　　（单位：万 m³）

计算分区	农村	城镇	合计
湖东济宁	10 510.3	10 056.3	20 566.6
湖东泰安	1 987.5	765.8	2 753.3
湖东枣庄	5 596.9	3 513.5	9 110.4
湖西济宁	7 021.2	2 075.2	9 096.4
湖西菏泽	20 076.1	7 741.4	27 817.5
湖西徐州	5 216.3	5 203.3	10 419.6

2）生产需水

第一产业需水量包括农田灌溉需水量和林牧渔业需水量。其中，部分农田灌溉需水采用农业种植结构与灌溉制度优化模型计算的需水过程作为输入，其余部分采用定额法计算。南四湖流域林牧渔业需水包括草场灌溉、林业用地灌溉、鱼塘补水和牲畜用水。以各行政区的水资源规划与统计年鉴数据为基础，参考《中国水资源公报 2019》、《2019 年山东省水资源公报》和《2019 年江苏省水资源公报》确定各用水指标。考虑到灌溉用水效率的提高，2025 年灌溉水利用系数泰安、枣庄、济宁、菏泽、徐州分别取 0.73、0.73、0.64、0.63、0.63。经计算，南四湖流域第一产业部分需水量见表 6-3，第二产业需水量包括工业需水量和建筑业需水量，由规划水平年第二产业增加值和用水定额计算，根据各市的水资源规划和有关资料确定，南四湖流域第二产业需水量见表 6-4。第三产业需水量包括商饮业需水量和服务业需水量。南四湖流域第三产业发展速度较快，用水需求也有所增长，且随着用水效率的提高，用水定额也有所减少，南四湖流域 2020 年第三产业产值、需水定额及需水量见表 6-5。

表 6-3 南四湖流域 2025 年第一产业需水量 （单位：万 m³）

计算分区	非优化作物需水量		林牧渔业需水量	第一产业需水量合计	
	50%	75%		50%	75%
湖东济宁	24 453.88	48 922.88	30 415.78	54 869.66	79 338.66
湖东泰安	2 811.86	6 119.64	3 381.42	6 193.28	9 501.06
湖东枣庄	9 066	16 321.35	6 726.13	15 792.13	23 047.48
湖西济宁	28 241.77	50 132.12	11 132.72	39 374.49	61 264.84
湖西菏泽	20 982.7	84 438.95	35 053.38	56 036.08	119 492.33
湖西徐州	17 803.29	53 027.42	23 431.6	41 234.89	76 459.02

表 6-4 南四湖流域 2025 年第二产业需水量 （单位：万 m³）

计算分区	工业需水量	建筑业需水量	第二产业需水量合计
湖东济宁	32 165.36	1 911.54	34 076.90
湖东泰安	2 266.8	444.58	2 711.38
湖东枣庄	13 075.9	1 412.42	14 488.32
湖西济宁	4 206.6	503.59	4 710.19
湖西菏泽	19 099.1	1 715.36	20 814.46
湖西徐州	7 719.1	529.23	8 248.33
南四湖流域	78 532.86	6 516.72	85 049.58

表 6-5 南四湖流域 2020 年第三产业产值、需水定额及需水量

计算分区	2010 年第三产业用水量			2020 年第三产业需水量		
	产值/亿元	用水定额/(m³/万元)	用水量/万 m³	产值/亿元	需水定额/(m³/万元)	需水量/万 m³
湖东济宁	737.15	1.73	1 272.27	1 745.10	1.55	2 710.73
湖东泰安	75.30	4.25	320.00	178.26	3.82	681.80
湖东枣庄	294.52	3.74	1 102.00	697.24	3.37	2 347.95
湖西济宁	154.38	3.28	506.00	365.47	2.95	1 078.10
湖西菏泽	353.56	3.83	1 353.00	837.01	3.44	2 882.74
湖西徐州	208.14	1.87	388.88	492.74	1.68	828.56
南四湖流域	1 823.05	2.71	4 942.15	4 315.82	2.44	10 529.88

3）河道外生态需水

河道外生态需水量是指用于保护和修复河道外生态环境所需要补充的水量，如植被保护、水土保持所需水量，具体可分为城镇生态需水与农村生态需水。各项河道外生态需水定额依据各市的水资源规划文件确定。南四湖流域规划水平年的绿化补水面积有所增加，规划年河道外生态需水量为 7889.11 万 m³，较现状水平增长了 8.65%（表 6-6）。

表 6-6　南四湖流域河道外生态需水量

计算分区	2015 年用水量			2025 年需水量	
	面积/km²	用水量/万 m³	用水定额/(万 m³/km²)	需水定额/(万 m³/km²)	需水量/万 m³
湖东济宁	7 294.8	1 608.00	0.22	0.24	1 768.80
湖东泰安	1 125.0	180.00	0.16	0.18	198.00
湖东枣庄	3 010.0	1 348.00	0.45	0.49	1 482.80
湖西济宁	3 390.1	380.00	0.11	0.12	418.00
湖西菏泽	12 233.30	3 575.00	0.29	0.32	3 932.50
湖西徐州	3 409.00	80.92	0.02	0.03	89.01
南四湖流域	30 462.20	7 171.92	0.24	0.26	7 889.11

3. 其他数据

（1）气象数据。根据 Penman-Monteith 公式，采用逐日气象资料计算参考蒸腾蒸发量，包括日最高气温、最低气温、近地面风速、短波辐射、比湿、气压、降雨等。

（2）作物数据。计算作物需水量的作物系数和模拟作物产量的水分敏感指数参考有关文献试验数据成果（吴乃元和张廷珠，1989；陈玉民等，1995；鲁孟胜等，2003；宋雪雷，2007；肖俊夫等，2008；左余宝等，2009；杨静敬等，2013），作物生长期根区深度、作物最大单位产量和作物单价根据各地区实际情况进行统计，部分取值见表 6-7。

表 6-7　作物单位成本和收益取值

项目	计算分区	小麦	玉米	水稻	棉花	大豆
效益 P_c/(元/kg)	湖东枣庄	2.76	2.76	—	28.92	6.41
	湖东泰安	2.88	2.93	—	15.39	7.67
	湖东济宁	2.93	2.79	3.77	26.72	7.07
	湖西徐州	2.60	2.69	1.75	27.24	6.69
	湖西济宁	2.46	2.62	3.49	25.56	6.99
	湖西菏泽	2.34	2.30	3.43	19.37	5.52
单产 Y_a/(kg/hm²)	南四湖流域	9 000	11 360	12 911	2 142	3 863
成本 C/(元/hm²)	南四湖流域	15 114	14 384	14 585	39 711	10 702

注：效益数据来自山东济宁、菏泽、枣庄、泰安和江苏徐州的统计年鉴；成本数据来自《全国农产品成本收益资料汇编》（1990～2017 年），为物质费和人工费之和扣除水费。

（3）经济及土壤特性数据。灌溉水价取 0.25 元/m³，土壤田间持水量和凋萎点数据根据地区土壤特性确定。

6.5.4 计算结果分析

为了更好地说明模型在水资源短缺严重情况下的表现，采用 1956～2010 年水文长系列模拟计算，并进一步选择平水年和枯水年情景进行统计分析。需水侧模型以旬为时间尺度，决策变量为小麦、玉米、水稻、大豆、棉花在不同分区内的种植面积和不同时段内的灌溉水量；多水源配置模型以月为时间尺度，决策变量为时段内不同水源向不同用户的供水量；湖库调度模型同样以月为时间尺度，决策变量为水库群调度规则，即南四湖上级湖和下级湖的面向不同用户（生活、农业、工业）的库容限制线和供水限制系数。

利用流域水资源供需双侧调控模型，进行长系列（1956～2010 年）模拟计算。多次试验均表明，协调 3 次之后，第 4 次协调结果与第 3 次协调结果（系统缺水量、灌溉净效益等）相差很小，且第 3 次协调结果水分效益最高，终止计算。图 6-12 显示了不同协调次数多年平均效益与灌溉供水之间的平衡关系，该图表明随着供需双侧协调优化，灌溉需水逐步减少，而灌溉供水量则逐步提升增加，达到了通过供需双侧协调优化、缩小供需缺口的目的。

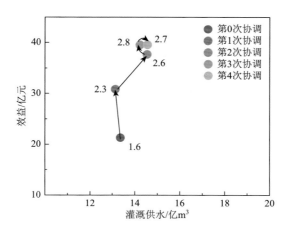

图 6-12　优化前后灌溉效益和用水量变化

图 6-13 是枯水年（75%）和平水年（50%）不同来水情景下，灌溉供水量及其效益与原始灌溉需水量随协调次数的对比关系。该图表明：①当协调次数

为 0,即供需双侧不协调时,灌溉效益较小(平水年为 21.27 亿元,枯水年为 20.74 亿元),但灌溉需水量很大(平水年为 15.70 亿 m³,枯水年为 19.20 亿 m³); ②随着协调次数增加,种植结构逐步优化和水利工程调度规则逐步完善,灌溉效益有较大提升(优化后平水年为 39.46 亿元,枯水年为 39.13 亿元),总水分生产效益持续增加,平水年和枯水年分别由 0.77 元/m³、0.69 元/m³ 增加到 1.40 元/m³、1.39 元/m³。

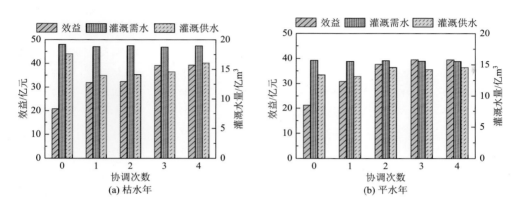

图 6-13 不同年型灌溉效益随协调次数的变化

此时,南四湖上级湖和下级湖优化调度图如图 6-14 所示。南四湖梯级水库优化调度图,按照生活、工业、生态和农业 4 类用户由低到高的优先顺序,把湖泊库容分成了 5 个区间,可更好地指导水库有序运行。模拟结果表明,南四湖流域生活、工业供水保证率稳定在 95%,生态供水保证率由 53%提高到 71%,农业供

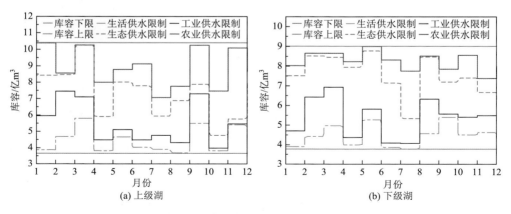

图 6-14 南四湖上下级湖优化调度图

水保证率由 67%提高到 75%，综合供水保证率由 78.1%提高到 84.6%，经济社会效益显著。南四湖流域不同分区优化前后供需情况对比见表 6-8，通过模型优化需水、供水和水库工程调度方式实现了有限水资源在不同分区间的合理调配，在实现流域综合供水保证率由 78.1%提高至 84.6%的同时，不同分区综合供水保证率更加趋于均衡，体现了水资源配置的公平性。

表 6-8　优化前后流域不同分区供需情况对比

计算分区	优化前			优化后		
	供水/亿 m³	需水/亿 m³	供水保证率/%	供水/亿 m³	需水/亿 m³	供水保证率/%
湖西徐州	8.58	9.69	85	7.11	8.55	83
湖西菏泽	21.63	26.01	83	20.80	26.91	77
湖西济宁	8.42	8.96	94	11.20	11.54	97
湖东泰安	2.04	2.22	92	1.90	2.11	90
湖东济宁	8.84	15.92	56	7.29	9.92	73
湖东枣庄	3.46	5.89	59	4.43	4.84	92
南四湖流域	52.97	68.69	77.1	52.73	63.87	82.6

优化后种植结构结果见表 6-9 和图 6-15。在枯水年情景下，仅湖东泰安小麦种植面积增加了 4.38 km²，流域其他分区小麦种植面积减少了 0.90～41.49 km²。其余作物的种植面积在大部分地区有所增加，仅湖东泰安的玉米种植面积减少了 4.25 km²，棉花减少了 0.06 km²，大豆减少了 0.08 km²，湖西济宁水稻种植面积减少了 2.80 km²，湖西徐州大豆种植面积减少了 0.48 km²。从南四湖流域整体来看，小麦种植比例减少了 8.22%，玉米和棉花种植比例增加较为明显，分别为 3.74%和 3.66%，水稻和大豆种植比例分别增加了 0.35%和 0.47%。平水年情景下流域种植结构变化趋势与枯水年结果类似，其中湖东泰安与湖东枣庄地区与枯水年情景结果一致，总体而言小麦种植比例减少了 7.03%，玉米、水稻、棉花和大豆种植比例分别减少了 2.22%、1.33%、2.65%和 0.83%。此外，通过计算种植结构优化前后作物生长期内的有效降雨量表明（表 6-10），平水年和枯水年分别多利用了有效降雨 0.48 亿 m³ 和 0.32 亿 m³。优化结果显示，南四湖流域种植结构变化幅度不大，既保证了原有的种植习惯，又能实现效益的提升。为了追求更高的经济效益和节水效益，模型趋向于将有限的水资源分配给效益更高的作物，地区间的差异，体现了时段可供水量的约束力，特别是随着最严格水资源管理制度和节水型社会建设等政策的实施，每个月供给农业灌溉的水量将受到越来越严格的约束。

表 6-9　流域种植结构优化前后对比　　　　（单位：khm²）

计算分区	优化前					优化后（枯水年）					优化后（平水年）				
	小麦	玉米	水稻	棉花	大豆	小麦	玉米	水稻	棉花	大豆	小麦	玉米	水稻	棉花	大豆
湖东枣庄	26.33	23.71	0.00	0.72	1.14	25.43	23.86	0.00	1.00	1.59	25.43	23.86	0.00	1.00	1.59
湖东泰安	14.25	10.61	0.00	0.15	0.20	18.63	6.36	0.00	0.09	0.12	18.63	6.36	0.00	0.09	0.12
湖东济宁	82.55	64.40	9.61	4.74	3.70	75.21	64.87	13.34	6.52	5.06	75.31	64.42	13.45	6.64	5.18
湖西济宁	30.81	13.00	27.74	2.74	3.55	25.91	18.19	24.94	3.83	4.97	25.18	17.03	28.14	3.67	3.81
湖西徐州	49.98	19.32	13.34	36.80	3.95	30.25	26.18	14.87	48.63	3.47	38.15	26.95	18.56	34.31	5.43
湖西菏泽	209.34	121.97	4.94	62.80	9.01	167.85	145.47	5.42	79.05	10.25	170.75	133.29	6.79	84.75	12.47
南四湖流域	413.26	253.01	55.63	107.95	21.55	343.28	284.93	58.57	139.12	25.46	353.45	271.91	66.94	130.47	28.60

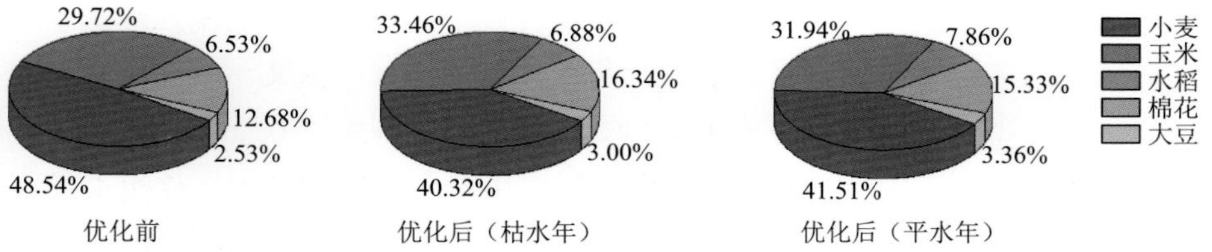

图 6-15　不同年型优化前后种植结构变化

表 6-10　流域种植结构优化前后生长期内有效降雨情况变化　　　　（单位：亿 m³）

项目	优化前	优化后	差值
平水年	13.50	13.98	0.48
枯水年	13.15	13.47	0.32

　　通过模型优化，将部分水土资源分配给灌溉需水量更少的玉米、棉花和大豆，充分地利用降水，确保作物发育关键期的需水要求，提高灌溉水利用率，可实现枯水年情景下流域水分净效益由 0.69 元/m³ 提升至 1.39 元/m³，平水年情景下水分净效益由 0.77 元/m³ 提升至 1.40 元/m³。这表明模型通过优化水资源和耕地资源在不同作物间的分配，以及完善湖库调度方式，既可提高农民收入，又能保障水资源可持续利用。

6.6 本 章 小 结

为解决现有水资源调控模式供需分离、配置与调度不结合，难以支撑水资源严格管理和集约化开发利用的问题，本书研究建立了流域水资源供需双侧调控模型，阐述了模型框架和建模步骤，并以南四湖流域为例开展了应用研究，得到适应流域来水条件的农业种植结构、水资源配置方案和梯级水库调度图；从灌溉效益、灌溉水量和流域供水保证率等方面分析了优化结果的合理性和有效性。

本书提出的流域水资源供需双侧调控模式，较水资源常规配置模式，既能体现有限水资源条件下的需水适应性调整，也更能有效发挥工程对水资源的调控能力，提升经济效益和社会效益。南四湖流域在不改变现状灌溉面积的情况下，枯水年流域水分效益提升了 0.7 元/m³，平水年灌溉水分效益提升了 0.63 元/m³，南四湖流域供水保证率由 77.1%提高到 82.6%，表明了所提出模型的有效性和合理性。

需指出的是，本书建立的流域水资源供需双侧调控模型是初步的，未来还需要从如下几个方面对功能加以完善：①模型可分析计算水文典型年、历史长系列情景下流域水资源供需双侧在提升水资源配置效率和效益中的表现，承认了水文序列一致性的假定。然而，受气候变化和人类活动影响，水文一致性受到挑战，因此进一步考虑来水随机性、需水不确定性和水文序列非一致性对计算结果的影响，进而获得鲁棒性更强的种植结构、水资源配置和工程调控方案，是未来需要完善的重要内容。②模型在需水侧重点考虑农业需水结构优化问题，对生活、工业和生态用户的需水、节水弹性考虑较少，其需水过程是按照定额法等常规方法确定的。事实上，这些用水户特别是生活和工业用水，也会随管理政策趋紧、水价机制优化与生产设备升级换代，存在一定的节水空间。因此，受管理政策变化的区域需水行为模拟是下一步需要补充完善的。

参 考 文 献

畅建霞，黄强，王义民.2001.基于改进遗传算法的水电站水库优化调度.水力发电学报，（3）：
　　85-90.

陈守煜，马建琴，张振伟.2003.作物种植结构多目标模糊优化模型与方法.大连理工大学学报，
　　43（1）：12-15.

陈亚新，康绍忠.1995.非充分灌溉原理.北京：水利电力出版社.

陈洋波.1998.水电站水库隐性随机优化调度研究.水利学报，2：3-5.

陈玉民，郭国双，王广兴，等.1995.中国主要农作物需水量与灌溉.北京：水利电力出版社.

陈兆波.2008.基于水资源高效利用的塔里木河流域农业种植结构优化研究.北京：中国农业科
　　学院.

程文辉，王船海，朱琰.2006.太湖流域模型.南京：河海大学出版社.

程晓陶.2004.关于洪水管理基本理念的探讨.中国水利水电科学研究院学报，2（1）：36-43.

大连理工大学，国家防汛抗旱总指挥部办公室.1996.水库防洪预报调度方法及应用.北京：中
　　国水利水电出版社.

董增川.2008.水资源规划与管理.北京：中国水利水电出版社.

方妍.2005.国外跨流域调水工程及其生态环境影响.人民长江，36（10）：9-10.

付银环，郭萍，方世奇，等.2014.基于两阶段随机规划方法的灌区水资源优化配置.农业工程
　　学报，30（5）：73-81.

郭华，张奇.2011.近50年来长江与鄱阳湖水文相互作用的变化.地理学报，66（5）：609-618.

郭华，张奇，王艳君.2012.鄱阳湖流域水文变化特征成因及旱涝规律.地理学报，66（5）：
　　699-709.

郭军庭，张志强，王盛萍，等.2014.应用SWAT模型研究潮河流域土地利用和气候变化对径流
　　的影响.生态学报，34（6）：1559-1567.

郭生练.2005.设计洪水研究进展与评价.北京：中国水利水电出版社.

郭旭宁，胡铁松，黄兵，等.2011.基于模拟-优化模式的供水水库群联合调度规则研究.水利学
　　报，42（6）：705-712.

郭亚娜，潘益农.2004.南水北调工程对我国北方地区（春季）气象环境影响的数值模拟.南京
　　大学学报（自然科学版），40（6）：701-710.

胡庆芳，王银堂，杨大文.2010.流域洪水资源可利用量和利用潜力的评估方法及实例研究.水
　　力发电学报，29（4）：20-27.

胡四一，程晓陶，户作亮，等.2004.海河流域洪水资源安全利用关键技术研究.中国水利，（22）：
　　49-51.

华士乾.1988.水资源系统分析指南.北京：水利电力出版社.

黄国如，芮孝芳.2003.河道洪水演算的径向基函数神经网络模型.河海大学学报（自然科学

版），（6）：621-625.

纪昌明，李继伟，张新明，等. 2014. 基于粗糙集和支持向量机的水电站发电调度规则研究. 水力发电学报，33（1）：43-49.

金菊良，刘永芳，丁晶，等. 2004. 投影寻踪模型在水资源工程方案优选中的应用. 系统工程理论方法应用，（1）：81-84.

郎连和. 2013. 大连市水资源可持续利用的配置与评价方法研究. 大连：大连理工大学.

李峰. 2007. 南水北调东线工程对南四湖生态环境的影响. 长沙：湖南大学.

李贵清，刘长余，王永真. 2004. 南水北调工程对南四湖的影响分析//山东水利学会第九届优秀学术论文集，山东省科学技术协会.

李绍飞. 2011. 流域土地利用变化对洪水径流过程的影响. 自然灾害学报，（4）：73-78.

李素. 2015. 南四湖生态应急调水下的水资源管理思考. 治淮，（11）：56-57.

李霆，康绍忠，粟晓玲. 2005. 农作物优化灌溉制度及水资源分配模型的研究进展. 西北农林科技大学学报（自然科学版），33（12）：148-152.

李先东，米巧，余国新. 2016. 中国棉花种植成本收益的演变. 中国农业资源与区划，37（3）：5-10.

李昱，彭勇，初京钢，等. 2015. 复杂水库群共同供水任务分配问题研究. 水利学报，46（1）：83-90.

李致家. 1997. 具有行蓄洪区的河道流量演算方法探讨. 水科学进展，8（1）：65-70.

林治安，赵秉强，孟庆光，等. 2007. 我国南四湖流域种植业结构变迁与农业投入产出的特色分析. 作物杂志，（5）：7-11.

刘昌明，杜伟. 1986. 南水北调东线水量平衡的地理系统分析——以东线一期工程为例. 水利学报，（2）：1-12.

刘昌明，沈大军. 1997. 南水北调工程的生态环境影响. 大自然探索，（2）：2-7.

刘国纬. 1995. 跨流域调水运行管理-南水北调东线工程实例研究. 北京：中国水利水电出版社.

刘恒，耿雷华. 2011. 南水北调运行风险管理关键技术问题研究. 北京：科学出版社.

刘开磊，李致家，姚成，等. 2013. 水文学与水力学方法在淮河中游的应用研究. 水力发电学报，32（6）：5-10.

刘克琳，王银堂，胡四一. 2006. 水库汛期分期定量分析方法的应用比较研究. 水利水电技术，（9）：76-78，82.

刘攀，郭生练，郭富强，等. 2008. 清江梯级水库群联合优化调度图研究. 华中科技大学学报（自然科学版），36（7）：63-66.

卢少为，朱勇辉，魏国远，等. 2009. 平原湖区排涝模拟研究——以大通湖垸为例. 长江科学院院报，26（7）：1-5.

鲁孟胜，孔凡顺，庄学厚. 2003. 山东西南部南四湖流域环境地质综合调查. 中国地质，30（4）：424-428.

罗文兵，王修贵，史德亮，等. 2016. 平原湖区外江水位变化对排涝流量的影响. 农业工程学报，32（15）：126-132.

庞志平. 2015. 山东省南四湖流域水资源供需格局分析. 泰安：山东农业大学.

齐学斌，黄仲冬，乔冬梅，等. 2015. 灌区水资源合理配置研究进展. 水科学进展，26（2）：287-295.

邱国玉，尹婧，熊育久，等. 2008. 北方干旱化和土地利用变化对泾河流域径流的影响. 自然资源学报，（2）：211-218.

邱林，马建琴. 1998. 区域灌溉水资源优化分配模型及其应用. 人民黄河，（9）：15-18.

邱瑞田，王本德，周惠成. 2004. 水库汛期限制水位控制理论与观念的更新探讨. 水科学进展，15（1）：68-72.

任德记，陈洋波. 2002. 水库群隐随机优化调度最优决策规律研究. 水力发电，（1）：57-60.

芮孝芳. 1987. 运动波数值扩散与洪水演算方法. 水利学报，（2）：39-45.

桑学锋，赵勇，翟正丽，等. 2019. 水资源综合模拟与调配模型 WAS（Ⅱ）：应用. 水利学报，50（2）：201-208.

山东省水利勘测设计院. 1976. 南四湖洪水计算方法商榷（征求意见稿）. 济南：山东省水利勘测设计院.

邵东国. 2001. 跨流域调水工程规划调度决策理论与应用. 武汉：武汉大学出版社.

邵玲玲，牛文娟，唐凡. 2014. 基于分散优化方法的漳河流域水资源配置. 资源科学，36（10）：2029-2037.

沈吉，张祖陆，杨丽原，等. 2008. 南四湖——环境与资源研究. 北京：地震出版社.

沈荣开，张瑜芳，黄冠华. 1995. 作物水分生产函数与农田非充分灌溉研究述评. 水科学进展，6（3）：248-254.

史晓亮. 2013. 基于 SWAT 模型的滦河流域分布式水文模拟与干旱评价方法研究. 长春：中国科学院研究生院（东北地理与农业生态研究所）.

史晓亮，杨志勇，严登华，等. 2014. 滦河流域土地利用/覆被变化的水文响应. 水科学进展，25（1）：21-27.

舒卫民，马光文，黄炜斌，等. 2011. 基于人工神经网络的梯级水电站群调度规则研究. 水力发电学报，30（2）：11-14.

水利部水文局. 2008. 中华人民共和国水文年鉴 2007 年第 5 卷 淮河流域水文资料.

宋雪雷. 2007. 豫北灌区冬小麦-夏玉米一体化农田耗水规律与灌水效应研究. 郑州：河南农业大学.

孙逢立，崔海涛，齐云婷，等. 2010. 南四湖湖区水位代表性分析. 海洋湖沼通报，（2）：96-100.

谭倩，緱天宇，张田媛，等. 2020. 基于鲁棒规划方法的农业水资源多目标优化配置模型. 水利学报，51（1）：56-68.

谭维炎，胡四一，王银堂，等. 1996. 长江中游洞庭湖防洪系统水流模拟——Ⅰ建模思路和基本算法. 水科学进展，7（4）：336-345.

王本德，周惠成. 2010. 水库汛限水位动态控制理论与方法及其应用. 北京：中国水利水电出版社.

王本德，周惠成，卢迪. 2016. 我国水库（群）调度理论方法研究应用现状与展望. 水利学报，47（3）：337-345.

王凤，吴敦银，李荣昉. 2008. 鄱阳湖区洪涝灾害规律分析. 湖泊科学，20（4）：500-506.

王浩，王旭，雷晓辉，等. 2019. 梯级水库群联合调度关键技术发展历程与展望. 水利学报，50（1）：25-37.

王浩，游进军. 2016. 中国水资源配置 30 年. 水利学报，47（3）：265-271.

王慧敏，朱九龙，胡震云，等. 2004. 基于供应链管理的南水北调水资源配置与调度. 海河水利，3：5-8.

王劲峰，刘昌明，于静洁，等. 2001. 区际调水时空优化配置理论模型探讨. 水利学报，（4）：7-14.

王腊春，周寅康，许有鹏，等. 2000. 太湖流域洪涝灾害损失模拟及预测. 自然灾害学报，（1）：33-39.

王莺，张雷，王劲松. 2016. 洮河流域土地利用/覆被变化的水文过程响应. 冰川冻土，38（1）：200-210.

王莹，李依耘，王龙，等. 2014. 灌溉用水优化配置模型研究进展. 节水灌溉，（10）：74-79.

王友贞. 2015. 淮河流域涝渍灾害及其治理. 北京：科学出版社.

王忠静，朱金峰，尚文绣. 2015. 洪水资源利用风险适度性分析. 水科学进展，26（1）：27-33.

王宗志，程亮，刘友春，等. 2014a. 流域洪水资源利用的现状与潜力评估方法. 水利学报，45（4）：474-481.

王宗志，程亮，王银堂，等. 2014b. 基于库容分区运用的水库群生态调度模型. 水科学进展，25（3）：435-443.

王宗志，程亮，王银堂，等. 2015. 高强度人类活动作用下考虑河道下渗的河网洪水模拟. 水利学报，46（4）：414-424.

王宗志，刘克琳，程亮，等. 2017a. 流域洪水资源利用的理论框架探讨 II：应用实例. 水利学报，（9）.

王宗志，刘克琳，刘友春，等. 2020. 浅水湖泊洪水资源适度开发规模优选模型. 水科学进展，31（6）：908-916.

王宗志，王银堂，胡四一，等. 2017b. 流域洪水资源利用的理论框架探讨 I：定量解析. 水利学报，（48）：883-891.

王宗志，王银堂，胡四一. 2007. 水库控制流域汛期分期的有效聚类分析. 水科学进展，（4）：580-585.

王宗志，谢伟杰，王立辉，等. 2018. 南四湖"三湖两河"洪水演算数值模型优化. 湖泊科学，30（5）：1458-1470.

魏宁宁，荆延德，张全景. 2014. 山东省南四湖流域耕地集约利用空间分异特征. 水土保持通报，34（4）：269-274.

吴炼石. 2012. 南水北调东线一期工程对南四湖及周边地区环境和经济影响分析. 济南：山东大学.

吴乃元，张廷珠. 1989. 冬小麦作物系数的探讨. 山东气象，（3）：38-39.

吴书悦，赵建世，雷晓辉，等. 2017. 气候变化对新安江水库调度影响与适应性对策. 水力发电学报，36（1）：50-58.

吴作平，杨国录，甘明辉. 2004. 湖泊调蓄作用对河网计算的影响. 水科学进展，15（5）：603-607.

武周虎，付莎莎，罗辉，等. 2014. 南水北调南四湖输水二维流场数值模拟及应用. 南水北调与水利科技，（3）：17-23.

夏军，石卫. 2016. 变化环境下中国水安全问题研究与展望. 水利学报，47（3）：292-301.

肖俊夫，刘战东，段爱旺，等. 2008. 中国主要农作物分生育期 Jensen 模型研究. 节水灌溉，（7）：1-3.

肖俊夫，刘战东，段爱旺，等. 2010. 棉花分生育期水分生产函数 Jensen 模型研究. 中国棉花，37（5）：11-13.

新疆水资源软科学课题研究组. 1989. 新疆水资源及其承载能力和开发战略对策. 水利水电技术，（6）：4-11.

徐刚，马光文，梁武湖，等. 2005. 蚁群算法在水库优化调度中的应用. 水科学进展，16（3）：397-400.

徐炜，彭勇，张弛，等. 2013. 基于降雨预报信息的梯级水电站不确定优化调度研究Ⅱ：耦合短、中期预报信息. 水利学报，44（10）：1189-1196.

徐志侠，王浩，董增川，等. 2006. 南四湖湖区最小生态需水研. 水利学报，37（7）：784-788.

许新宜，王浩，甘泓. 1997. 华北地区宏观经济水资源规划理论与方法. 郑州：黄河水利出版社.

杨静敬，路振广，潘国强，等. 2013. 亏缺灌溉对冬小麦耗水规律及产量的影响. 节水灌溉，（4）：8-11.

尹正杰，王小林，胡铁，等. 2006. 基于数据挖掘的水库供水调度规则提取. 系统工程理论与实践，26（8）：129-135.

尤祥瑜，谢新民，孙仕军，等. 2004. 我国水资源配置模型研究现状与展望. 中国水利水电科学研究院学报，2（2）：131-140.

张建云，陈洁云. 1995. 南水北调东线工程优化调度研究. 水科学进展，6（3）：198-204.

张建云，宋晓猛，王国庆，等. 2014. 变化环境下城市水文学的发展与挑战——Ⅰ. 城市水文效应. 水科学进展，25（4），594-605.

张展羽，司涵，冯宝平，等. 2014. 缺水灌区农业水土资源优化配置模型. 水利学报，45（4）：403-409.

张长江，徐征和，贠汝安. 2005. 应用大系统递阶模型优化配置区域农业水资源. 水利学报，36（12）：1480-1485.

章燕喃，田富强，胡宏昌，等. 2014. 南水北调来水条件下北京市多水源联合调度模型研究. 水利学报，45（7）：844-849.

赵世新，张晨，李文猛，等. 2012. 南水北调东线调度对南四湖水质的影响. 水科学进展，24（6）：923-931.

赵勇，解建仓，马斌. 2002. 基于系统仿真理论的南水北调东线水量调度. 水利学报，33（11）：38-43.

中华人民共和国水利部. 2013. 第一次全国水利普查公报，中国水利，（7）：64-65.

中华人民共和国水利部. 2018. 2017年全国水利发展统计公报. 北京：中国水利水电出版社.

中华人民共和国水利部. 2019. 中国水资源公报2018. 北京：中国水利水电出版社.

钟平安，孔艳，王旭丹. 2014. 梯级水库汛限水位动态控制域计算方法研究. 水力发电学报，33（5）：36-43.

周惠成，彭慧，张弛. 2007. 基于水资源合理利用的多目标农作物种植结构调整与评价. 农业工程学报，23（9）：45-49.

周佳，马光文，张志刚. 2010. 基于改进POA算法的雅砻江梯级水电站群中长期优化调度研究. 水力发电学报，29（3）：18-22.

左余宝，田昌玉，唐继伟，等. 2009. 鲁北地区主要作物不同生育期需水量和作物系数的试验研究. 中国农业气象，30（1）：70-73.

Adeloye A J，Dau Q V. 2019. Hedging as an adaptive measure for climate change induced water shortage at the Pong reservoir in the Indus Basin Beas River，India. Science of The Total Environment，687：554-566.

Aljanabi A A，Mays L W，Fox P. 2018. A reclaimed wastewater allocation optimization model for agricultural irrigation. Environment and Natural Resources Research，8（2）：55-67.

Allen R G，Pereira L S，Raes D，et al. 1998. Crop Evapotranspiration. Guidelines for Computing Crop

Water Requirements. The Food and Agriculture Organization，Rome.

Allison M A，Meselhe E A. 2010. The use of large water and sediment diversions in the lower Mississippi River（Louisiana）for coastal restoration. Journal of Hydrology，387（3-4）：346-360.

Anderson E W. 1992. The political and strategic significance of water.Outlook on Agriculture，21（4）：247-253.

Andreu J，Capilla J，Sanchís E.1996. AQUATOOL，a generalized decision-support system for water-resources planning and operational management. Journal of Hydrology，177（3）：269-291.

Araya A，Gowda P H，Golden B，et al. 2019. Economic value and water productivity of major irrigated crops in the Ogallala aquifer region. Agricultural Water Management，214：55-63.

Arnold J G，Allen P M，Bernhardt G. 1993. A comprehensive surface-groundwater flow model. Journal of Hydrology，142（1）：47-69.

Arnold J G，Srinivasan R，Muttiah R S，et al. 1998. Large area hydrologic modeling and assessment part I: Model development. Journal of the American Water Resources Association，34（1）：73-89.

Aron G，White E L，Coelen S P. 1977. Feasibility of Interbasin Water Transfer. Journal of the American Water Resources Association，13（5）：1021-1034.

Cheng L，Wang Z Z，Hu S Y，et al. 2015. Flood routing model incorporating intensive streambed infiltration. Science China Earth Sciences，58（5）：718-726.

Chou F N F，Wu C W. 2013. Expected shortage based pre-release strategy for reservoir flood control. Journal of Hydrology，497：1-14.

Cunge J A. 1969. On the subject of a flood propagation computation method（musklngum method）. Journal of Hydraulic Research，7（2）：205-230.

Davies B R，Thoms M，Meador M. 1992. An assessment of the ecological impacts of inter-basin water transfers，and their threats to river basin integrity and conservation. Aquatic Conservation: Marine and Freshwater Ecosystems，2（4）：325-349.

DHI. 2014. MIKE 11-A modelling system for Rivers and Channels. User Guide. Volume 1，Danmark: Danish Hydraulic Institute.

Ding W，Zhang C，Cai X，et al. 2017. Multiobjective hedging rules for flood water conservation. Water Resources Research，53（3）：1963-1981.

Döll P，Siebert S. 2002. Global modeling of irrigation water requirements. Water Resources Research，38（4）：1-10.

Faber B A，Stedinger J R. 2001. Reservoir optimization using sampling SDP with ensemble streamflow prediction（ESP）forecasts. Journal of Hydrology，249（1-4）：113-133.

Feddes R A，Graaf M D，De Bouma J，et al. 1988. Simulation of water use and production of potatoes as affected by soil compaction. Potato Research，31（2）：225-239.

Georgiou P E，Papamichail D M. 2008. Optimization model of an irrigation reservoir for water allocation and crop planning under various weather conditions. Irrigation Science，26（6）：487-504.

Githui F，Mutua F，Bauwens W. 2009. Estimating the impacts of land-cover change on runoff using the soil and water assessment tool（SWAT）: Case study of Nzoia catchment，Kenya. Hydrological Sciences Journal，54（5）：899-908.

Goicoechea A, Duckstein L, Fogel M M. 1976. Multiobjective programing in watershed management: A study of the Charleston Watershed. Water Resources Research, 12 (6): 1085-1092.

Goldberg D E. 1989. Genetic Algorithms in Search, Optimization and Machine Learning. Addison-Wesley, Boston, MA.

Hanks R J. 1974. A model for predicting plant yield as influenced by water use. Agronomy Journal, 66 (5): 660-665.

Hu S Y, Wang Z Z, Wang Y T. 2010. Total control-based unified allocation model for allowable basin water withdrawal and sewage discharge. Science China Technological Sciences, 53 (5): 1387-1397.

Hu W, Zhai S, Zhu Z, et al. 2008. Impacts of the Yangtze River water transfer on the restoration of Lake Taihu. Ecological Engineering, 34 (1): 30-49.

Hydrologic Engineering Center. 1989. HEC-5: Simulation of flood control and conservation systems. Users manual, U. S. Army Corps of Engineers, Davis, California.

Jensen M E. 1968. Water consumption by agricultural plants//Kramer P J. Water Deficits and Plant Growth. New York: Academic Press.

Karamouz M, Vasiliadis H V. 1992. Bayesian stochastic optimization of reservoir operation using uncertain forecasts. Water Resources Research, 28 (5): 1221-1232.

Kundell J E. 1988. Inter-basin water transfers in riparian states a case study of Georgia. Journal of the American Water Resources Association, 24 (1): 87-94.

Lalehzari R, Nasab B S, Moazed H, et al. 2016. Multiobjective management of water allocation to sustainable irrigation planning and optimal cropping pattern. Journal of Irrigation and Drainage Engineering, 142 (1): 05015008.

Larson K J, Başağaoğlu H, Mariño M A. 2001. Prediction of optimal safe ground water yield and land subsidence in the Los Banos-Kettleman City area, California, using a calibrated numerical simulation model. Journal of Hydrology, 242 (1-2): 79-102.

Legesse D, Vallet-Coulomb C, Gasse F. 2003. Hydrological response of a catchment to climate and land use changes in Tropical Africa: Case study south central Ethiopia. Journal of Hydrology, 275 (1-2): 67-85.

Lei X, Zhang J, Wang H, et al. 2018. Deriving mixed reservoir operating rules for flood control based on weighted non-dominated sorting genetic algorithm II. Journal of Hydrology, 564: 967-983.

Leon J G, Calmant S, Seyler F, et al. 2006. Rating curves and estimation of average water depth at the upper Negro River based on satellite altimeter data and modeled discharges. Journal of Hydrology, 328 (3-4): 481-496.

Li X, Zhang Q. 2015. Variation of floods characteristics and their responses to climate and human activities in Poyang Lake, China. Chinese Geographical Science, 25 (1): 13-25.

Li Y, Zhang Q, Yao J, et al. 2014. Hydrodynamic and hydrological modeling of the Poyang Lake catchment system in China. Journal of Hydrologic Engineering, 19 (3): 607-616.

Lin B, Chen X, Yao H, et al. 2015. Analyses of landuse change impacts on catchment runoff using different time indicators based on SWAT model. Ecological Indicators, 58: 55-63.

Lindsey C C. 1957. Possible effects of water diversions on fish distribution in British Columbia. Journal of the Fisheries Research Board of Canada，14（4）：651-668.

Little J D C. 1955. The use of storage water in a hydroelectric system. Journal of the Operations Research Society of America，3（2）：187-197.

Loucks D P，van Beek E. 2017. Water Resource Systems Planning and Management. Berlin：Springer.

Maass A，Hufschmidt M M，Dorfman R，et al. 1962. Design of Water-Resource Systems. Boston：Harvard University Press.

Massé P. 1946. Les réserves et la régulation de l'avenir dans la vie économique. T. II，avenir aléatoire. Paris：Hermann.

Mckinney D C，Cai X. 2002. Linking GIS and water resources management models：An object-oriented method. Environmental Modelling and Software，17（5）：413-425.

Minhas B S，Parikh K S，Srinivasan T N. 1974. Toward the structure of a production function for wheat yields with dated inputs of irrigation water. Water Resources Research，10（3）：383-393.

Morgan T H，Biere A W，Kanemasu E T. 1980. A dynamic model of corn yield response to water. Water Resources Research，16（1）：59-64.

Neitsch S L，Arnold J G，Kiniry J R，et al. 2011. Soil and water assessment tool theoretical documentation version 2009. Texas Water Resources Institute，Texas.

Niedda M，Pirastru M，Castellini M，et al. 2014. Simulating the hydrological response of a closed catchment-lake system to recent climate and land-use changes in semi-arid Mediterranean environment. Journal of Hydrology，517：732-745.

Niu G，Li Y P，Huang G H，et al. 2016. Crop planning and water resource allocation for sustainable development of an irrigation region in China under multiple uncertainties. Agricultural Water Management，166：53-69.

Noory H，Liaghat A M，Parsinejad M，et al. 2012. Optimizing irrigation water allocation and multicrop planning using discrete PSO algorithm. Journal of Irrigation and Drainage Engineering，138（5）：437-444.

Olenik S C，Haimes Y Y. 1979. A Hierarchical Multiobjective Framework for Water Resources Planning. IEEE Transactions on Systems Man Cybernetics-Systems，9（9）：534-544.

Oliveira R，Loucks D P. 1997. Operating rules for multireservoir systems. Water Resources Research，33（4）：839-852.

Panda R K，Behera S K，Kashyap P S. 2004. Effective management of irrigation water for maize under stressed conditions. Agricultural Water Management，66（3）：181-203.

Pearson D，Walsh P D. 1982. The derivation and use of control curves for the regional allocation of water resources. Optimal Allocation of Water Resources，（135）：275-283.

Poland J F. 1981. The Occurrence and Control of Land Subsidence Due to Ground-Water Withdrawal with Special Reference to the San Joaquin and Santa Clara Valleys. California：Stanford University.

Rao N H，Sarma P B S，Chander S. 1988. A simple dated water-production function for use in irrigated agriculture. Agricultural Water Management，13（1）：25-32.

Rao N H，Sarma P B S，Chander S. 1990. Optimal multicrop allocation of seasonal and intraseasonal irrigation water. Water Resources Research, 26 (4): 551-559.

Rasmussen P W, Schrank C, Williams M C W. 2014. Trends of PCB concentrations in Lake Michigan coho and chinook salmon, 1975-2010. Journal of Great Lakes Research, 40 (3): 748-754.

Remya P G, Kumar R, Basu S, et al. 2012. Wave hindcast experiments in the Indian Ocean using MIKE 21 SW model. Journal of Earth System Science, 121 (2): 385-392.

Russell S O, Campbell P F. 1996. Reservoir operating rules with fuzzy programming. Journal of Water Resources Planning and Management, 122 (3): 165-170.

Sethi L N, Panda S N, Nayak M K. 2006. Optimal crop planning and water resources allocation in a coastal groundwater basin, Orissa, India. Agricultural Water Management, 83 (3): 209-220.

Singh A, Panda S N. 2012. Development and application of an optimization model for the maximization of net agricultural return. Agricultural Water Management, 115: 267-275.

Singh P, Wolkewitz H, Kumar R. 1987. Comparative performance of different crop production functions for wheat (*Triticum aestivum* L.). Irrigation Science, 8 (4): 273-290.

Srinivas N, Deb K. 1994. Muiltiobjective optimization using nondominated sorting in genetic algorithms. Evolutionary Computation, 2 (3): 221-248.

Stewart B A, Musick J T. 1982. Conjunctive use of rainfall and irrigation in semiarid regions. Advances in Irrigation, 1: 1-24.

Sun D, Hue Hai, Wang P, et al. 2008. 2-D numerical simulation of flooding effects caused by South-to-North water transfer project. Journal of Hydrodynamics, Ser. B, 20 (5): 662-667.

Tang C, Yi Y, Yang Z, et al. 2014. Water pollution risk simulation and prediction in the main canal of the South-to-North Water Transfer Project. Journal of Hydrology, 519 (PB): 2111-2120.

Wagner S, Fersch B, Yuan F, et al. 2016. Fully coupled atmospheric - hydrological modeling at regional and long-term scales: Development, application, and analysis of WRF-HMS. Water Resources Research, 52 (4): 3187-3211.

Wang H, Steyer G D, Couvillion B R, et al. 2014. Forecasting landscape effects of Mississippi River diversions on elevation and accretion in Louisiana deltaic wetlands under future environmental uncertainty scenarios. Estuarine, Coastal and Shelf Science, 138 (2): 57-68.

Wang K, Wang Z, Liu K, et al. 2019a. Impacts of the eastern route of the South-to-North Water Diversion Project emergency operation on flooding and drainage in water-receiving areas: An empirical case in China. Natural Hazards and Earth System Sciences, 19 (3): 555-570.

Wang Z, Wang K, Liu K, et al. 2019b. Interactions between lake-level fluctuations and waterlogging disasters around a large-scale shallow lake: An empirical analysis from China. Water (Switzerland), 11 (2): 1-11.

Wang L H, Yan D H, Wang H, et al. 2013. Impact of the Yalong-Yellow River water transfer project on the eco-environment in Yalong River basin. Science China Technological Sciences, 56 (4): 831-842.

Wang Z, Lian Y. 2019. Summary Editorial: TI-Climate effects on water resources. Environmental Earth Sciences, 78 (22): 1-3.

Wang Z, Zhang L, Cheng L, et al. 2020. Optimizing operating rules for a reservoir system in Northern China considering ecological flow requirements and water use priorities. Journal of Water

Resources Planning and Management，146（7）：04020051.

Welch E B，Barbiero R P，Bouchard D，et al. 1992. Lake trophic state change and constant algal composition following dilution and diversion. Ecological Engineering，1（3）：173-197.

Yang G，Guo S，Li L，et al. 2016. Multi-objective operating rules for Danjiangkou reservoir under climate change. Water Resources Management，30（3）：1183-1202.

Yaron D，Dinar A. 1982. Optimal allocation of farm irrigation water during peak seasons. American Journal of Agricultural Economics，64（4）：681-689.

Yazdi J，Neyshabouri S A A S. 2012. A simulation-based optimization model for flood management on a watershed scale. Water Resources Management，26（15）：4569-4586.

Yazdi J，Neyshabouri S A A S. 2015. An optimization model for floodplain systems considering inflow uncertainties. Water Resources Management，29（4）：1295-1313.

Ye A，Duan Q，Chu W，et al. 2014. The impact of the South-North Water Transfer Project（CTP）'s central route on groundwater table in the Hai River basin，North China. Hydrological Processes，28（23）：5755-5768.

Ye A，Wang Z，Zhang L，et al. 2019. Assessment approach to the floodwater utilization potential of a basin and an empirical analysis from China. Environmental Earth Sciences，78（2）：52-64.

Yoo C，Lee J，Lee M. 2017. Parameter estimation of the Muskingum channel flood-routing model in ungauged channel reaches. Journal of Hydrologic Engineering，22（7）：05017005.

Young G K. 1967. Finding reservoir operating rules. Journal of the Hydraulics Division，93（6）：297-322.

Yun R，Singh V P. 2008. Multiple duration limited water level and dynamic limited water level for flood control，with implications on water supply. Journal of Hydrology，354（1-4）：160-170.

Zhai S，Hu W，Zhu Z. 2010. Ecological impacts of water transfers on Lake Taihu from the Yangtze River，China. Ecological Engineering，36（4）：406-420.

Zhang L，Li S，Loáiciga H A，et al. 2015. Opportunities and challenges of interbasin water transfers：A literature review with bibliometric analysis. Scientometrics，105（1）：279-294.

后　记

　　2009 年是我博士毕业开始工作的第二年，也是这一年我开始接触南四湖，至今已 12 年了。在这 12 年里，我在多个地方开展过科研工作，但用情最深、花费时间最多的是南四湖。10 余年的科研经历，现场调研、资料收集、问题讨论、编程计算，再加上 1 年多的整理提炼，过往的美好与艰辛历历在目。尽管书中还有很多不足，但也算是暂时对南四湖流域科研工作画上一个逗号，完成了一个心愿。落笔之际，感慨万千。

　　为什么能长期坚持于南四湖的研究呢？其驱动力源于两颗"心"：

　　（1）好奇心。我的大学同学刘友春是我与南四湖的"红娘"。2009 年春，他正值攻读河海大学的工程硕士学位，论文以南四湖为例，来南京的机会较多。当时他在山东省淮河流域水利管理局从事规划设计方面的工作，对南四湖流域情况和问题非常熟悉，且善于思考。记得那时，只要我们聚在一起，话题就自然跑到南四湖上，时不时他就给我描绘南四湖流域的重要性和独特性。例如，从气候上看，南四湖流域属于南北方过渡带，旱涝急转现象频发；在形成上，是黄淮关系历史长期演变的结果，新老问题交替复杂；从功能上，兼具防洪、供水、航运、养殖、湿地五大功能；从民众关切上，既是京杭大运河的通道，还是南水北调东线工程的受水区与调蓄场所等。无疑，这对一个科研人员而言，是具有很大吸引力的，好似看到了科研宝藏的影子。加之文献考证，发现不像太湖、鄱阳湖、洞庭湖，研究已是炙手可热，那时南四湖流域的系统研究很少。综合这些因素，好奇心爆棚，急于揭开南四湖流域科学管理的神秘面纱。例如，湖泊流域与一般的河流流域有什么不同，南水北调东线工程调水对区域供水保障程度的贡献怎么样，如遭遇旱涝急转极端水文条件，调水对湖泊流域防洪排涝的威胁有多大，如何应对……

　　（2）初心。我在科研路上，遇到了影响我一生的几位恩师，他们分别是刘国纬老师、胡四一老师、王银堂老师、金菊良老师、蔡喜明老师。他们分别以不同的方式，向我灌输一个观点：科学研究，贵在坚持，要么长期坚持一个研究方向，要么长期坚持研究一个区域或流域。我选择了后者。特别感谢王银堂老师，他不但支持我，还亲自参与到项目研究中来。然而，回想起来，在现在这种科研体制下，长期坚持一个方向或一个研究区域的科研工作，是多么不容易啊。在这 10 余年里，没有去寻求过地方的任何经费支持！研究中有快乐，也有困难，甚至是挫折，曾几何时想放弃，但是出于科研初心、圆一个个梦想，还是咬牙坚持了下来。

　　正如前言所述，尽管围绕南四湖流域开展了多年工作，取得了初步成果，整理成书，但以往研究聚焦于水量，即使仅水量方面，也有很多问题需要进一步完善与探索，水质方面涉及的少。然而，水环境水生态问题，是南四湖及其流域管理极为重要的方面，更是南水北调东线工程的重大关切，尚有很多问题亟待回答。例如，南四湖中的水，既有当地地表水、地下水，又有上游来水，还有引黄农业灌溉回归水、引江水，那么不同季节的水量与营养物来源组成如何；南四湖水质风险的薄弱环节在哪，如何防控；南水北调东线工程运行，湖泊水位抬升，那么长此以往南四湖存在由草型湖泊向藻型湖泊转化的风险吗，等等。这也是我和我的团队正在开展和今后努力的方向，任重而道远！

　　愿与志同道合者共同努力，保障南四湖安澜与一湖清水北上！

王宗志

南京清凉山麓

2021 年 1 月 17 日